中等职业学校计算机系列教材

zhongdeng zhiye xuexiao jisuanji xilie jiaocai

计算机辅助设计——AutoCAD 2006 中文版

基础教程

（第2版）

◎ 姜勇 惠华先 主编

◎ 丁翠红 蔡晓霞 副主编

U0742552

人民邮电出版社

北京

图书在版编目（CIP）数据

计算机辅助设计 ：AutoCAD2006 中文版基础教程 / 姜勇，惠华先主编. -- 2版. -- 北京 ：人民邮电出版社 ，2011.9
中等职业学校计算机系列教材
ISBN 978-7-115-26085-7

Ⅰ．①计… Ⅱ．①姜… ②惠… Ⅲ．① AutoCAD软件－中等专业学校－教材 Ⅳ．①TP391.72

中国版本图书馆CIP数据核字(2011)第157612号

内 容 提 要

本书按照"够用为度、强化应用"的原则，将理论知识与实践操作有机地结合起来，重点培养学生的绘图技能及解决实际问题的能力。全书内容实用，编排新颖。

全书共有 11 章，主要内容包括 CAD 技术基本概念，AutoCAD 用户界面及基本操作，创建及设置图层，绘制二维基本对象，编辑图形，书写文字及标注尺寸，查询图形信息，外部引用、设计中心和工具选项板，输出图形，创建三维实体模型等。

本书可作为中等职业学校机械、建筑、电子、服装及工业设计等专业的"计算机辅助设计与绘图"课的教材，也可作为广大工程技术人员及计算机爱好者的自学参考书。

中等职业学校计算机系列教材

计算机辅助设计——AutoCAD 2006 中文版基础教程（第 2 版）

◆ 主　　编　姜　勇　惠华先
　　副 主 编　丁翠红　蔡晓霞
　　责任编辑　王　平

◆ 人民邮电出版社出版发行　　北京市丰台区成寿寺路 11 号
　　邮编　100164　　电子邮件　315@ptpress.com.cn
　　网址　http://www.ptpress.com.cn
　　北京九州迅驰传媒文化有限公司印刷

◆ 开本：787×1092　1/16
　　印张：14.5　　　　　　　　　2011 年 9 月第 2 版
　　字数：358 千字　　　　　　　2025 年 1 月北京第 28 次印刷

ISBN 978-7-115-26085-7

定价：27.00 元

读者服务热线：(010)81055256　印装质量热线：(010)81055316
反盗版热线：(010)81055315
广告经营许可证：京东市监广登字 20170147 号

中等职业学校计算机系列教材编委会

序

中等职业教育是我国职业教育的重要组成部分，中等职业教育的培养目标定位于具有综合职业能力，在生产、服务、技术和管理第一线工作的高素质的劳动者。

随着我国职业教育的发展，教育教学改革的不断深入，由国家教育部组织的中等职业教育新一轮教育教学改革已经开始。根据教育部颁布的《教育部关于进一步深化中等职业教育教学改革的若干意见》的文件精神，坚持以就业为导向、以学生为本的原则，针对中等职业学校计算机教学思路与方法的不断改革和创新，人民邮电出版社精心策划了《中等职业学校计算机系列教材》。

本套教材注重中职学校的授课情况及学生的认知特点，在内容上加大了与实际应用相结合案例的编写比例，突出基础知识、基本技能。为了满足不同学校的教学要求，本套教材中的 3 个系列，分别采用 3 种教学形式编写。

- 《中等职业学校计算机系列教材——项目教学》：采用项目任务的教学形式，目的是提高学生的学习兴趣，使学生在积极主动地解决问题的过程中掌握就业岗位技能。
- 《中等职业学校计算机系列教材——精品系列》：采用典型案例的教学形式，力求在理论知识"够用为度"的基础上，使学生学到实用的基础知识和技能。
- 《中等职业学校计算机系列教材——机房上课版》：采用机房上课的教学形式，内容体现在机房上课的教学组织特点，学生在边学边练中掌握实际技能。

为了方便教学，我们免费为选用本套教材的老师提供教学辅助资源，教师可以登录人民邮电出版社教学服务与资源网（http://www.ptpcdu.com.cn）下载相关资源，内容包括如下。

- 教材的电子课件。
- 教材中所有案例素材及案例效果图。
- 教材的习题答案。
- 教材中案例的源代码。

在教材使用中有什么意见或建议，均可直接与我们联系，电子邮箱是 wangyana@ptpress.com.cn，wangping@ptpress.com.cn。

中等职业学校计算机系列教材编委会

2011 年 3 月

前 言

AutoCAD 是 CAD 技术领域中一个基础性的应用软件包，由美国 Autodesk 公司研制开发，其丰富的绘图功能及简便易学的优点，受到了广大工程技术人员的普遍欢迎。目前，AutoCAD 已广泛应用于机械、电子、建筑、服装、船舶等工程设计领域，极大地提高了设计人员的工作效率。

本书内容与实际应用紧密结合，将工程中的实际用图引入书中，学生通过学习本书，能够掌握 AutoCAD 的基本操作和实用技巧，并能顺利通过相关的职业技能考核。

本书实用性强，具有以下特色。

- 以 "任务驱动，案例教学" 为出发点，通过完成一个个具体任务，使相关内容的阐述及学生的学习均有很强的目的性，极大地增强了学生的学习兴趣。
- 在内容的组织上突出了易懂、实用原则，精心选取 AutoCAD 的一些常用功能及典型绘图实例构成全书主要内容。
- 在讲述理论知识的同时，又围绕知识点安排了实践性教学内容。重点强化学生的绘图技能及解决实际问题的能力。

本书是在前一版图书的基础上改编而成，保持了原有教材的整体框架结构及鲜明特色。在考虑了广大读者的使用意见的基础上，着重对其中的实践性教学内容进行了修订，具体包括以下几方面。

- 围绕每个小节的理论知识点增加了 2～3 个课堂练习，便于教师采用 "边讲边练" 的教学方式授课。
- 根据每章的教学重点及目标，在每章的最后增加了 4～8 个综合绘图练习及三视图练习，提高学生的绘图技能及专业应用水平。
- 改编了一些陈旧琐碎的内容，使教材的理论知识及实践内容的联系更加紧密，特色更加突出。

建议本课程教学时间 72 学时，教师可用 32 个课时来讲解本教材的理论内容，再配以 40 个学时的上机时间，即可较好地完成教学任务。全书分为 11 章，主要内容介绍如下。

- 第 1～第 2 章：介绍 CAD 技术基本概念及 AutoCAD 的基本操作方法。
- 第 3 章：介绍图层、线型及颜色的设置及图层状态控制。
- 第 4～第 5 章：介绍绘制线、圆、椭圆、矩形等基本几何图形的方法。
- 第 6 章：主要介绍编辑图形的方法及技巧。
- 第 7 章：介绍如何创建多段线、多线、图块及面域等二维复杂对象。
- 第 8 章：介绍如何书写文字及标注尺寸。
- 第 9 章：介绍如何查询图形信息及外部引用、设计中心和工具选项板的用法。
- 第 10 章：介绍怎样输出图形。
- 第 11 章：介绍创建三维实体模型的方法。

本书由姜勇、惠华先任主编，丁翠红、蔡晓霞任副主编，参加本书编写工作的还有沈精虎、黄业清、宋一兵、谭雪松、向先波、冯辉、计晓明、滕玲、董彩霞。

由于作者水平有限，书中难免存在疏漏之处，敬请各位读者指正。

编　者
2011 年 5 月

目　录

第1章 绪论

本章主要介绍 CAD 的基础知识、AutoCAD 的发展历史及基本功能等。通过本章的学习，读者可以了解 CAD 技术的内涵、发展历程及系统组成等，并熟悉 AutoCAD 软件的特点和主要功能。

1.1 CAD 技术简介

计算机辅助设计（Computer Aided Design，CAD）是电子计算机技术应用于工程领域产品设计的新兴交叉技术。其定义为：CAD 是计算机系统在工程和产品设计的整个过程中，为设计人员提供各种有效的工具和手段，加快设计过程，优化设计结果，从而达到最佳设计效果的一种技术。

计算机辅助设计包含的内容很多，例如概念设计、工程绘图、三维设计、优化设计、有限元分析、数控加工、计算机仿真及产品数据管理等。在工程设计中，许多繁重的工作，如复杂的数学和力学计算、多种方案的综合分析与比较、绘制工程图及整理生产信息等，均可借助计算机来完成。设计人员则可对处理的中间结果做出判断和修改，以便更有效地完成设计工作。一个好的计算机辅助设计系统，既要有利用计算机进行高速分析计算的能力，又要能充分发挥人的创造性作用，即找到人和计算机的最佳结合点。

1. CAD 技术发展历程

CAD 技术起始于 20 世纪 50 年代后期。进入 60 年代，随着绘图在计算机屏幕上变为可行而开始迅猛发展。早期的 CAD 技术主要体现为二维计算机辅助绘图，人们借助此项技术来摆脱繁琐、费时的手工绘图。这种情况一直持续到 70 年代末，此后计算机辅助绘图作为 CAD 技术的一个分支而相对独立、平稳地发展着。进入 80 年代以来，32 位微机工作站和微机系统的发展和普及，再加上功能强大的外围设备如大型图形显示器、绘图仪及激光打印机等的问世，极大地推动了 CAD 技术的发展。与此同时，CAD 理论也经历了几次重大的创新，形成了曲面造型、实体造型、参数化设计及变量化设计等系统。CAD 软件已经做到设计与制造过程的集成，不仅可进行产品的设计、计算和绘图，而且能实现自由曲面设计、工程造型、有限元分析、机构仿真及模具设计制造等各种工程应用。现在，CAD 技术已全面进入实用化阶段，广泛服务于机械、建筑、电子、宇航及纺织等领域的产品总体设计、造型设计、结构设计及工艺过程设计等各环节。

2．CAD 系统的组成

CAD 系统由硬件和软件组成；要充分发挥 CAD 的作用，就要有高性能的硬件和功能强大的软件。

硬件是 CAD 系统的基础，由计算机及其外围设备组成。计算机分为大型机、工程工作站及高档微机等，目前应用较多的是 CAD 工作站及微机系统。外围设备包括鼠标、键盘、数字化仪、扫描仪等输入设备和显示器、打印机及绘图仪等输出设备。

软件是 CAD 系统的核心，分为系统软件和应用软件。系统软件包括操作系统、计算机语言、网络通信软件及数据库管理软件等。应用软件包括 CAD 支撑软件和用户开发的 CAD 专用软件，如常用数学方法库、常规设计计算方法库、优化设计方法库、产品设计软件包及机械零件设计计算库等。

3．典型 CAD 软件

目前，CAD 软件主要运行在工作站及微机平台上。工作站虽然性能优越，图形处理速度快，但价格却十分昂贵，这在一定程度上限制了 CAD 技术的推广。随着 Pentium 芯片和 Windows 系统的发展，以前只能运行在工作站上的著名 CAD 软件（如 UG、Pro/E 等）现在也可以运行在微机上了。

20 世纪 80 年代以来，国际上推出了一大批通用 CAD 集成软件。表 1-1 中简单介绍了几个比较著名 CAD 软件的情况。

表 1-1 　　　　　　　　　　　　　著名 CAD 软件情况介绍

软件名称	厂家	主要功能
Unigraphics（UG）	UG 软件起源于美国麦道飞机公司，并于 1991 年加入世界上最大的软件公司——EDS 公司，随后以 Unigraphics Solutions 公司（简称 UGS）运作。UGS 是全球著名的 CAD/CAE/CAM 供应商，主要为汽车、航空航天及通用机械等领域的 CAD/CAE/CAM 提供完整的解决方案。其主要的 CAD 产品是 UG。美国通用汽车公司是 UG 软件的最大用户	基于 UNIX 和 Windows 操作系统 参数化和变量化建模技术相结合 全套工程分析、装配设计等强大功能 三维模型自动生成二维图档 曲面造型和数控加工等方面有一定的特色 在航空及汽车工业应用广泛
Pro/Engineer	美国 PTC 公司。该公司 1985 年成立于波士顿，是全球 CAD/CAE/CAM 领域最具代表性的著名软件公司，同时也是世界上第一大 CAD/CAE/CAM 软件公司	基于 UNIX 和 Windows 操作系统 基于特征的参数化建模 强大的装配设计 三维模型自动生成二维图档 曲面造型、数控加工编程 真正的全相关性，任何地方的修改都会自动反映到所有相关地方 有限元分析
SolidWorks	美国 SolidWorks 公司。该公司成立于 1993 年，是全世界最早将三维参数化造型功能发展到微机上的公司。该公司主要从事三维机械设计、工程分析及产品数据管理等软件的开发和营销	基于 Windows 平台 参数化造型 包含装配设计、零件设计、工程图及钣金等模块 图形界面友好，操作简便

软件名称	厂家	主要功能
AutoCAD	Autodesk 公司。该公司是世界第四大 PC 软件公司，成立于 1982 年。在 CAD 领域内，该公司拥有全球最多的用户，它也是全球规模最大的基于 PC 平台的 CAD、动画及可视化软件企业	基于 Windows 平台，是当今最流行的二维绘图软件 强大的二维绘图和编辑功能 三维实体造型 具有很强的定制和二次开发功能

1.2　AutoCAD 的发展及特点

AutoCAD 是美国 Autodesk 公司开发研制的一种通用计算机辅助设计软件包，它在设计、绘图及相互协作等方面展示了强大的技术实力。由于其具有易于学习、使用方便及体系结构开放等优点，因而深受广大工程技术人员的喜爱。

Autodesk 公司在 1982 年推出了 AutoCAD 的第一个版本 V1.0，随后版本不断进行更新，AutoCAD 产品在不断适应计算机软硬件发展的同时，自身功能也日益增强且趋于完善。早期的版本只是绘制二维图的简单工具，画图过程也非常慢，但 AutoCAD 2006 已经集平面绘图、三维造型、数据库管理、渲染着色及连接互联网等功能于一体，并提供了丰富的工具集。这些功能使用户不仅能够轻松快捷地进行设计工作，而且还能方便地重复利用各种已有数据，从而极大地提高了设计效率。如今，AutoCAD 在机械、建筑、电子、纺织、地理及航空等领域得到了广泛的使用。AutoCAD 在全世界 150 多个国家和地区广为流行，占据了大份额的国际 CAD 市场。此外，全球现有上千家 AutoCAD 授权培训中心，有近 3 000 家独立的增值开发商以及 4 000 多种基于 AutoCAD 的各类专业应用软件。目前，AutoCAD 已经成为计算机 CAD 系统的标准，而 DWG 格式文件也已经成为工程设计人员交流思想的公共语言。

AutoCAD 与其他 CAD 产品相比，具有如下特点。

- 直观的用户界面、下拉菜单、图标及易于使用的对话框等。
- 丰富的二维绘图、编辑命令以及建模方式新颖的三维造型功能。
- 多样的绘图方式，可以通过交互方式绘图，也可通过编程自动绘图。
- 能够对光栅图像和矢量图形进行混合编辑。
- 产生具有照片真实感的着色，且渲染速度快、质量高。
- 多行文字编辑器与标准 Windows 系统下文字处理软件的工作方式相同，并支持 Windows 系统的 TrueType 字体。
- 数据库操作方便且功能完善。
- 强大的文件兼容性，可以通过标准的或专用的数据格式与其他 CAD/CAM 系统交换数据。
- 提供了许多 Internet 工具，使用户可通过 AutoCAD 在 Web 上打开、插入或保存图形。
- 开放的体系结构，为其他开发商提供了多元化的开发工具。

1.3 AutoCAD 的基本功能

AutoCAD 是当今最流行的二维绘图软件，下面介绍它的一些基本功能。

- 平面绘图。能以多种方式创建直线、圆、椭圆、多边形及样条曲线等基本图形对象。
- 绘图辅助工具。AutoCAD 提供正交、极轴、对象捕捉及对象追踪等绘图辅助工具。正交功能使用户可以很方便地绘制水平和竖直直线，对象捕捉可帮助拾取几何对象上的特殊点，而追踪功能使画斜线及沿不同方向定位点变得更加容易。
- 编辑图形。AutoCAD 具有强大的编辑功能，可以移动、复制、旋转、阵列、拉伸、延长、修剪及缩放对象等。
- 标注尺寸。可以创建多种类型尺寸，标注外观可以自行设定。
- 书写文字。能轻易的在图形的任何位置和沿任何方向书写文字，可设定文字字体、倾斜角度及宽度缩放比例等属性。
- 图层管理功能。图形对象都位于某一图层上，可设定图层颜色、线型及线宽等特性。
- 三维绘图。可创建 3D 实体及表面模型，能对实体本身进行编辑。
- 网络功能。可将图形在网络上发布或是通过网络访问 AutoCAD 资源。
- 数据交换。AutoCAD 提供了多种图形图像数据交换格式及相应命令。
- 二次开发。AutoCAD 允许用户自定义菜单和工具栏，并能利用内嵌语言 Autolisp、Visual Lisp、VBA、ADS 及 ARX 等进行二次开发。

1.4 系统配置要求

CAD 系统配置包括硬件和软件配置，要充分发挥 AutoCAD 2006 的功能，该系统必须满足以下基本配置要求。

- 处理器为 Intel Pentium Ⅲ或更高版本，主频最低 500MHz，也可是功能相当的其他兼容产品。若处理器性能过低，AutoCAD 将运行得十分缓慢。
- 操作系统为 Windows 2000 Service Pack 4 或 Windows XP 等。AutoCAD 2006 不支持 Windows 98。
- Web 浏览器至少为 Microsoft Internet Explorer 6.0 Service Pack 1。
- 内存至少需要 512 MB，内存容量加大将提高 AutoCAD 的运行速度。
- 磁盘剩余空间大于 500 MB。
- 800×600 VGA 或更高分辨率的显示器，建议采用 1024×768 VGA 显示器。
- CD-ROM 驱动器。

1.5 学习 AutoCAD 的方法

许多读者在学习 AutoCAD 时，往往有这样的经历，当掌握了软件的一些基本命令后，就开始上机绘图，但此时却发现绘图效率很低，有时甚至不知如何下手。出现这种情况的原因主要有两个，第一是对 AutoCAD 基本功能和操作了解得不透彻，第二是没有掌握用 AutoCAD 进行工程设计的一般方法和技巧。

下面就如何学习及深入掌握 AutoCAD 谈几点建议。

1. 熟悉 AutoCAD 操作环境，切实掌握 AutoCAD 基本命令

AutoCAD 的操作环境包括程序界面和多文档操作环境等。要顺利地与 AutoCAD 交流，用户首先必须熟悉其操作环境，其次是要掌握常用的基本操作，如怎样终止及重复命令、怎样局部放大图形及如何设定绘图区域大小等。

常用的基本命令主要有【绘图】和【修改】工具栏中包含的命令。如果用户要绘制三维图形，则还应掌握【实体】和【实体编辑】工具栏中的命令。由于工程设计中这些命令的使用频率非常高，因而熟练且灵活地使用这些命令是提高绘图效率的基础。

2. 跟随实例上机演练，巩固所学知识，提高应用水平

在了解 AutoCAD 的基本功能并学习了 AutoCAD 的基本命令后，接下来读者就应参照实例进行练习，在实战中发现问题并解决问题，掌握 AutoCAD 的精髓，达到得心应手的水平。建议读者每学习 3 到 5 个命令后就围绕这些命令上机练习，通过练习迅速巩固所学的理论知识，并提高绘图技能。本书第 2 章~第 11 章提供了大量的练习题，并总结了许多绘图技巧，非常适合初学者学习。

3. 结合专业，学习 AutoCAD 实用技巧，提高解决实际问题的能力

AutoCAD 是一个高效的设计工具。在不同的工程领域中，用户使用 AutoCAD 进行设计的方法常常不同，并且也形成了一些特殊的绘图技巧。只有掌握了这方面的知识，用户才能在某个领域中充分发挥 AutoCAD 的强大功能。

习题

1. 什么是计算机辅助设计？
2. 简要叙述 CAD 技术的发展历程。
3. 简述 CAD 系统的组成。
4. CAD 的系统软件主要有哪些？
5. AutoCAD 的主要功能有哪些？

第2章 AutoCAD 用户界面及基本操作

要想利用 AutoCAD 顺利地进行工程设计，用户首先应学会怎样与绘图程序对话，即如何下达命令及产生错误后怎样处理等；其次要熟悉 AutoCAD 窗口界面，并了解组成 AutoCAD 程序窗口的每一部分的功能。

本章将介绍用户与 AutoCAD 交流时的一些基本操作和 AutoCAD 用户界面。通过本章的学习，读者可以了解 AutoCAD 工作界面的组成和各组成部分的功能，并掌握一些常用的基本操作方法。

学习目标

- 调用 AutoCAD 命令的方法。
- 选择对象的常用方法。
- 快速缩放、移动图形及全部缩放图形。
- 重复命令和取消已执行的操作。
- 新建、打开及保存文件。
- 熟悉 AutoCAD 用户界面。

2.1 学习 AutoCAD 基本操作

本节将介绍用 AutoCAD 绘制图形的基本过程，并讲解常用的基本操作方法。

2.1.1 绘制一个简单图形

在学习 AutoCAD 基本操作之前，读者可以通过下面实例的练习，对 AutoCAD 绘图的基本过程有一个初步认识。

【例2-1】 练习用 AutoCAD 绘图的基本过程。

(1) 启动 AutoCAD 2006。

(2) 选取菜单命令【文件】/【新建】，打开【选择样板】对话框，如图 2-1 所示。该对话框中列出了用于创建新图形的样板文件，默认的样板文件是 "acadiso.dwt"。单击 打开(0) 按钮开始绘制新图形。

(3) 按下程序窗口底部的 极轴、对象捕捉 及 对象追踪 按钮。注意，不要按下 DYN 按钮。

图2-1 【选择样板】对话框

(4) 单击程序窗口左边工具栏上的 ✏ 按钮，AutoCAD 提示：

命令：_line 指定第一点：　　　　　　　　　　//单击 A 点，如图 2-2 所示

指定下一点或 [放弃(U)]：520　　　　　　　　//向下移动光标，输入线段长度并按 Enter 键

指定下一点或 [放弃(U)]：300　　　　　　　　//向右移动光标，输入线段长度并按 Enter 键

指定下一点或 [闭合(C)/放弃(U)]：130　　　　//向下移动光标，输入线段长度并按 Enter 键

指定下一点或 [闭合(C)/放弃(U)]：800　　　　//向右移动光标，输入线段长度并按 Enter 键

指定下一点或 [闭合(C)/放弃(U)]：c　　　　　//输入选项 "C"，按 Enter 键结束命令

结果如图 2-2 所示。

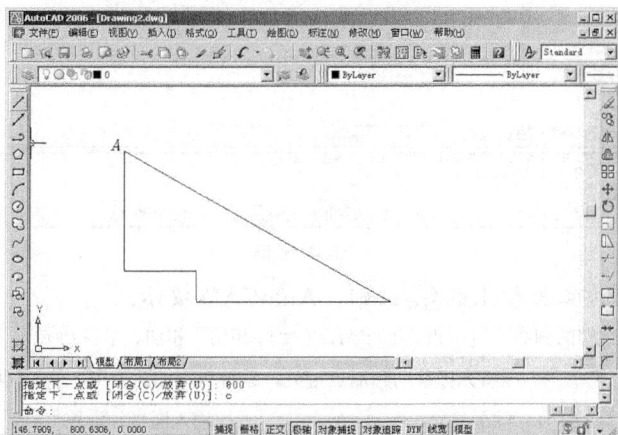

图2-2　画折线

(5) 按 Enter 键重复画线命令，画线段 *BC*，如图 2-3 所示。

图2-3　画线段 *BC*

(6) 单击程序窗口上部的 ↶ 按钮，线段 *BC* 消失，再单击该按钮，连续折线也消失。单击 ↷ 按钮，连续折线又显示出来，继续单击该按钮，线段 *BC* 也显示出来。

(7) 输入画圆命令全称 CIRCLE 或简称 C，AutoCAD 提示：

命令：CIRCLE　　　　　　　　　　　　　　　//输入命令，按 Enter 键确认

指定圆的圆心或 [三点(3P)/两点(2P)/相切、相切、半径(T)]：

　　　　　　　　　　　　　　　　　　　　　//单击 D 点，指定圆心，如图 2-4 所示

指定圆的半径或 [直径(D)]：100　　　　　　//输入圆半径，按 Enter 键确认

结果如图 2-4 所示。

图2-4 画圆

(8) 单击程序窗口左边工具栏上的 ⊘ 按钮，AutoCAD 提示：

命令：_circle 指定圆的圆心或 [三点(3P)/两点(2P)/相切、相切、半径(T)]：

//将光标移动到端点 E 处，系统自动捕捉该点，单击鼠标左键确认

指定圆的半径或 [直径(D)] <160.0000>: 160   //输入圆半径，按 Enter 键

结果如图 2-5 所示。

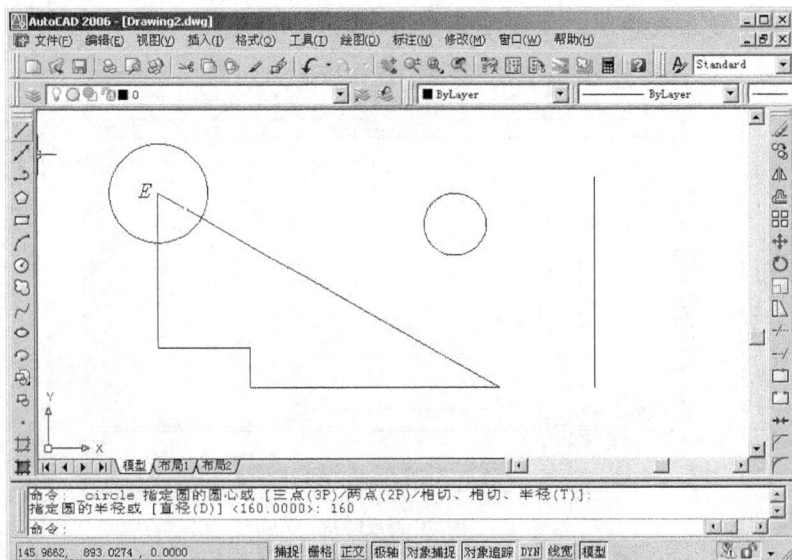

图2-5 画圆

(9) 单击程序窗口上部的 ✋ 按钮，光标变成手的形状 ✋。按住鼠标左键向右拖动光标，直至图形不可见为止，按 Esc 键或 Enter 键退出。

(10) 在程序窗口上部的 🔍 按钮上按下鼠标左键，弹出一个工具栏，继续按住左键并向下拖动光标至该工具栏的 ⊕ 按钮上松开，图形又全部显示在窗口中，如图 2-6 所示。

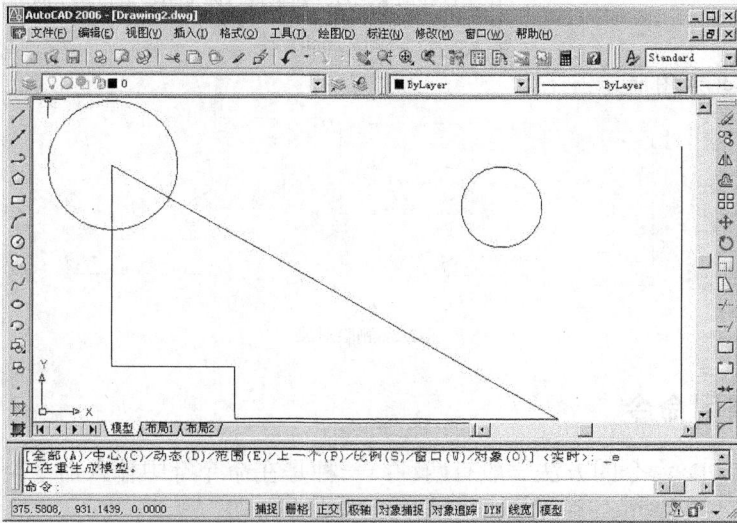

图2-6　全部显示图形

(11) 单击程序窗口上部的 ⊕ 按钮，光标变成放大镜形状 ⊕，此时按住鼠标左键向下拖动光标，图形缩小，如图 2-7 所示，按 Esc 键或 Enter 键退出。

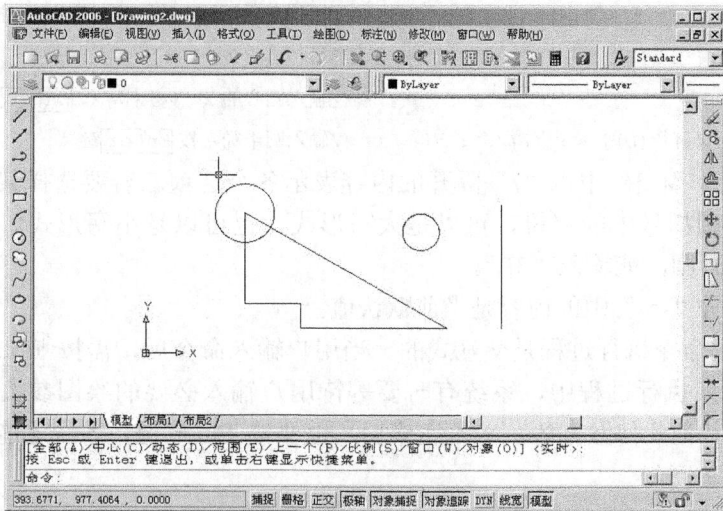

图2-7　缩小图形

(12) 单击程序窗口右边的 ✐ 按钮（删除对象），AutoCAD 提示：

命令：_erase

选择对象：　　　　　　　　　　//单击 F 点，如图 2-8 左图所示

指定对角点：找到 4 个　　　　　//向右下方移动光标，出现一个实线矩形窗口

　　　　　　　　　　　　　　　//在 G 点处单击一点，矩形窗口内的对象被选中，被选对象变为虚线

选择对象：　　　　　　　　　　//按 Enter 键删除对象

命令：ERASE　　　　　　　　　//按 Enter 键重复命令

选择对象：　　　　　　　　　　//单击 H 点

指定对角点：找到 2 个　　　　　//向左下方移动光标，出现一个虚线矩形窗口

选择对象：　　　　　　　　　　　//在 I 点处单击一点，矩形窗口内及与该窗口相交的所有对象都被选中

　　　　　　　　　　　　　　　　　//按 Enter 键删除圆和直线

结果如图 2-8 右图所示。

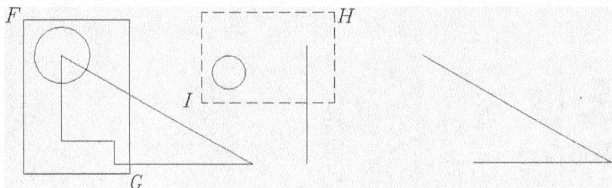

图2-8　删除对象

2.1.2　调用命令

启动 AutoCAD 命令的方法一般有两种：一种是在命令行中输入命令全称或简称，另一种是用鼠标选择一个菜单命令或单击工具栏中的命令按钮。

1.　使用键盘发出命令

在命令行中输入命令全称或简称就可以使系统执行相应的命令。

一个典型的命令执行过程如下。

命令：circle　　　　　　　　　　//输入命令全称 CIRCLE 或简称 C，按 Enter 键

指定圆的圆心或 [三点(3P)/两点(2P)/相切、相切、半径(T)]：90,100

　　　　　　　　　　　　　　　　//输入圆心的 x、y 坐标，按 Enter 键

指定圆的半径或 [直径(D)] <50.7720>：70　　//输入圆半径，按 Enter 键

（1）　方括弧"[ ]"中以"/"隔开的内容表示各个选项。若要选择某个选项，则需输入圆括号中的字母，可以是大写形式，也可以是小写形式。例如，想通过三点画圆，就输入"3P"。

（2）　尖括号"<>"中的内容是当前默认值。

AutoCAD 的命令执行过程是交互式的。当用户输入命令后，需按 Enter 键确认，系统才执行该命令。而执行过程中，系统有时要等待用户输入必要的绘图参数，如输入命令选项、点的坐标或其他几何数据等，输入完成后，也要按 Enter 键，系统才能继续执行下一步操作。

> 小技巧　当使用某一命令时按 F1 键，系统将显示该命令的帮助信息。

2.　利用鼠标发出命令

用鼠标选择一个菜单命令或单击工具栏上的命令按钮，系统就执行相应的命令。利用 AutoCAD 绘图时，用户多数情况下是通过鼠标发出命令的。鼠标各按键定义如下。

- 左键：拾取键，用于单击工具栏按钮及选取菜单选项以发出命令，也可在绘图过程中指定点和选择图形对象等。
- 右键：一般作为回车键，命令执行完成后，常单击右键来结束命令。在有些情况下，单击右键将弹出快捷菜单，该菜单上有【确认】选项。鼠标右键的功能是可以设定的，选取菜单命令【工具】/【选项】，打开【选项】对话框，如图

2-9 所示。用户可以在此对话框【用户系统配置】选项卡的【Windows 标准】区域中自定义鼠标右键的功能。例如，可以设置鼠标右键仅仅相当于回车键。

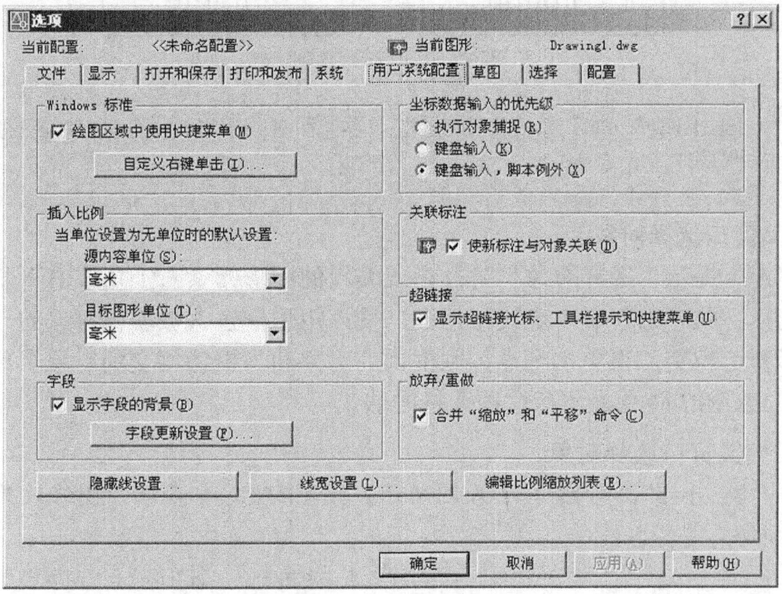

图2-9 【选项】对话框

2.1.3 选择对象的常用方法

用户在使用编辑命令时，选择的多个对象将构成一个选择集。系统提供了多种构造选择集的方法。在默认情况下，用户可以逐个地拾取对象或是利用矩形、交叉窗口一次选取多个对象。

1. 用矩形窗口选择对象

当系统提示选择要编辑的对象时，用户在图形元素的左上角或左下角单击一点，然后向右拖动鼠标，AutoCAD 显示一个实线矩形窗口，让此窗口完全包含要编辑的图形实体，再单击一点，则矩形窗口中所有对象（不包括与矩形边相交的对象）被选中，被选中的对象将以虚线形式表示出来。

下面通过 ERASE 命令来演示这种选择方法。

【例2-2】 用矩形窗口选择对象。

打开教学辅助光盘中的文件"2-2.dwg"，如图 2-10 左图所示。用 ERASE 命令将左图修改为右图。

> **要点提示**　　本书案例中所打开的文件均保存在教学辅助光盘中该书名文件夹下，以后在引用时将不注明出处，直接写为：打开文件"***"。

命令:_erase

选择对象: //在 A 点处单击一点，如图 2-10 左图所示

指定对角点: 找到 6 个   //在 B 点处单击一点

选择对象: //按 Enter 键结束

结果如图 2-10 右图所示。

图2-10 用矩形窗口选择对象

> **要点提示** 当 HIGHLIGHT 系统变量处于打开状态时（等于 1），系统才以高亮度形式显示被选择的对象。

2．用交叉窗口选择对象

当 AutoCAD 提示"选择对象"时，在要编辑的图形元素右上角或右下角单击一点，然后向左拖动光标，此时出现一个虚线矩形框，使该矩形框包含被编辑对象的一部分，而让其余部分与矩形框边相交，再单击一点，则框内的对象和与框边相交的对象全部被选中。

下面通过 ERASE 命令来演示这种选择方法。

【例2-3】 用交叉窗口选择对象。

打开文件"2-3.dwg"，如图 2-11 左图所示。用 ERASE 命令将左图修改为右图。

命令：_erase	
选择对象：	//在 C 点处单击一点，如图 2-11 左图所示
指定对角点：找到 31 个	//在 D 点处单击一点
选择对象：	//按 Enter 键结束

结果如图 2-11 右图所示。

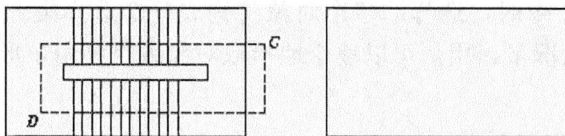

图2-11 用交叉窗口选择对象

3．给选择集添加或去除对象

编辑过程中，用户构造选择集常常不能一次完成，需向选择集中添加或从选择集中删除对象。在添加对象时，可直接选取或利用矩形窗口、交叉窗口选择要加入的图形元素。若要删除对象，可先按住 Shift 键，再从选择集中选择要清除的多个图形元素。

下面通过 ERASE 命令来演示修改选择集的方法。

【例2-4】 修改选择集。

打开文件"2-4.dwg"，如图 2-12 左图所示。用 ERASE 命令将左图修改为右图。

命令：_erase	//在 A 点处单击一点，如图 2-12 左图所示
选择对象：指定对角点：找到 25 个	//在 B 点处单击一点
选择对象：找到 1 个，删除 1 个	//按住 Shift 键，选取线段 C，该线段从选择集中去除
选择对象：找到 1 个，删除 1 个	//按住 Shift 键，选取线段 D，该线段从选择集中去除
选择对象：找到 1 个，删除 1 个	//按住 Shift 键，选取线段 E，该线段从选择集中去除
选择对象：	//按 Enter 键结束

结果如图 2-12 右图所示。

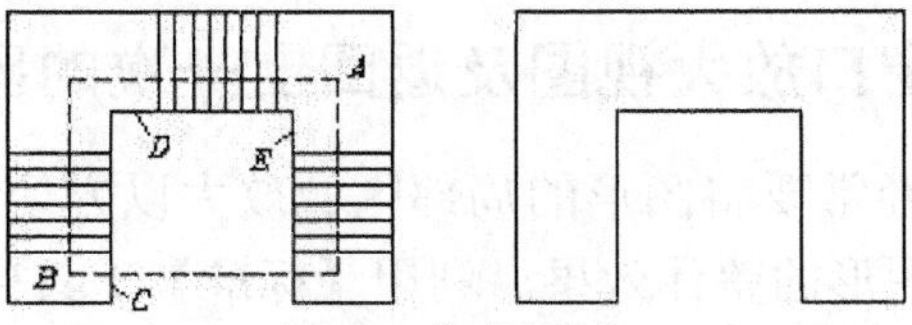

图2-12 修改选择集

2.1.4 删除对象

ERASE 命令用来删除图形对象，该命令没有任何选项。要删除一个对象，用户可以用光标先选择该对象，然后单击【修改】工具栏上的 ✐ 按钮，或键入命令 ERASE（命令简称 E）。也可先发出删除命令，再选择要删除的对象。

2.1.5 撤销及重复命令

发出某个命令后，用户可随时按 Esc 键终止该命令。此时，系统又返回到命令行。

用户经常遇到的一个情况是在图形区域内偶然选择了图形对象，该对象上出现了一些高亮的小框，这些小框被称为关键点，可用于编辑对象（在第 6 章中将详细介绍），要取消这些关键点，按 Esc 键即可。

在绘图过程中，用户会经常重复使用某个命令，重复刚使用过的命令的方法是直接按 Enter 键。

2.1.6 取消已执行的操作

在使用 AutoCAD 绘图的过程中，不可避免地会出现各种各样的错误，用户要修正这些错误可使用 UNDO 命令或单击【标准】工具栏上的 ↺ 按钮。如果想要取消前面执行的多个操作，可反复使用 UNDO 命令或反复单击 ↺ 按钮。此外，也可打开【标准】工具栏上的【放弃】下拉列表，然后选择要放弃的几个操作。

当取消一个或多个操作后，若又想恢复原来的效果，用户可使用 REDO 命令或单击【标准】工具栏上的 ↻ 按钮。此外，也可打开【标准】工具栏上的【重做】下拉列表，然后选择要恢复的几个操作。

2.1.7 快速缩放及移动图形

AutoCAD 的图形缩放及移动功能是很完备的，使用起来也很方便。绘图时，经常通过【标准】工具栏上的 🔍、✋ 按钮来完成这两项功能。

1. 通过 🔍 按钮缩放图形

单击 🔍 按钮，AutoCAD 进入实时缩放状态，光标变成放大镜形状 🔍，此时按住鼠标左键向上拖动光标，就可以放大视图，向下拖动光标就缩小视图。要退出实时缩放状态，可按 Esc 键、Enter 键或单击鼠标右键打开快捷菜单，然后选择【退出】命令。

2. 通过 ✋ 按钮平移图形

单击 ✋ 按钮，AutoCAD 进入实时平移状态，光标变成手的形状 ✋，此时按住鼠标左键并拖动光标，就可以平移视图。要退出实时平移状态，可按 Esc 键、Enter 键或单击鼠标右键打开快捷菜单，然后选择【退出】命令。

2.1.8 利用矩形窗口放大视图及返回上一次的显示

在绘图过程中,用户经常要将图形的局部区域放大以方便绘图;绘制完成后,又要返回上一次的显示,以观察图形的整体效果。利用【标准】工具栏上的 ⊕、⊕ 按钮可实现这两项功能。

1. 通过 ⊕ 按钮放大局部区域

单击 ⊕ 按钮,系统提示"指定第一个角点:",拾取 *A* 点,再根据提示拾取 *B* 点,如图 2-13 左图所示。矩形框 *AB* 是设定的放大区域,其中心是新显示的中心,系统将尽可能地将该矩形内的图形放大以充满整个绘图窗口,图 2-13 右图显示了放大后的效果。

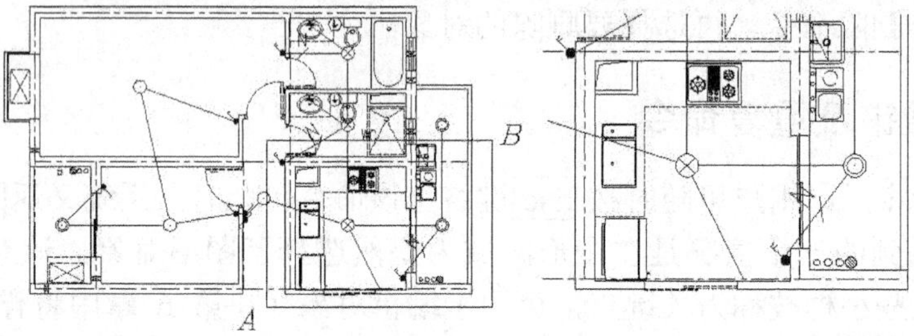

图2-13 窗口缩放

2. 通过 ⊕ 按钮返回上一次的显示

单击 ⊕ 按钮,系统将显示上一次的视图。若用户连续单击此按钮,则系统将恢复前几次显示过的图形(最多 10 次)。绘图时,常利用此功能返回到原来的某个视图。

2.1.9 将图形全部显示在窗口中

绘图过程中,有时需将图形全部显示在程序窗口中。要实现这个目标,可选取菜单命令【视图】/【缩放】/【范围】,或单击【标准】工具栏上的 ⊕ 按钮(该按钮嵌套在 ⊕ 按钮中)。

> **小技巧** 工具栏中的按钮有些是单一型的,有些是嵌套型的。嵌套型按钮右下角带有小黑三角形,按下小黑三角形将弹出一些新按钮。

2.1.10 设定绘图区域的大小

AutoCAD 的绘图空间是无限大的,但用户可以设定在程序窗口中显示出的绘图区域的大小。绘图时,事先对绘图区域的大小进行设定将有助于了解图形分布的范围。当然,也可在绘图过程中随时缩放(使用 ⊕ 按钮)图形,以控制其在屏幕上显示的效果。

设定绘图区域大小有以下两种方法。

- 将一个圆充满整个程序窗口显示出来,依据圆的尺寸就能轻易地估计出当前绘图区域的大小了。

【例2-5】 设定绘图区域的大小。

(1) 单击程序窗口左边工具栏上的 ⊘ 按钮,AutoCAD 提示:

命令: _circle 指定圆的圆心或 [三点(3P)/两点(2P)/相切、相切、半径(T)]:

                  //在屏幕的适当位置单击一点

指定圆的半径或 [直径(D)]: 50   //输入圆半径

(2) 选取菜单命令【视图】/【缩放】/【范围】，或单击【标准】工具栏上的 按钮，直径为 100 的圆充满整个绘图窗口显示出来，如图 2-14 所示。

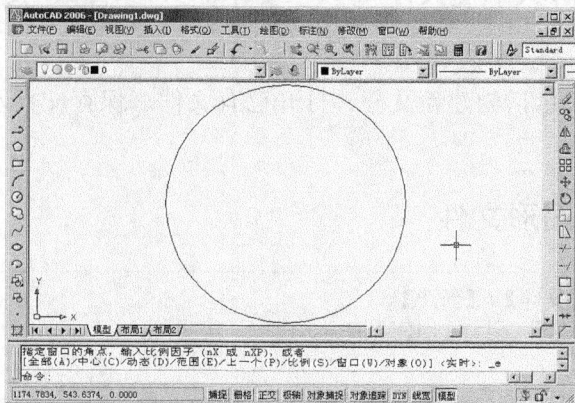

图2-14　设定绘图区域的大小

- 用 LIMITS 命令设定绘图区域的大小。该命令可以改变栅格的长宽尺寸及位置。所谓栅格是点在矩形区域中按行、列形式分布形成的图案，如图 2-15 所示。当栅格在程序窗口中显示出来后，用户就可根据栅格分布的范围估算出当前绘图区域的大小了。

【例2-6】　用 LIMITS 命令设定绘图区域的大小。

(1) 选取菜单命令【格式】/【图形界限】，AutoCAD 提示：

命令: '_limits

指定左下角点或 [开(ON)/关(OFF)] <0.0000,0.0000>:

//单击 A 点，如图 2-15 所示

指定右上角点 <420.0000,297.0000>: @30000,20000

//输入 B 点相对于 A 点的坐标，按 Enter 键（在第 4.1.3 小节中将介绍相对坐标）

(2) 选取菜单命令【视图】/【缩放】/【范围】，或单击【标准】工具栏上的 按钮，则当前绘图窗口长宽尺寸近似为 30000 × 20000。

(3) 若想查看已设定的绘图区域范围，可单击程序窗口下边的 栅格 按钮，打开栅格显示，该栅格的长宽尺寸为 30000 × 20000，如图 2-15 所示。图中栅格沿 X、Y 轴的间距为 500，若太小，则显示不出来。设定栅格间距的方法见第 2.3.7 小节。

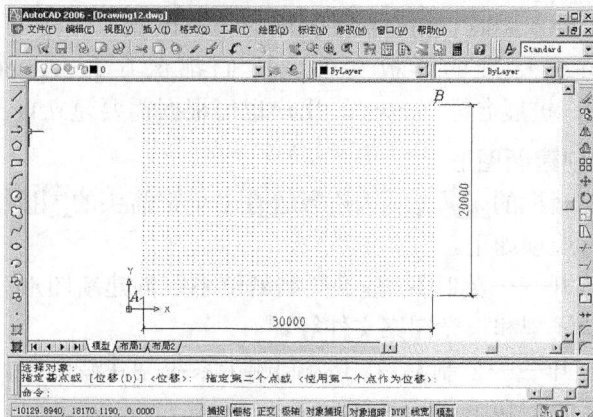

图2-15　设定绘图区域的大小

2.2 图形文件管理

图形文件管理一般包括创建新文件、打开已有文件、保存文件及浏览、搜索图形文件等，以下分别进行介绍。

2.2.1 建立新图形文件

命令 启动 方法	● 菜单命令：【文件】/【新建】。 ● 工具栏：【标准】工具栏上的 □ 按钮。 ● 命令：NEW。

启动新建图形命令，打开【选择样板】对话框，如图 2-16 所示。在此对话框中，用户可以选择样板文件或基于公制、英制测量系统创建新图形。

图2-16　【选择样板】对话框

1. 使用样板文件创建新图形

在具体的设计工作中，为使图纸统一，许多项目如字体、标注样式、图层和标题栏等，都需要设定为统一标准。建立标准绘图环境的有效方法是使用样板文件，在样板文件中已经保存了各种标准设置。这样，每当创建新图形时，就以样板文件为原型文件，将它的设置复制到当前图样中，使新图具有与样板图相同的绘图环境。

AutoCAD 中有许多标准的样板文件，它们都保存在 AutoCAD 安装目录中的"Template"文件夹中，扩展名为".dwt"。用户也可根据需要建立自己的标准样板文件。

2. 使用默认设置创建新图形

在【选择样板】对话框的 打开⑩ 按钮旁边有一个带箭头的 ▼ 按钮。单击此按钮，弹出下拉列表，该列表部分选项如下。

（1）【无样板打开——英制】：基于英制测量系统创建新图形。系统使用内部默认值控制文字、标注、默认线型和填充图案文件等。

（2）【无样板打开——公制】：基于公制测量系统创建新图形。系统使用内部默认值控制文字、标注、默认线型和填充图案文件等。

2.2.2　打开图形文件

命令 启动 方法	● 菜单命令：【文件】/【打开】。 ● 工具栏：【标准】工具栏上的 按钮。 ● 命令：OPEN。

　　启动打开图形命令，弹出【选择文件】对话框，如图 2-17 所示。该对话框与微软公司 Office 2000 中相应对话框的样式及操作方式是类似的。用户可直接在对话框中选择要打开的一个或多个文件（按住 Ctrl 或 Shift 键选择多个文件），或是在【文件名】文本框中输入要打开文件的名称（可以包含路径）。此外，还可在文件名称列表框中通过双击文件名打开文件。该对话框顶部有【搜索】下拉列表，左边有文件位置列表，可利用它们确定要打开文件的位置。

图2-17　【选择文件】对话框

　　【选择文件】对话框还提供了图形文件预览功能。用鼠标左键单击某一图形文件名称，则系统在【预览】区域中显示该文件的小型图片，这样用户在打开图形文件前就可查看文件内容。

　　如果需要根据名称、位置或修改日期等条件来查找文件，可通过【选择文件】对话框【工具】下拉列表中的【查找】选项实现。此时，在系统打开的【查找】对话框中，用户可利用某种特定的过滤器在子目录、驱动器、服务器或局域网中搜索所需要的文件。

2.2.3　保存图形文件

　　将图形文件存入磁盘时，一般采取两种方式：一种是以当前文件名保存图形，另一种是指定新文件名存储图形。

1．快速保存

命令 启动 方法	● 菜单命令：【文件】/【保存】。 ● 工具栏：【标准】工具栏上的 按钮。 ● 命令：QSAVE。

　　发出快速保存命令后，系统将当前图形文件以原文件名直接存入磁盘，而不会给用户任何提示。若当前图形文件名是默认名且是第一次存储文件，则系统弹出【图形另存为】对话框，如图 2-18 所示，在此对话框中用户可指定文件存储位置、文件类型及输入新文件名等。

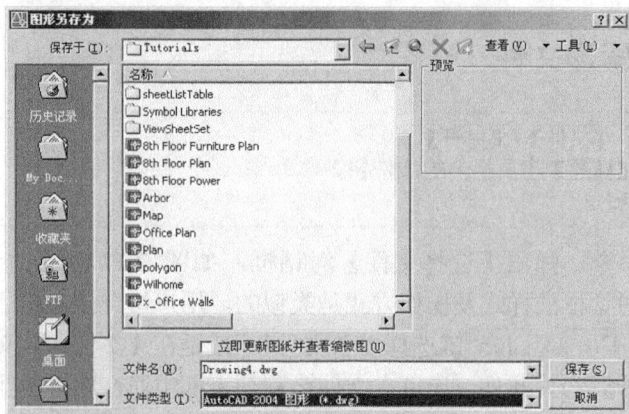

图2-18 【图形另存为】对话框

2. 换名存盘

命令 启动 方法	● 菜单命令：【文件】/【另存为】。 ● 命令：SAVEAS。

启动换名保存命令，系统弹出【图形另存为】对话框，如图 2-18 所示。用户在该对话框的【文件名】文本框中输入新文件名，并可在【保存于】及【文件类型】下拉列表中分别设定文件的存储路径和类型。

2.3 AutoCAD 用户界面详解

启动 AutoCAD 2006 后，其用户界面如图 2-19 所示，主要由标题栏、绘图窗口、菜单栏、工具栏、命令提示窗口、滚动条和状态栏等部分组成，下面分别介绍各部分的功能。

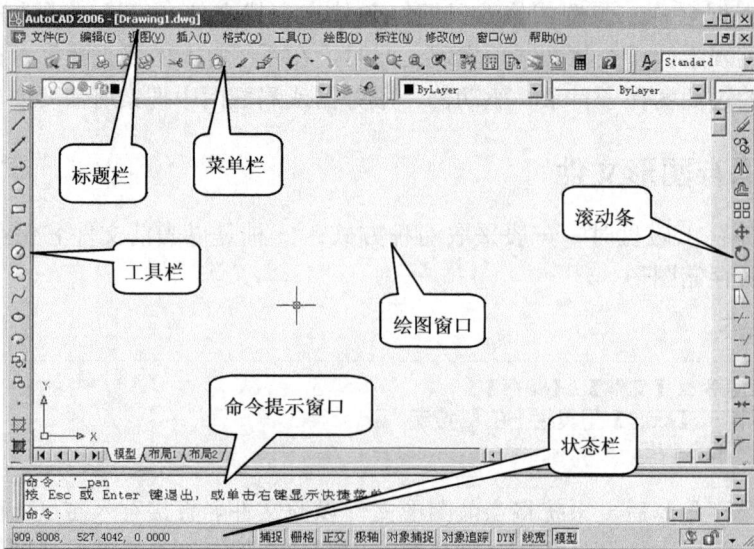

图2-19 AutoCAD 2006 用户界面

2.3.1　标题栏

标题栏在程序窗口的最上方，它显示了 AutoCAD 的程序图标及当前所操作的图形文件名称及路径。和一般 Windows 应用程序类似，用户可通过标题栏最右边的 3 个按钮使 AutoCAD 用户界面最小化、最大化或关闭 AutoCAD。

2.3.2　绘图窗口

绘图窗口是用户绘图的工作区域，图形将显示在此区域中，该区域左下方有一个表示坐标系的图标，它指示了绘图区的方位。图标中 "X"、"Y" 字母分别指示 x 轴和 y 轴的正方向。在默认情况下，AutoCAD 使用世界坐标系；如果有必要，用户也可通过 UCS 命令建立自己的坐标系。

当移动鼠标时，绘图区域中的十字形光标会跟随移动，与此同时在绘图区底部的状态栏中将显示光标点的坐标读数。请注意观察坐标读数的变化，此时的显示方式是 "X,Y,Z" 形式，如果想让坐标读数不变动或以极坐标形式（距离<角度）显示，可连续按 F6 键来实现。注意，坐标的极坐标显示形式只有在系统提示 "拾取一个点" 时才能得到。

绘图窗口包含了两种绘图环境，一种称为模型空间，另一种称为图纸空间。在此窗口底部有 3 个选项卡 模型 布局1 布局2，默认情况下【模型】选项卡是按下的，表明当前绘图环境是模型空间，用户在这里一般按实际尺寸绘制二维或三维图形。当单击【布局 1】或【布局 2】选项卡时，就切换至图纸空间。用户可以将图纸空间想象成一张图纸（系统提供的模拟图纸），可在这张图纸上将模型空间的图样按不同缩放比例布置在图纸上，有关这方面的内容将在后续章节中介绍。

> **要点提示**　绘图窗口的坐标系图标在图纸和模型空间中有不同的形状。

2.3.3　下拉菜单和快捷菜单

单击菜单栏中的主菜单，弹出对应的下拉菜单。下拉菜单包含了 AutoCAD 的核心命令和功能，通过鼠标选择菜单中的某个选项，系统就执行相应的命令。菜单选项有以下 3 种形式。

（1）菜单选项后面带有三角形标记。选择这种菜单项后，将弹出新菜单，用户可做进一步选择。

（2）菜单选项后面带有省略号标记 "..."。选择这种菜单项后，系统将打开一个对话框，通过此对话框用户可做进一步操作。

（3）单独的菜单选项。

另一种形式的菜单是快捷菜单，当单击鼠标右键时，在光标的位置上将出现快捷菜单。快捷菜单提供的命令选项与光标的位置及系统的当前状态有关。例如，分别将光标放在绘图区域或工具栏上再单击右键，打开的快捷菜单是不一样的。此外，如果系统正在执行某一命令或者用户事先选取了任意实体对象，也将显示不同的快捷菜单。

在以下的区域中单击右键可显示快捷菜单。

● 绘图区域。

- 模型空间或图纸空间选项卡。
- 状态栏。
- 工具栏。
- 一些对话框。

2.3.4　工具栏

工具栏提供了访问 AutoCAD 命令的快捷方式，它包含了许多命令按钮，用户只需单击某个按钮，AutoCAD 就会执行相应命令，【绘图】工具栏如图 2-20 所示。

图2-20　【绘图】工具栏

AutoCAD 2006 提供了 30 个工具栏，在默认状态下，系统仅显示【标准】、【样式】、【图层】、【对象特性】、【绘图】和【修改】6 个工具栏。其中前 4 个工具栏放在绘图区域的上边，后两个工具栏分别放在绘图区域的左边和右边。如果用户想将工具栏移动到窗口的其他位置，可移动光标箭头到工具栏边缘，然后按下鼠标左键，此时工具栏边缘将出现一个灰色矩形框，继续按住左键并移动鼠标，工具栏就随光标移动。此外，用户也可以改变工具栏的形状，将光标放置在拖出的工具栏的上或下边缘，此时光标变成双面箭头，按住鼠标左键，拖动光标，工具栏形状就发生变化。移动并改变形状后的【绘图】工具栏如图 2-21 所示。

除了移动工具栏及改变其形状外，还可根据需要打开或关闭工具栏。打开或关闭工具栏的方法如下。

移动光标到任一个工具栏上，然后单击鼠标右键，弹出快捷菜单，图 2-22 所示为弹出的部分快捷菜单，在此菜单上列出了工具栏的名称。若名称前带有"√"标记，则表示该工具栏已打开。选择菜单上某一选项就会打开或关闭相应的工具栏。

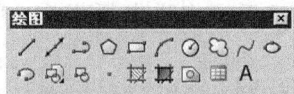

图2-21　移动并改变形状的【绘图】工具栏

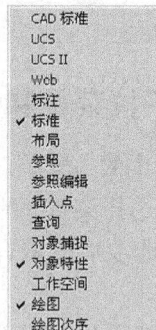

图2-22　工具栏快捷菜单

2.3.5　命令提示窗口

命令提示窗口位于 AutoCAD 程序窗口的底部，用户从键盘上输入的命令、系统的提示及相关信息都反映在此窗口中；该窗口是用户与系统进行命令交互的窗口。在默认情况下，命令提示窗口仅显示 3 行，但用户也可根据需要改变它的大小。将光标放在命令提示窗口的上边缘使其变成双面箭头，按住鼠标左键向上拖动光标就可以增加命令窗口显示的行数。

用户应特别注意命令提示窗口中显示的文字，因为它是系统与用户的对话内容，这些信息记录了系统与用户的交流过程。如果要详细了解这些信息，可以通过窗口右边的滚动条来阅读，或是按 F2 键打开命令提示窗口，如图 2-23 所示。在此窗口中将显示更多的命令历史，再次按 F2 键又可关闭此窗口。

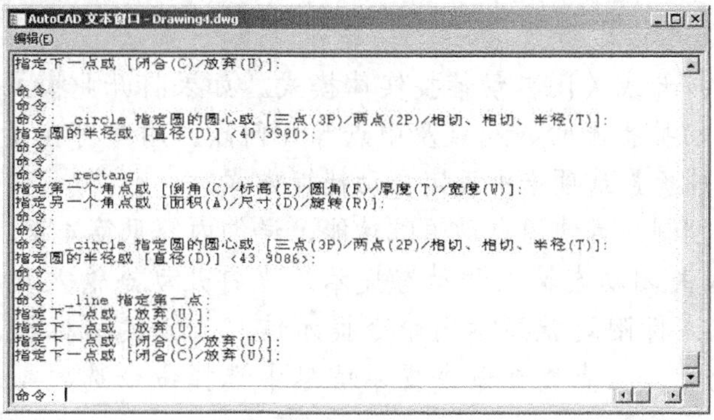

图2-23　命令提示窗口

2.3.6　滚动条

AutoCAD 2006 是一个多文档设计环境，用户可以同时打开多个绘图窗口，其中每个窗口的右边和底边都有滚动条。拖动滚动条上的滑块或单击两端的箭头都可以使绘图窗口中的图形沿水平或垂直方向滚动显示。

2.3.7　状态栏

绘图过程中的许多信息都将在状态栏中显示出来。例如，状态栏中会显示十字形光标的坐标值，一些提示文字等。另外，状态栏中还含有 9 个控制按钮，各按钮的功能如下。

- 捕捉：单击此按钮就能控制是否使用捕捉功能。当打开这种模式时，光标只能沿 X 或 Y 轴移动，每次位移的距离可在【草图设置】对话框中设定。用鼠标右键单击捕捉按钮，出现快捷菜单，选择【设置】选项，打开【草图设置】对话框，如图 2-24 所示，在【捕捉和栅格】选项卡的【捕捉】区域中即可设置光标位移的距离。

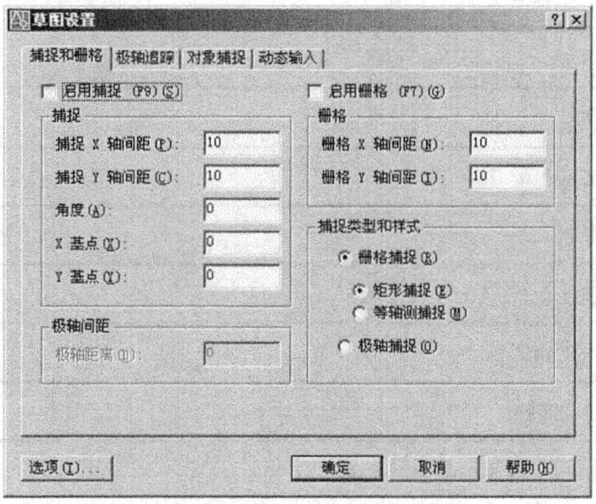

图2-24　【草图设置】对话框

- 栅格：通过此按钮可打开或关闭栅格显示。当显示栅格时，屏幕上的某个矩形区域内将出现一系列排列规则的小点，这些点的作用类似于手工绘图时的方格纸，将有助于绘图定位。小点所在区域的大小由 LIMITS 命令设定，其沿 x、y 轴的间距在【草图设置】对话框中【捕捉和栅格】选项卡的【栅格】区域中设置，如图 2-24 所示。

- 正交：利用该按钮控制是否以正交方式绘图。如果打开此模式，用户就只能绘制出水平或竖直直线。

- **极轴**：打开或关闭极坐标捕捉模式，详细内容见第 4 章。

> **要点提示**
>
> **正交**和**极轴**按钮是互斥的，若打开其中一个按钮，另一个则自动关闭。

- **对象捕捉**：打开或关闭自动捕捉实体模式。如果打开此模式，则在绘图过程中系统将自动捕捉圆心、端点及中点等几何点。用户可在【草图设置】对话框的【对象捕捉】选项卡中设定自动捕捉方式。
- **对象追踪**：控制是否使用自动追踪功能，详细内容见第 4 章。
- **DYN**：打开或关闭动态输入和动态提示。当打开动态输入及动态提示并启动命令后，在光标附近就显示出命令提示信息、点的坐标值、线段的长度及角度等。此时，可直接在命令提示信息中选择命令选项或是输入坐标值、长度及角度等参数。
- **线宽**：控制是否在图形中显示线条的宽度。
- **模型**：当处于模型空间时，单击此按钮就可切换到图纸空间，按钮也变为**图纸**，再次单击它，就进入浮动模型视口。浮动模型视口是指在图纸空间的模拟图纸上创建的可移动视口，通过该视口就可观察到模型空间的图形，并能进行绘图及编辑操作。用户可以改变浮动模型视口的大小，还可将其复制到图纸的其他地方。进入图纸空间后，系统将自动创建一个浮动模型视口，若要激活它，单击**图纸**按钮即可。

一些控制按钮的打开或关闭可通过相应的快捷键来实现，控制按钮及其相应的快捷键见表 2-1。

表 2-1　　　　　　　　　　　　控制按钮及相应的快捷键

按钮	快捷键
捕捉	F9
栅格	F7
正交	F8
极轴	F10
对象捕捉	F3
对象追踪	F11
DYN	F12

2.4　AutoCAD 多文档设计环境

AutoCAD 从 2000 版起开始支持多文档环境，在此环境下，用户可同时打开多个图形文件。图 2-25 所示为打开 4 个图形文件时的程序界面（窗口层叠）。

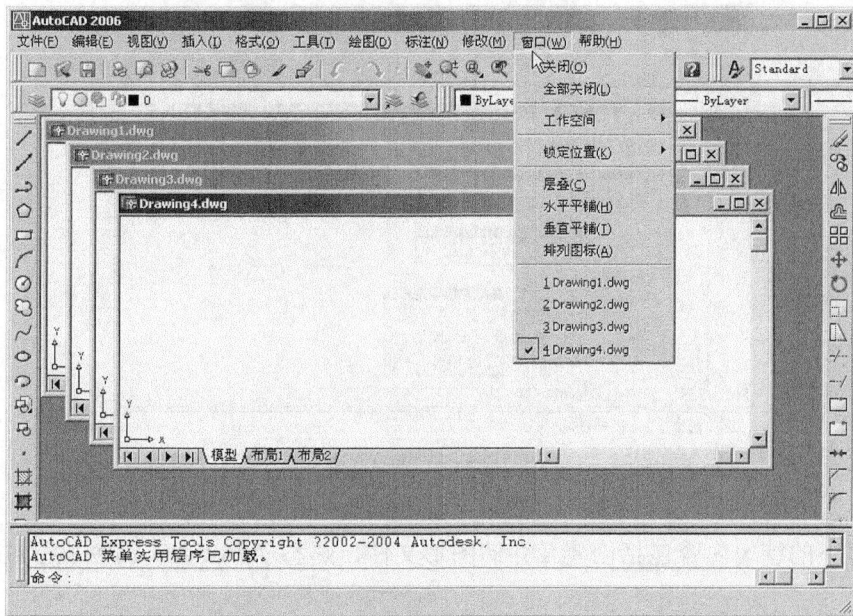

图2-25 多文档设计环境

虽然可同时打开多个图形文件，但当前激活的文件只有一个。用户只需在某个文件窗口内单击一点就可激活该文件。此外，用户也可通过如图 2-25 所示的【窗口】菜单在各文件间切换。该菜单列出了所有已打开的图形文件，文件名前带"√"的文件是当前文件。若用户想激活其他文件，只需选择相应的文件名即可。

利用【窗口】菜单还可控制多个图形文件的显示方式。例如，可将它们以层叠、水平或竖直等排列形式布置在主窗口中。

> **要点提示** 连续按 Ctrl+F6 键，系统就依次在所有图形文件间切换。

处于多文档设计环境时，用户可以在不同图形间执行无中断、多任务操作，从而使工作变得更加灵活方便。例如，设计者正在图形 a 中进行操作，当需要进入另一图形 b 中绘图时，无论系统当前是否正在执行命令，都可以激活另一个窗口进行绘制或编辑，在完成操作并返回图形文件 a 中时，系统将继续执行以前的操作命令。

多文档设计环境具有 Windows 的剪切、复制及粘贴等功能，因而可以快捷地在各个图形文件间复制、移动对象。此外，用户也可直接选择图形实体，然后按住鼠标左键将它拖放到其他图形中去使用。如果考虑到复制的对象需要在其他的图形中准确定位，则还可在复制对象的同时指定基准点，这样在执行粘贴操作时就可根据基准点将图形复制到正确的位置。

习题

1.　启动 AutoCAD 2006，将用户界面重新布置，如图 2-26 所示。

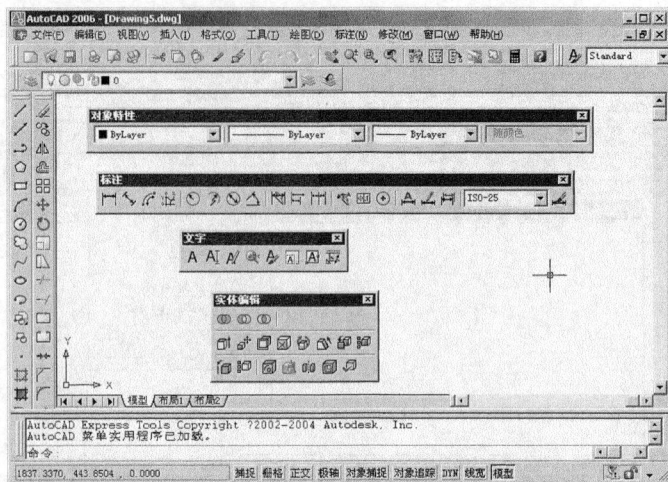

图2-26 重新布置用户界面

2. 以下的练习内容包括创建及存储图形文件、熟悉 AutoCAD 命令执行过程和快速查看图形等。

(1) 利用 AutoCAD 提供的样板文件 "Acad.dwt" 创建新文件。

(2) 用 LIMITS 命令设定绘图区域的大小为 10000×8000。

(3) 单击状态栏上的 栅格 按钮，再单击【标准】工具栏上的 按钮，使栅格充满整个图形窗口显示出来。此栅格沿 X、Y 轴的间距为 200。

(4) 单击【绘图】工具栏上的 按钮，AutoCAD 提示：

命令: _circle 指定圆的圆心或 [三点(3P)/两点(2P)/相切、相切、半径(T)]:

//在屏幕上单击一点

指定圆的半径或 [直径(D)] <30.0000>: 50　　　　　//输入圆半径

命令: 　　　　　　　　　　　　　　　　　　　//按 Enter 键重复上一个命令

CIRCLE 指定圆的圆心或 [三点(3P)/两点(2P)/相切、相切、半径(T)]:

//在屏幕上单击一点

指定圆的半径或 [直径(D)] <50.0000>: 100　　　　　//输入圆半径

命令: 　　　　　　　　　　　　　　　　　　　//按 Enter 键重复上一个命令

CIRCLE 指定圆的圆心或 [三点(3P)/两点(2P)/相切、相切、半径(T)]: *取消*

//按 Esc 键取消命令

(5) 单击【标准】工具栏上的 按钮使圆充满整个绘图窗口。

(6) 利用【标准】工具栏上的 、 按钮移动和缩放图形。

(7) 以文件名 "User-1.dwg" 保存图形。

第3章 设置图层、颜色、线型及线宽

AutoCAD 图层是透明的电子图纸，用户把各种类型的图形元素画在这些电子图纸上，AutoCAD 将它们叠加在一起显示出来，如图 3-1 所示，在图层 A 上绘制了建筑物的墙壁，图层 B 上画出了室内家具，图层 C 上放置了建筑物内的电器设施，最终显示的结果是各层叠加后的效果。

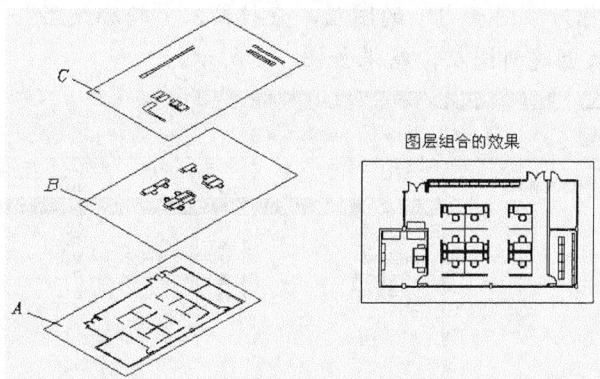

图3-1 图层

本章主要介绍图层、线型、线宽和颜色的设置以及图层状态的控制。通过本章的学习，读者可以掌握创建图层、控制图层状态及修改非连续线外观的方法。

学习目标

- 创建图层，设置图层颜色、线型及线宽等属性。
- 改变对象所在的图层、颜色、线型及线宽等。
- 控制非连续线的外观。

3.1 创建及设置图层

用 AutoCAD 绘图时，图形元素处于某个图层上，在默认情况下，当前层是 0 层，若没有切换至其他图层，则所画图形在 0 层上。每个图层都有与其相关联的颜色、线型及线宽等属性信息，用户可以对这些信息进行设定或修改。当在某一层上绘图时，生成的图形元素颜色、线型、线宽就与当前层的设置完全相同（默认情况）。对象的颜色将有助于辨别图样中的相似实体，而线型、线宽等特性可轻易地表示出不同类型的图形元素。

图层是用户管理图样的强有力工具。在绘图时，用户应考虑将图样划分为哪些图层以及按什么样的标准进行划分。如果图层划分的较合理且采用了良好的命名，则会使图形信息更清晰、更有序，给以后修改、观察及打印图样带来很大便利。例如，对于机械图，可根据图形元素的性质划分图层，一般创建下列图层。

- 轮廓线层。
- 中心线层。
- 虚线层。
- 剖面线层。
- 尺寸标注层。
- 文字说明层。

以下具体说明如何创建及设置图层。

1. 创建图层

(1) 单击【图层】工具栏上的 按钮，打开【图层特性管理器】对话框，再单击 按钮，列表框显示出名称为"图层 1"的图层，直接输入"轮廓线层"，按 Enter 键结束。再次按 Enter 键，又创建新图层，结果如图 3-2 所示。

图3-2 创建图层

(2) 图层"0"前有绿色标记"√"，表示该图层是当前层，其他图层名称前有白色的图标" "，表明这些图层上没有任何图形对象，否则图标的颜色将变为蓝色。

> **要点提示** 若在【图层特性管理器】对话框的列表框中事先选中一个图层，然后单击 按钮或按 Enter 键，则新图层与被选中的图层具有相同颜色、线型及线宽等设置。

2. 指定图层颜色

(1) 在【图层特性管理器】对话框中选中图层。

(2) 单击图层列表中与所选图层相关联的图标 ■白色 ，此时系统打开【选择颜色】对话框，如图 3-3 所示。通过此对话框可以选择所需的颜色。

3. 给图层分配线型

(1) 在【图层特性管理器】对话框中选中图层。

(2) 在该对话框图层列表框的【线型】列中显示了与图层相关联的线型，在默认情况下，图层线型是"Continuous"。单击"Continuous"，打开【选择

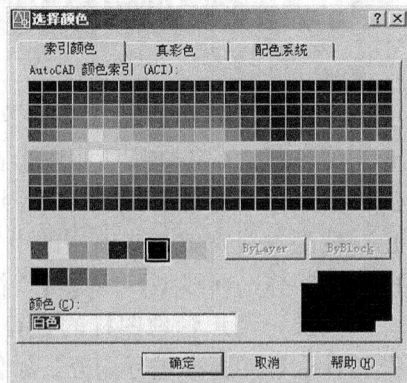

图3-3 【选择颜色】对话框

线型】对话框，如图 3-4 所示，通过此对话框用户可以选择一种线型或从线型库文件中加载更多线型。

(3) 单击 加载(L)... 按钮，打开【加载或重载线型】对话框，如图 3-5 所示。该对话框列出了线型文件中包含的所有线型，用户在列表框中选择所需的一种或几种线型，再单击 确定 按钮，这些线型就被加载到系统中。当前线型文件是"acadiso.lin"，单击 文件(F)... 按钮，可选择其他的线型库文件。

图3-4 【选择线型】对话框

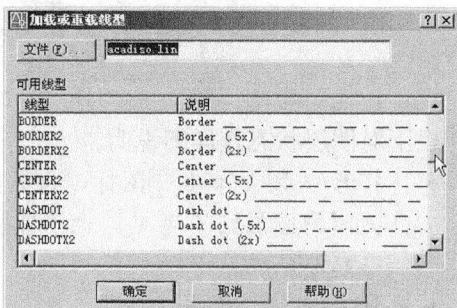

图3-5 【加载或重载线型】对话框

4. 设定线宽

(1) 在【图层特性管理器】对话框中选中某一图层。

(2) 单击图层列表【线宽】列中的图标 ——默认，打开【线宽】对话框，如图 3-6 所示，通过此对话框用户可设置线宽。

如果要使图形对象的线宽在模型空间中显示得更宽或更窄一些，可以调整线宽比例。在状态栏的 线宽 按钮上单击鼠标右键，弹出快捷菜单，选择【设置】命令，打开【线宽设置】对话框，如图 3-7 所示，在【调整显示比例】区域中移动滑块来改变显示比例值。

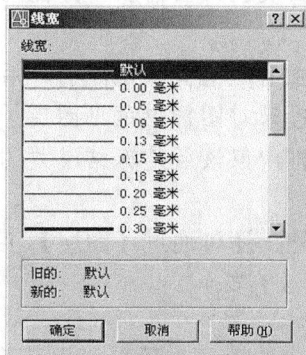

图3-6 【线宽】对话框

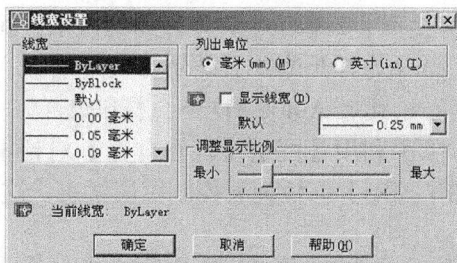

图3-7 【线宽设置】对话框

3.2 控制图层状态

如果工程图样包含大量信息且有很多图层，则用户可通过控制图层状态使编辑、绘制和观察等工作变得更方便一些。图层状态主要包括打开与关闭、冻结与解冻、锁定与解锁和打印与不打印等，系统用不同形式的图标表示这些状态，如图 3-8 所示。用户可通过【图层特性管理器】对话框对图层状态进行控制，单击【图层】工具栏上的 按钮就可打开此对话框。

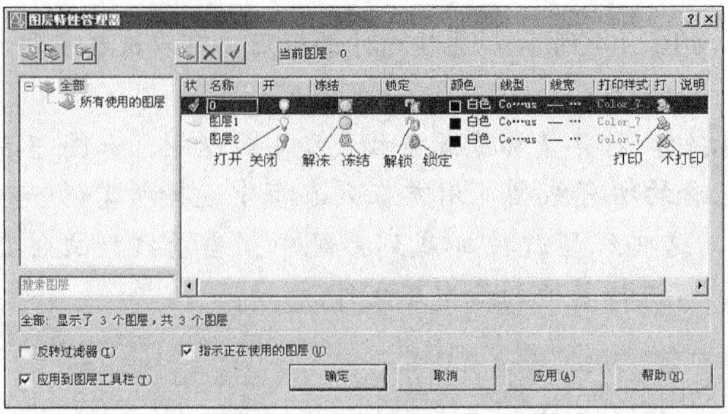

图3-8 【图层特性管理器】对话框

以下对图层状态作详细说明。

- 打开/关闭：单击💡图标，将关闭或打开某一图层。打开的图层是可见的，而关闭的图层则不可见，也不能被打印。当图形重新生成时，被关闭的图层将一起被生成。

- 解冻/冻结：单击◯图标，将冻结或解冻某一图层。解冻的图层是可见的，冻结的图层为不可见，也不能被打印。当重新生成图形时，系统不再重新生成该图层上的对象，因而冻结一些图层后，可以加快 ZOOM、PAN 等命令和许多其他操作的运行速度。

> **要点提示** 解冻一个图层将引起整个图形重新生成，而打开一个图层则不会导致这种现象（只是重画这个图层上的对象）。因此如果需要频繁地改变图层的可见性，应关闭或打开该图层而不应冻结或解冻。

- 解锁/锁定：单击🔒图标，将锁定或解锁图层。被锁定的图层是可见的，但图层上的对象不能被编辑。用户可以将锁定的图层设置为当前层，并能向它添加图形对象。

- 打印/不打印：单击🖨图标，就可设定图层是否打印。指定某层不打印后，该图层上的对象仍会显示出来。图层的不打印设置只对图样中可见图层（图层是打开的并且是解冻的）有效。若图层设为可打印但该层是冻结或关闭的，此时 AutoCAD 不会打印该层。

除了利用【图层特性管理器】对话框控制图层状态外，还可通过【图层】工具栏上的【图层控制】下拉列表控制图层状态，这方面内容详见第 3.3 节。

3.3 有效地使用图层

在绘制复杂图形时，用户常常从一个图层切换至另一个图层，频繁地改变图层状态或是将某些对象修改到其他层上，如果这些操作不熟练，将会降低设计效率。控制图层的一种方法是单击【图层】工具栏上的▧按钮，打开【图层特性管理器】对话框，通过此对话框完成上述任务。除此之外，还有另一种更简捷的方法——使用【图层】工具栏中的【图层控制】下拉列表，如图 3-9 所示，该下拉列表包含当前图形中所有图层，并显示各层的状态图标。此列表主要包含以下 3 项功能。

- 切换当前图层。
- 设置图层状态。
- 修改已有对象所在的图层。

【图层控制】列表框有 3 种显示模式。

- 如果用户没有选择任何图形对象，则该列表框显示当前图层。

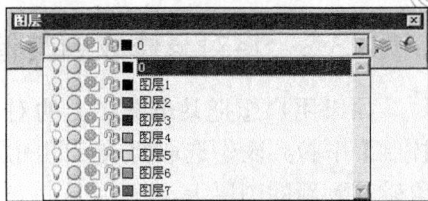

图3-9 【图层控制】下拉列表

- 若选择了一个或多个对象，而这些对象又同属一个图层时，该列表框显示该层。
- 若选择了多个对象，而这些对象不属于同一层时，该列表框是空白的。

3.3.1 切换当前图层

用户要在某个图层上绘图，必须先使该层成为当前层。通过【图层控制】下拉列表，用户可以快速地切换当前层，方法如下。

- 单击【图层控制】下拉列表右边的箭头打开列表。
- 选择欲设置成当前层的图层名称。操作完成后，该下拉列表自动关闭。

> **要点提示** 此种方法只能在当前没有对象被选择的情况下使用。

切换当前图层也可在【图层特性管理器】对话框中完成，在该对话框里选中某一图层，然后单击对话框左上角的 ✔ 按钮，则被选中的图层变为当前层。显然，这种方法比前一种要烦琐一些。

> **小技巧** 用鼠标右键单击【图层特性管理器】对话框中的某一图层，弹出快捷菜单，如图 3-10 所示，利用此菜单可以设置当前层、新建图层或选择某些图层。

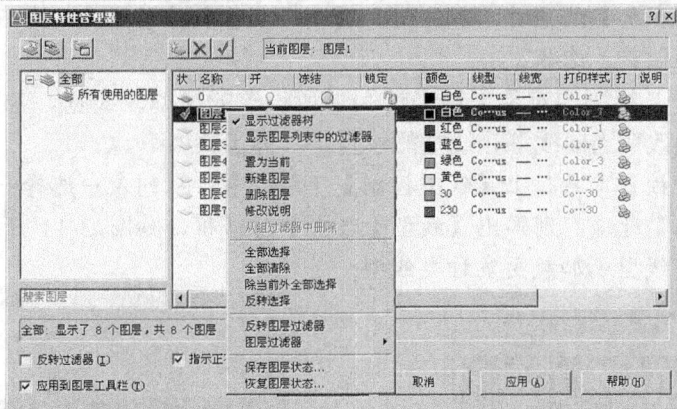

图3-10 弹出快捷菜单

3.3.2 修改图层状态

【图层控制】下拉列表中也显示了图层状态图标，单击图标就可以切换图层状态。在修改图层状态时，该下拉列表将保持打开，在列表中用户能一次修改多个图层的状态。修改完成后，单击列表框顶部将列表关闭。

3.3.3 将对象修改到其他图层上

如果用户想把某个图层上的对象修改到其他图层上，可先选择该对象，然后在【图层控制】下拉列表中选取要放置的图层名称。操作结束后，列表框自动关闭，被选择的图形对象转移到新的图层上。

3.4 改变对象的颜色、线型及线宽

用户通过【对象特性】工具栏可以方便地设置对象的颜色、线型及线宽等信息。在默认情况下，该工具栏的【颜色控制】、【线型控制】和【线宽控制】3 个列表框中显示"ByLayer"，如图 3-11 所示。"ByLayer"的意思是所绘对象的颜色、线型及线宽等属性与当前层所设定的完全相同。本节将探讨怎样临时设置即将创建的图形对象及如何修改已有对象的这些特性。

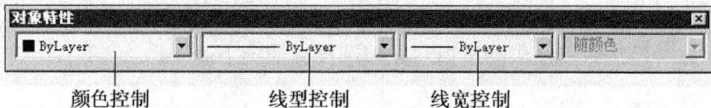

图3-11 【颜色控制】、【线型控制】、【线宽控制】下拉列表

3.4.1 设置当前图层的颜色、线型或线宽

在默认情况下，在某一图层上创建的图形对象都将使用图层所设置的颜色。若想改变当前图层的颜色可通过【对象特性】工具栏的【颜色控制】下拉列表进行设置，具体步骤如下。

(1) 打开【对象特性】工具栏上的【颜色控制】下拉列表，从列表中选择一种颜色。

(2) 当选取【选择颜色】选项时，系统打开【选择颜色】对话框，如图 3-12 所示，在此对话框中用户可做更多选择。

在默认情况下，绘制的对象采用当前图层所设置的线型、线宽。若要使用其他种类线型、线宽，则必须改变当前线型、线宽的设置，具体步骤如下。

(1) 打开【对象特性】工具栏上【线型控制】下拉列表，从列表中选择一种线型。

(2) 若选择【其他】选项，则弹出【线型管理器】对话框，如图 3-13 所示，用户在此对话框中选择所需线型或加载更多种类线型。

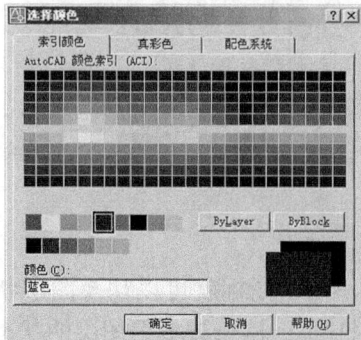

图3-12 【选择颜色】对话框

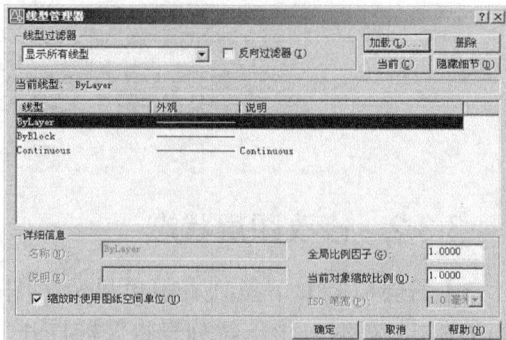

图3-13 【线型管理器】对话框

在【线宽控制】下拉列表中可以方便地改变当前线宽设置，步骤与上述过程类似，这里不再重复。

3.4.2　修改对象的颜色、线型或线宽

用户可通过【对象特性】工具栏上的【颜色控制】下拉列表改变已有对象的颜色，具体步骤如下。

(1) 选择要改变颜色的图形对象。

(2) 在【对象特性】工具栏上打开【颜色控制】下拉列表，然后从列表中选择所需颜色。

(3) 如果选择【选择颜色】选项，则弹出【选择颜色】对话框，如图 3-12 所示，通过此对话框用户可以选择更多种类的颜色。

修改已有对象线型、线宽的方法与改变对象颜色类似，具体步骤如下。

(1) 选择要改变线型的图形对象。

(2) 在【对象特性】工具栏上打开【线型控制】下拉列表，从列表中选择所需线型。若列表不包含所需线型，就选择【其他】选项，弹出【线型管理器】对话框，如图 3-13 所示，利用此对话框加载一种或多种的线型。

修改线宽是利用【线宽控制】下拉列表，步骤与上述类似，这里不再重复。

3.5　管理图层

管理图层主要包括排序图层、显示所需的一组图层、删除不再使用的图层及重新命名图层等，以下分别进行介绍。

3.5.1　排序图层及按名称搜索图层

在【图层特性管理器】对话框的列表框中可以很方便地对图层进行排序。单击列表框顶部的【名称】标题，系统就将所有图层以字母顺序排列出来，再次单击此标题，排列顺序就会颠倒过来。单击列表框顶部的其他标题，也有类似的作用。例如，单击【开】标题，则图层按关闭、打开状态进行排列，请读者自己试一试。

假设有几个图层名称均以某一字母开头，如 D-wall、D-door、D-window 等，若想很快地从【图层特性管理器】对话框的列表中找出它们，可在【搜索图层】文本框中输入要寻找的图层名称，名称中可包含通配符 "*" 和 "？"，其中 "*" 可用来代替任意数目的字符，"？" 用来代替任意一个字符。例如，输入 "D*"，则列表框中立刻显示所有以字母 "D" 开头的图层。

3.5.2　删除图层

删除图层的方法是在【图层特性管理器】对话框中选择图层名称，单击 ✕ 按钮，系统

标记要删除的图层，再单击 [确定] 或 [应用(A)] 按钮即可将此图层删除。但当前层、0 层、定义点层（Defpoints）及包含图形对象的层不能被删除。

3.5.3 重新命名图层

良好的图层命名将有助于用户对图样进行管理。要重新命名一个图层，可打开【图层特性管理器】对话框，先选中要修改的图层名称，该名称周围出现一个白色矩形框，在矩形框内单击一点，图层名称就高亮显示。此时就可输入新的图层名称，输入完成后，按 [Enter] 键结束。

3.6 修改非连续线型外观

非连续线型是由短横线、空格等构成的重复图案，图案中短线长度、空格大小是由线型比例来控制的。用户绘图时常会遇到这样一种情况：本来想画虚线或点画线，但最终绘制出的线型看上去却和连续线一样，出现这种现象的原因是线型比例设置得太大或太小。

3.6.1 改变全局线型比例因子

LTSCALE 是控制线型的全局比例因子，它将影响图样中所有非连续线型的外观，其值增加时，将使非连续线中短横线及空格加长，反之，会使它们缩短。当用户修改全局比例因子后，系统将重新生成图形，并使所有非连续线型发生变化。如图 3-14 所示为使用不同比例因子时点画线的外观。

改变全局比例因子的步骤如下。

(1) 打开【对象特性】工具栏上的【线型控制】下拉列表，如图 3-15 所示。

图3-14 全局线型比例因子对非连续线外观的影响

图3-15 【线型控制】下拉列表

(2) 在【线型控制】下拉列表中选择【其他】选项，打开【线型管理器】对话框，再单击 [显示细节(D)] 按钮，则该对话框底部显示【详细信息】区域，如图 3-16 所示。

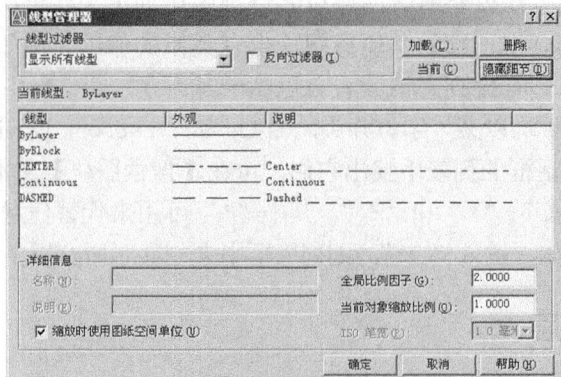

图3-16 【线型管理器】对话框

(3) 在【详细信息】区域的【全局比例因子】文本框中输入新的比例值。

3.6.2 改变当前对象的线型比例因子

用户有时需要为不同对象设置不同的线型比例，为达到这个目的就需要单独控制对象的比例因子。当前对象线型比例是由系统变量 CELTSCALE 来设定的，调整该值后所有新绘制的非连续线均会受到它的影响。

在默认情况下 CELTSCALE=1，该因子与 LTSCALE 是同时作用在线型对象上。例如，将 CELTSCALE 设置为 4，LTSCALE 设置为 0.5，则系统在最终显示线型时采用的缩放比例将为 2，即最终显示比例=CELTSCALE×LTSCALE。图 3-17 所示为 CELTSCALE 分别为 1、1.5 时点画线的外观。

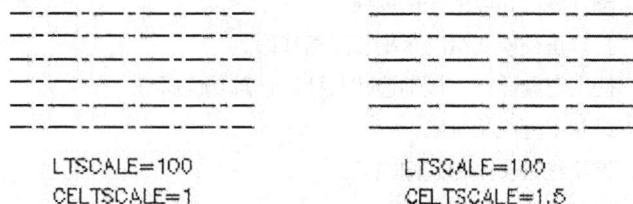

LTSCALE=100   LTSCALE=100
CELTSCALE=1   CELTSCALE=1.5

图3-17 设置当前对象的线型比例因子

设置当前线型比例因子的方法与设置全局比例因子类似，具体步骤请参见第 3.6.1 小节。该比例因子也是在【线型管理器】对话框中设定，如图 3-16 所示，用户在此对话框的【当前对象缩放比例】文本框中输入新比例值。

习题

这个练习的内容包括创建图层、将图形对象修改到其他图层上、改变对象的颜色和控制图层状态。

（1） 打开文件 "xt-1.dwg"。

（2） 创建以下图层。

名称	颜色	线型	线宽
轮廓线	黑色	Continuous	0.5
尺寸线	绿色	Continuous	默认
中心线	黄色	Center	默认

（3） 将图形的外轮廓线、对称轴线及尺寸标注分别修改到"轮廓线"、"中心线"及"尺寸线"层上。

（4） 把尺寸标注及对称轴线修改为蓝色。

（5） 关闭或冻结"尺寸线"层。

第4章 绘制直线、圆及简单平面图形

构成平面图形的主要图形元素是直线和圆弧，学会这些图元的绘制方法并掌握相应的绘图技巧是进行高效设计的基础，本章将主要介绍这些方面的内容。

通过本章的学习，读者可以掌握 LINE、CIRCLE、OFFSET、LENGTHEN、TRIM、XLINE、FILLET、CHAMFER 等命令的用法，并且能够灵活运用这些命令绘制简单图形。

学习目标

- 输入线段端点的坐标画线。
- 打开正交模式绘制水平和竖直线段。
- 使用对象捕捉、极轴追踪及捕捉追踪功能画线。
- 绘制平行线和垂线。
- 调整线条长度和延伸线条。
- 修剪多余线条。
- 绘制圆、圆弧连接及圆的切线等。
- 倒圆角和倒斜角。

4.1 绘制直线构成的平面图形（一）

本节介绍如何输入点的坐标画线和怎样捕捉几何对象上的特殊点等。

4.1.1 绘图任务

输入点的相对坐标画线及利用对象捕捉精确画线。

【例4-1】 按以下的绘图步骤，绘制如图 4-1 所示的平面图形。

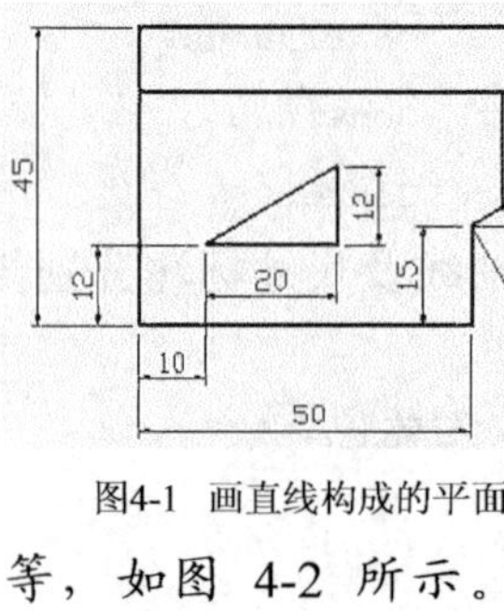

图4-1 画直线构成的平面图形

(1) 绘制直线 *AB*、*BC*、*CD* 等，如图 4-2 所示。单击【绘图】工具栏上的 ✏ 按钮，AutoCAD 提示：

```
命令: _line 指定第一点:                 //在屏幕的适当位置单击一点 A，如图 4-2 所示
指定下一点或 [放弃(U)]: @50,0          //输入 B 点相对于 A 点的坐标
```

指定下一点或 [放弃(U)]: @0,15	//输入 *C* 点相对于 *B* 点的坐标
指定下一点或 [闭合(C)/放弃(U)]: @20<30	//输入 *D* 点相对于 *C* 点的坐标
指定下一点或 [闭合(C)/放弃(U)]: @0,20	//输入 *E* 点相对于 *D* 点的坐标
指定下一点或 [闭合(C)/放弃(U)]:	//按 Enter 键结束
命令:	//按 Enter 键重复命令
LINE 指定第一点: end	//输入端点捕捉代号"END"并按 Enter 键
于	//将光标移动到 *A* 点附近,AutoCAD 自动捕捉 *A* 点,单击左键确认
指定下一点或 [放弃(U)]: @0,45	//输入 *F* 点相对于 *A* 点的坐标
指定下一点或 [放弃(U)]: end	//输入端点捕捉代号"END"并按 Enter 键
于	//将光标移动到 *E* 点附近,AutoCAD 自动捕捉 *E* 点,单击左键确认
指定下一点或 [闭合(C)/放弃(U)]:	//按 Enter 键结束

结果如图 4-2 所示。

(2) 绘制直线 *GH*、*IJ*,如图 4-3 所示。单击【绘图】工具栏上的 ✏ 按钮,AutoCAD 提示:

命令: _line 指定第一点: mid	//输入中点捕捉代号"MID"并按 Enter 键
于	//使光标与直线 *DE* 相交,AutoCAD 自动捕捉中点 *G*,单击左键确认
指定下一点或 [放弃(U)]: per	//输入垂足捕捉代号"PER"并按 Enter 键
到	//使光标中间的拾取框与直线 *AF* 相交,AutoCAD 自动捕捉垂足 *H*,单击左键确认
指定下一点或 [放弃(U)]:	//按 Enter 键结束
命令:	//重复命令
LINE 指定第一点: ext	//输入延伸点捕捉代号"EXT"并按 Enter 键
于 15	//将光标移动到 *D* 点附近,AutoCAD 自动沿直线进行追踪
//输入追踪点 *I* 与端点 *D* 的距离	
指定下一点或 [放弃(U)]: per	//输入垂足捕捉代号"PER"并按 Enter 键
到	//使光标与直线 *HG* 相交,AutoCAD 自动捕捉垂足 *J*,单击左键确认
指定下一点或 [放弃(U)]:	//按 Enter 键结束

结果如图 4-3 所示。

(3) 绘制直线 *KL*、*LM* 等,如图 4-4 所示。单击【绘图】工具栏上的 ✏ 按钮,AutoCAD 提示:

命令: _line 指定第一点: from	//输入正交偏移捕捉代号"FROM"并按 Enter 键
基点: end	//输入端点捕捉代号"END"并按 Enter 键
于 <偏移>: @10,12	//捕捉端点 *A*,然后输入 *K* 点相对于 *A* 点的坐标
指定下一点或 [放弃(U)]: @20,0	//输入 *L* 点相对于 *K* 点的坐标
指定下一点或 [放弃(U)]: @0,12	//输入 *M* 点相对于 *L* 点的坐标
指定下一点或 [闭合(C)/放弃(U)]: c	//输入字母 *C* 并按 Enter 键

结果如图 4-4 所示。

图4-2 绘制直线 *AB*、*BC* 等　　　　图4-3 绘制直线 *GH*、*IJ* 等　　　　图4-4 绘制直线 *KL*、*LM* 等

4.1.2　绘制直线

利用 LINE 命令可在二维或三维空间中创建直线。发出命令后，用户通过鼠标指定线的端点或利用键盘输入端点坐标，AutoCAD 就将这些点连接成直线。LINE 命令可生成单条直线，也可生成连续折线。不过，由该命令生成的连续折线并非单独一个对象，折线中每条直线都是独立的对象，用户可以对每条直线进行编辑操作。

命令启动方法	● 菜单命令：【绘图】/【直线】。 ● 工具栏：【绘图】工具栏上的 ╱ 按钮。 ● 命令：LINE 或简写 L。

【例4-2】　练习 LINE 命令。

命令: _line 指定第一点:　　　　　　//单击 A 点，如图 4-5 所示

指定下一点或 [放弃(U)]:　　　　　　//单击 B 点

指定下一点或 [放弃(U)]:　　　　　　//单击 C 点

指定下一点或 [闭合(C)/放弃(U)]:　　//单击 D 点

指定下一点或 [闭合(C)/放弃(U)]: U　//放弃 D 点

指定下一点或 [闭合(C)/放弃(U)]:　　//单击 E 点

指定下一点或 [闭合(C)/放弃(U)]: C　//使线框闭合

结果如图 4-5 所示。

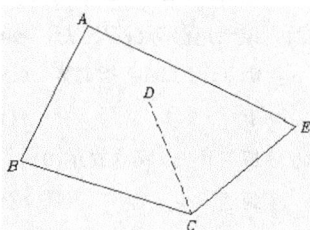

图4-5　绘制直线

【命令选项】

● 指定第一点：在此提示下，用户需指定直线的起始点，若此时按 Enter 键，AutoCAD 将以上一次所绘制线段或圆弧的终点作为新直线的起点。

● 指定下一点：在此提示下，输入直线的端点，按 Enter 键后，AutoCAD 继续提示"指定下一点"，用户可输入下一个端点。若在"指定下一点"提示下按 Enter 键，则命令结束。

● 放弃(U)：在"指定下一点"提示下，输入字母 U，将删除上一条直线，多次输入 U，则会删除多条直线段。该选项可以及时纠正绘图过程中的错误。

● 闭合(C)：在"指定下一点"提示下，输入字母 C，AutoCAD 将使连续折线自动封闭。

4.1.3　输入点的坐标画线

启动画线命令后，AutoCAD 提示用户指定直线的端点。指定端点的方法之一是输入点的坐标值，常用的点的坐标表示方式有 4 种：绝对直角坐标、绝对极坐标、相对直角坐标及相对极坐标。绝对坐标值是相对于原点的坐标值，而相对坐标值则是相对于另一个几何点的坐标值。下面分别来说明如何输入点的绝对坐标和相对坐标。

1.　输入点的绝对直角坐标和绝对极坐标

绝对直角坐标的输入格式为："*X,Y*"。*X* 表示点的 *X* 坐标值，*Y* 表示点的 *Y* 坐标值。两坐标值之间用","分隔开。例如，(-50,20)、(40,60) 分别表示图 4-6 中的 *A*、*B* 两点。

绝对极坐标的输入格式为：$R<\alpha$。R 表示点到原点的距离，α 表示极轴方向与 X 轴正向间的夹角。若从 X 轴正向逆时针旋转到极轴方向，则 α 角为正，否则 α 角为负。例如，（60<120）、（45<–30）分别表示图 4-6 中的 C、D 两点。

2. 输入点的相对直角坐标和相对极坐标

当知道某点与其他点的相对位置关系时，用户可使用相对坐标来定位该点。相对坐标与绝对坐标相比，仅仅是在坐标值前增加了一个符号 @。

相对直角坐标的输入形式为：$@X,Y$

相对极坐标的输入形式为：$@R<\alpha$

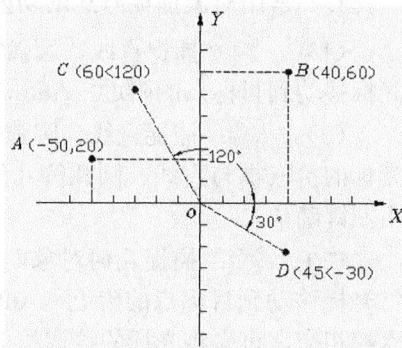

图4-6　点的绝对直角坐标和绝对极坐标

【例4-3】　已知 A 点的绝对坐标及图形尺寸，如图 4-7 所示，现用 LINE 命令绘制此图形。

```
命令: _line 指定第一点: 30,50
                    //输入 A 点的绝对直角坐标，如图 4-7 所示
指定下一点或 [放弃(U)]: @32<20
                    //输入 B 点的相对极坐标
指定下一点或 [放弃(U)]: @36,0
                    //输入 C 点的相对直角坐标
指定下一点或 [闭合(C)/放弃(U)]: @0,18
                    //输入 D 点的相对直角坐标
指定下一点或 [闭合(C)/放弃(U)]: @-37,22   //输入 E 点的相对直角坐标
指定下一点或 [闭合(C)/放弃(U)]: @-14,0    //输入 F 点的相对直角坐标
指定下一点或 [闭合(C)/放弃(U)]: 30,50     //输入 A 点的绝对直角坐标
指定下一点或 [闭合(C)/放弃(U)]:           //按 Enter 键结束
```

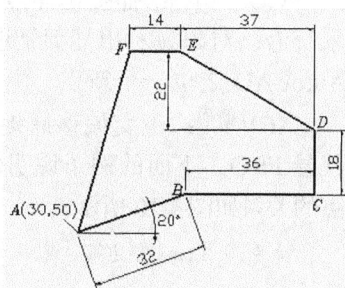

图4-7　输入点的坐标画线

4.1.4　使用对象捕捉精确画线

在绘图过程中，用户常常需要在一些特殊几何点之间连线，如过圆心、直线的中点或端点画线等。在这种情况下，若不借助辅助工具，是很难直接拾取到这些点的。当然，用户可以在命令行中输入点的坐标值来精确地定位点，但有些点的坐标值很难计算出来。为帮助用户快速、准确地拾取特殊几何点，AutoCAD 提供了一系列不同方式的对象捕捉工具，这些工具包含在【对象捕捉】工具栏里，如图 4-8 所示。

图4-8　【对象捕捉】工具栏

对象捕捉功能仅在 AutoCAD 命令运行过程中才有效。启动命令后，当 AutoCAD 提示输入点时，用户可用对象捕捉功能指定一个点。若是直接在命令行发出对象捕捉命令，系统将提示错误。

1. 常用对象捕捉方式的功能

（1）　　：捕捉直线、圆弧等几何对象的端点，捕捉代号 END。启动端点捕捉后，将光标移动到目标点的附近，AutoCAD 就自动捕捉该点，再单击左键确认。

（2）　　：捕捉直线、圆弧等几何对象的中点，捕捉代号 MID。启动中点捕捉后，使光标的拾取框与直线、圆弧等几何对象相交，AutoCAD 就自动捕捉这些对象的中点，再单击左键确认。

（3）　　：捕捉几何对象间真实的或延伸的交点，捕捉代号 INT。启动交点捕捉后，将光标移动到目标点的附近，AutoCAD 就自动捕捉该点，单击左键确认。若两个对象没有直接相交，可先将光标的拾取框放在其中一个对象上，单击左键，然后把拾取框移到另一对象上，再单击左键，AutoCAD 就自动捕捉到延伸后的交点。

（4）　　：在二维空间中与　　功能相同，该捕捉方式还可在三维空间中捕捉两个对象的视图交点（在投影视图中显示相交，但实际上并不一定相交），捕捉代号 APP。

（5）　　：捕捉延伸点，捕捉代号 EXT。用户把光标从几何对象端点开始移动，此时系统沿该对象显示出捕捉辅助线和捕捉点的相对极坐标，如图 4-9 所示。输入捕捉距离后，AutoCAD 定位一个新点。

（6）　　：正交偏移捕捉，该捕捉方式可以使用户相对于一个已知点定位另一点，捕捉代号 FRO。下面的例子说明偏移捕捉的用法：在已绘制出的矩形中从 B 点开始画线，B 点与 A 点的关系如图 4-10 所示。

```
命令: _line 指定第一点: _from 基点: _int 于    //先单击 按钮，再单击 按钮
                                           //单击 按钮，移动光标到 A 点处，单击左键
<偏移>: @10,8                              //输入 B 点对于 A 点的相对坐标
指定下一点或 [放弃(U)]:                      //拾取下一个端点
指定下一点或 [放弃(U)]:                      //按 Enter 键结束
```

（7）　　：捕捉圆、圆弧及椭圆等的中心，捕捉代号 CEN。启动中心点捕捉后，使光标的拾取框与圆弧、椭圆等几何对象相交，AutoCAD 就自动捕捉这些对象的中心点，再单击左键确认。

（8）　　：捕捉圆、圆弧及椭圆的 0°、90°、180° 或 270° 处的象限点，捕捉代号 QUA。启动象限点捕捉后，使光标的拾取框与圆弧、椭圆等几何对象相交，AutoCAD 就显示出与拾取框最近的象限点，再单击左键确认。

（9）　　：在绘制相切的几何图形时，该捕捉方式使用户可以捕捉到切点，捕捉代号 TAN。启动切点捕捉后，使光标的拾取框与圆弧、椭圆等几何对象相交，AutoCAD 就显示出相切点，再单击左键确认。

（10）　　：在绘制垂直的几何图形时，该捕捉方式使用户可以捕捉到垂足，捕捉代号 PER。启动垂足捕捉后，使光标的拾取框与直线、圆弧等几何对象相交，AutoCAD 就自动捕捉垂足点，再单击左键确认。

（11）　　：平行捕捉，可用于绘制平行线，捕捉代号 PAR。图 4-11 所示为用 LINE 命令绘制直线 AB 的平行线 CD。发出 LINE 命令后，首先指定直线的起点 C，然后单击　　按钮，移动光标到 AB 直线上，随后该直线上出现小的平行线符号，表示 AB 直线已被选定。再移动光标到即将创建平行线的位置，此时 AutoCAD 显示出平行线，输入该线的长度或单击一点，就绘制出平行线。

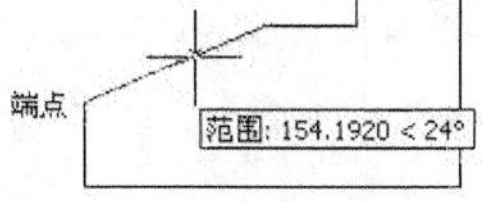

图4-9 捕捉延伸点 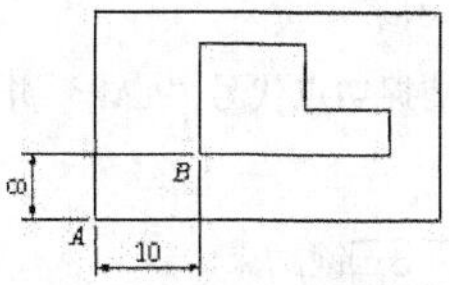　　　　图4-10 正交偏移捕捉 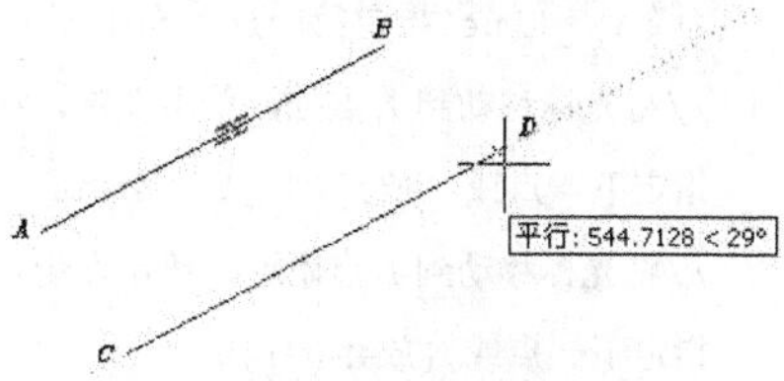　　　　图4-11 平行捕捉

（12）○：捕捉 POINT 命令创建的点对象，捕捉代号 NOD。操作方法与端点捕捉类似。

（13）⚓：捕捉距离光标中心最近的几何对象上的点，捕捉代号 NEA。操作方法与端点捕捉类似。

2. 调用对象捕捉功能的方法

调用对象捕捉功能的方法有如下 3 种。

（1）　在绘图过程中，当 AutoCAD 提示输入一个点时，用户可单击捕捉按钮或输入捕捉命令简称来启动对象捕捉，然后将光标移动到要捕捉的特征点附近，AutoCAD 就自动捕捉该点。

（2）　启动对象捕捉的另一种方法是利用快捷菜单。发出 AutoCAD 命令后，按下 Shift 键并单击鼠标右键，弹出快捷菜单，如图 4-12 所示。通过此菜单用户可选择捕捉何种类型的点。

（3）　前面所述的捕捉方式仅对当前操作有效，命令结束后，捕捉模式自动关闭，这种捕捉方式称为覆盖捕捉方式。除此之外，用户可以采用自动捕捉方式来定位点，当打开这种方式时，AutoCAD 将根据事先设定的捕捉类型自动寻找几何对象上相应的点。

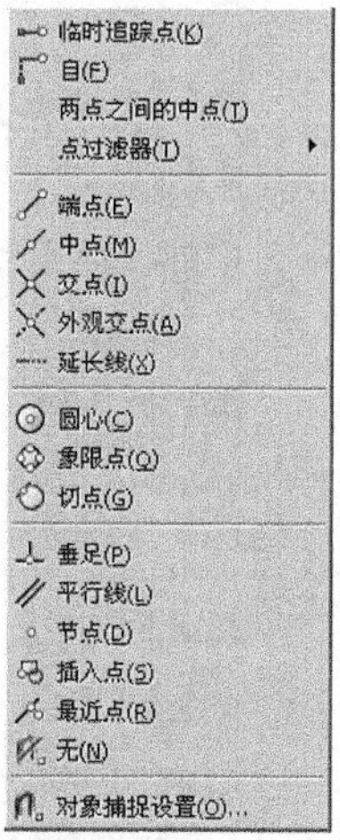

图4-12 设置对象捕捉

【例4-4】　设置自动捕捉方式。

(1)　用鼠标右键单击状态栏上的 对象捕捉 按钮，弹出快捷菜单，选择【设置】选项，打开【草图设置】对话框，在此对话框的【对象捕捉】选项卡中设置捕捉点的类型，如图 4-13 所示。

(2)　单击 确定 按钮，关闭对话框，然后单击 对象捕捉 按钮，打开自动捕捉方式。

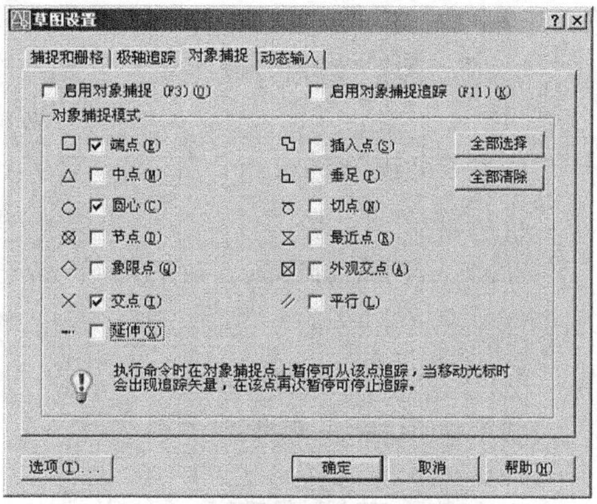

【例4-5】　打开文件"4-5.dwg"，如图 4-14 左图所示，使用 LINE 命令将左图修改为右图。本题是练习运用对象捕捉的功能。

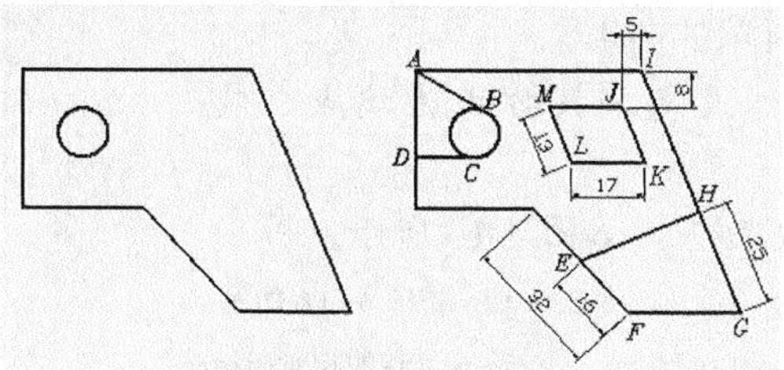

图4-13 【草图设置】对话框

图4-14 利用对象捕捉精确画线

命令: _line 指定第一点: int 于　　　　//输入捕捉交点代号"INT"并按 Enter 键

//将光标移动到 A 点处，单击左键，如图 4-14 所示

指定下一点或 [放弃(U)]: tan 到　　　　//输入捕捉切点代号"TAN"并按 Enter 键

//将光标移动到 B 点附近，单击左键

指定下一点或 [放弃(U)]:　　　　　　　//按 Enter 键结束

命令:　　　　　　　　　　　　　　　　//重复命令

LINE 指定第一点: qua 于　　　　　　　//输入捕捉象限点代号"QUA"并按 Enter 键

//将光标移动到 C 点附近，单击左键

指定下一点或 [放弃(U)]: per 到　　　　//输入捕捉垂足代号"PER"并按 Enter 键

//使光标与直线 AD 相交，AutoCAD 显示垂足 D，单击左键

指定下一点或 [放弃(U)]:　　　　　　　//按 Enter 键结束

命令:　　　　　　　　　　　　　　　　//重复命令

LINE 指定第一点: mid 于　　　　　　　//输入捕捉中点代号"MID"并按 Enter 键

//使光标与直线 EF 相交，AutoCAD 显示中点 E，单击左键

指定下一点或 [放弃(U)]: ext 于　　　　//输入捕捉延伸点代号"EXT"并按 Enter 键

25　　　　　　　　　　　　　　　　　//将光标移动到 G 点附近，AutoCAD 自动沿直线进行追踪

//输入 H 点与 G 点的距离

指定下一点或 [放弃(U)]:　　　　　　　//按 Enter 键结束

命令:　　　　　　　　　　　　　　　　//重复命令

LINE 指定第一点: from 基点:　　　　　//输入正交偏移捕捉代号"FROM"并按 Enter 键

end 于　　　　　　　　　　　　　　　//输入端点代号"END"并按 Enter 键

//将光标移动到 I 点处，单击左键

<偏移>: @-5,-8　　　　　　　　　　　//输入 J 点相对于 I 点的坐标

指定下一点或 [放弃(U)]: par 到　　　　//输入平行偏移捕捉代号"PAR"并按 Enter 键

13　　　　　　　　　　　　　　　　　//将光标从直线 HG 处移动到 JK 处，再输入 JK 直线的长度

指定下一点或 [放弃(U)]: par 到　　　　//输入平行偏移捕捉代号"PAR"并按 Enter 键

17　　　　　　　　　　　　　　　　　//将光标从直线 AI 处移动到 KL 处，再输入 KL 直线的长度

指定下一点或或 [闭合(C)/放弃(U)]: par 到　　//输入平行偏移捕捉代号"PAR"并按 Enter 键

13　　　　　　　　　　　　　　　　　//将光标从直线 JK 处移动到 LM 处，再输入 LM 直线的长度

指定下一点或 [闭合(C)/放弃(U)]: c　//使线框闭合

结果如图 4-14 右图所示。

4.1.5　实战提高

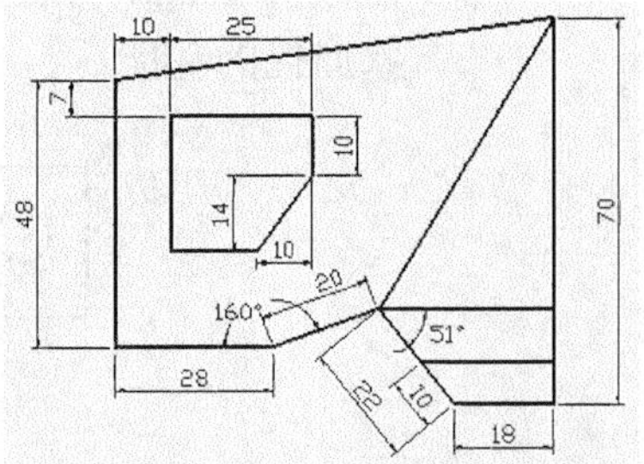

【例4-6】　绘制图 4-15 所示的图形。

(1) 打开对象捕捉功能，设定捕捉方式为端点、交
点、延伸点等。

(2) 绘制直线 AB、BC、CD 等，如图 4-16 所示。

命令: _line 指定第一点:　　　　//单击 A 点，如图 4-16 所示

指定下一点或 [放弃(U)]: @28,0　　//输入 B 点的相对坐标

图4-15　画简单平面图形

指定下一点或 [放弃(U)]: @20<20	//输入 C 点的相对坐标
指定下一点或 [闭合(C)/放弃(U)]: @22<-51	//输入 D 点的相对坐标
指定下一点或 [闭合(C)/放弃(U)]: @18,0	//输入 E 点的相对坐标
指定下一点或 [闭合(C)/放弃(U)]: @0,70	//输入 F 点的相对坐标
指定下一点或 [闭合(C)/放弃(U)]:	//按 Enter 键结束
命令:	//重复命令
LINE 指定第一点:	//捕捉端点 A
指定下一点或 [放弃(U)]: @0,48	//输入 G 点的相对坐标
指定下一点或 [放弃(U)]:	//捕捉端点 F
指定下一点或 [闭合(C)/放弃(U)]:	//按 Enter 键结束

结果如图 4-16 所示。

(3) 绘制直线 CF、CJ、HI, 如图 4-17 所示。

命令: _line 指定第一点:	//捕捉交点 C, 如图 4-17 所示
指定下一点或 [放弃(U)]:	//捕捉交点 F
指定下一点或 [放弃(U)]:	//按 Enter 键结束
命令:	//重复命令
LINE 指定第一点:	//捕捉交点 C
指定下一点或 [放弃(U)]: per 到	//捕捉垂足 J
指定下一点或 [放弃(U)]:	//按 Enter 键结束
命令:	//重复命令
LINE 指定第一点: 10	//捕捉延伸点 H
指定下一点或 [放弃(U)]: per 到	//捕捉垂足 I
指定下一点或 [放弃(U)]:	//按 Enter 键结束

结果如图 4-17 所示。

(4) 绘制闭合线框 K, 如图 4-18 所示。

命令: _line 指定第一点: from	//输入正交偏移捕捉代号 "FROM"
基点:	//捕捉端点 G
<偏移>: @10,-7	//输入 L 点的相对坐标
指定下一点或 [放弃(U)]: @25,0	//输入 M 点的相对坐标
指定下一点或 [放弃(U)]: @0,-10	//输入 N 点的相对坐标
指定下一点或 [闭合(C)/放弃(U)]: @-10,-14	//输入 O 点的相对坐标
指定下一点或 [闭合(C)/放弃(U)]: @-15,0	//输入 P 点的相对坐标
指定下一点或 [闭合(C)/放弃(U)]: c	//使线框闭合

结果如图 4-18 所示。

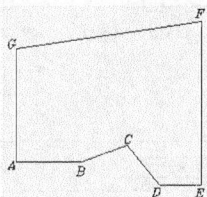

图4-16 绘制直线 AB、BC 等　　图4-17 绘制直线 CF、CJ 等　　图4-18 绘制闭合线框

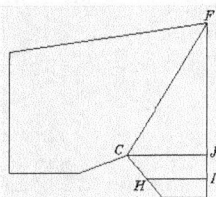

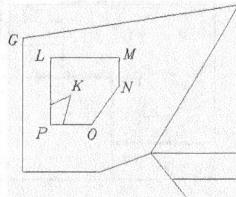

练一练

输入点的相对坐标及利用对象捕捉画线，如图 4-19 所示。

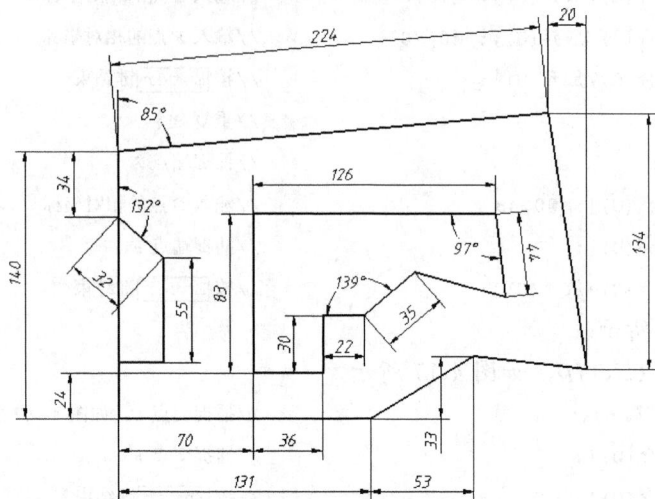

图4-19 输入点的相对坐标及利用对象捕捉画线

4.2 绘制直线构成的平面图形（二）

AutoCAD 的辅助画线工具包括正交、极轴追踪、对象捕捉追踪等。利用这些工具，用户可以高效地绘制直线。

4.2.1 绘图任务

利用极轴追踪、对象捕捉及捕捉追踪功能快速画线。

【例4-7】 按以下的绘图步骤，绘制如图 4-20 所示的平面图形。

(1) 用鼠标右键单击状态栏上的 极轴 按钮，弹出快捷菜单，选择【设置】选项，打开【草图设置】对话框，如图 4-21 所示。

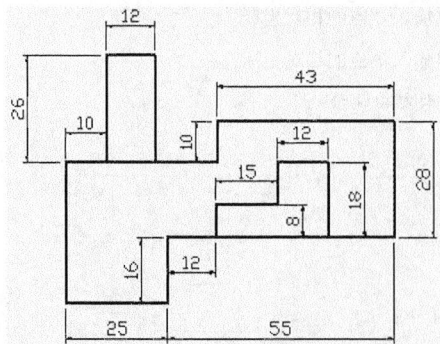

图4-20 绘制直线构成的平面图形

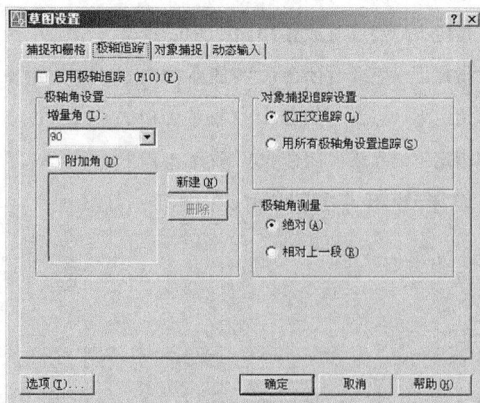

图4-21 【草图设置】对话框

① 在【极轴追踪】选项卡的【增量角】下拉列表中设定极轴角增量为 90°。在【对象捕捉追踪设置】区域中选择【仅正交追踪】。

② 单击【对象捕捉】选项卡，在该选项卡中设置对象捕捉方式为端点、交点。

③ 单击 确定 按钮，关闭【草图设置】对话框。按下状态栏上的 极轴 、 对象捕捉 及 对象追踪 按钮，打开极轴追踪、对象捕捉及对象捕捉追踪功能。

(2) 绘制直线 *AB*、*BC*、*CD* 等，如图 4-22 所示。单击【绘图】工具栏上的 ✐ 按钮，AutoCAD 提示：

命令：_line 指定第一点：	//单击 *A* 点，如图 4-22 所示
	//向右移动光标，AutoCAD 显示追踪辅助线
指定下一点或 [放弃(U)]: 25	//输入追踪距离
指定下一点或 [放弃(U)]: 16	//从 *B* 点向上追踪并输入追踪距离
指定下一点或 [闭合(C)/放弃(U)]: 55	//从 *C* 点向右追踪并输入追踪距离
指定下一点或 [闭合(C)/放弃(U)]: 28	//从 *D* 点向上追踪并输入追踪距离
指定下一点或 [闭合(C)/放弃(U)]: 43	//从 *E* 点向左追踪并输入追踪距离
指定下一点或 [闭合(C)/放弃(U)]: 10	//从 *F* 点向下追踪并输入追踪距离
	//从 *A* 点向上移动光标，AutoCAD 从该点显示竖直追踪辅助线
	//当光标与 *G* 点平齐时，AutoCAD 从该点显示水平追踪辅助线
指定下一点或 [闭合(C)/放弃(U)]:	//在两条追踪辅助线的交点处单击一点 *H*
指定下一点或 [闭合(C)/放弃(U)]:	//捕捉 *A* 点
指定下一点或 [闭合(C)/放弃(U)]:	//按 Enter 键结束

结果如图 4-22 所示。

(3) 绘制直线 *IJ*、*JK*、*KL* 等，如图 4-23 所示。

命令：_line 指定第一点: 12	//从 *C* 点向右追踪并输入追踪距离
指定下一点或 [放弃(U)]: 8	//从 *I* 点向上追踪并输入追踪距离
指定下一点或 [放弃(U)]: 15	//从 *J* 点向右追踪并输入追踪距离
指定下一点或 [闭合(C)/放弃(U)]: 10	//从 *K* 点向上追踪并输入追踪距离
指定下一点或 [闭合(C)/放弃(U)]: 12	//从 *L* 点向右追踪并输入追踪距离
指定下一点或 [闭合(C)/放弃(U)]:	//从 *M* 点向下追踪并捕捉交点 *N*
指定下一点或 [闭合(C)/放弃(U)]:	//按 Enter 键结束

结果如图 4-23 所示。

(4) 绘制直线 *OP*、*PQ*、*QR*，如图 4-24 所示。

命令：_line 指定第一点: 10	//从 *H* 点向右追踪并输入追踪距离
指定下一点或 [放弃(U)]: 26	//从 *O* 点向上追踪并输入追踪距离
指定下一点或 [放弃(U)]: 12	//从 *P* 点向右追踪并输入追踪距离
指定下一点或 [闭合(C)/放弃(U)]:	//从 *Q* 点向下追踪并捕捉交点 *R*
指定下一点或 [闭合(C)/放弃(U)]:	//按 Enter 键结束

结果如图 4-24 所示。

图4-22 绘制直线 *AB*、*BC* 等　　　图4-23 绘制直线 *IJ*、*JK*、*KL* 等　　　图4-24 绘制直线 *OP*、*PQ*、*QR*

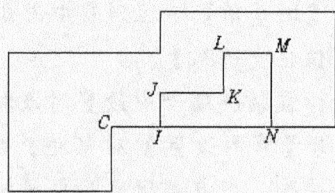

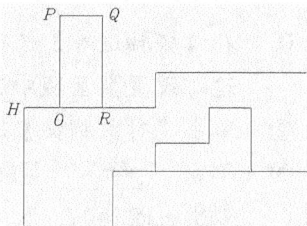

4.2.2　利用正交模式辅助画线

按下状态栏上的 正交 按钮可打开正交模式。在正交模式下，光标只能沿水平或竖直方向移动。画线时，若打开该模式，则用户只需输入线段的长度值，AutoCAD 就会自动画出水平线段或竖直线段。

【例4-8】　使用 LINE 命令并结合正交模式画线，如图 4-25 所示。

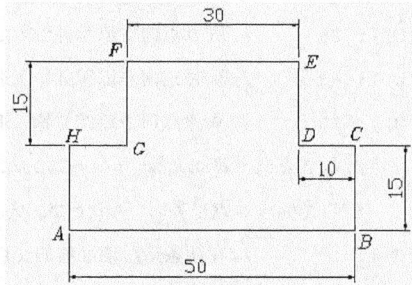

图4-25　打开正交模式画线

命令: _line 指定第一点:<正交 开>　　//拾取点 A 并打开正交模式，鼠标向右移动一定距离

指定下一点或 [放弃(U)]: 50　　　　　　　　　　//输入线段 *AB* 的长度

指定下一点或 [放弃(U)]: 15　　　　　　　　　　//输入线段 *BC* 的长度

指定下一点或 [闭合(C)/放弃(U)]: 10　　　　　　//输入线段 *CD* 的长度

指定下一点或 [闭合(C)/放弃(U)]: 15　　　　　　//输入线段 *DE* 的长度

指定下一点或 [闭合(C)/放弃(U)]: 30　　　　　　//输入线段 *EF* 的长度

指定下一点或 [闭合(C)/放弃(U)]: 15　　　　　　//输入线段 *FG* 的长度

指定下一点或 [闭合(C)/放弃(U)]: 10　　　　　　//输入线段 *GH* 的长度

指定下一点或 [闭合(C)/放弃(U)]: C　　　　　　　//使连续线闭合

4.2.3　使用极轴追踪画线

打开极轴追踪功能后，用户就可使光标按设定的极轴方向移动，AutoCAD 将在该方向上显示一条追踪辅助线和光标点的极坐标值，如图 4-26 所示。

【例4-9】　练习使用极轴追踪功能。

(1) 用鼠标右键单击状态栏上的 极轴 按钮，弹出快捷
　　菜单，选择【设置】选项，打开【草图设置】对
　　话框，如图 4-27 所示。

图4-26 极轴追踪

　　【极轴追踪】选项卡中与极轴追踪有关的选项功能如下。

- 【增量角】：在此下拉列表中可选择极轴角变化的增量值，也可以输入新的增量值。
- 【附加角】：除了根据极轴增量角进行追踪外，用户还能通过该选项添加其他的追踪角度。
- 【绝对】：以当前坐标系的 X 轴作为计算极轴角的基准线。
- 【相对上一段】：以最后创建的对象为基准线计算极轴角度。

(2) 在【极轴追踪】选项卡的【增量角】下拉列表中设定极轴角增量为 30°。此后若用户打开极轴追踪画线，则光标将自动沿 0°、30°、60°、90°、120° 等方向进行追踪，再输入线段长度值，AutoCAD 就在该方向上画出直线。单击 确定 按钮关闭【草图设置】对话框。

(3) 按下 极轴 按钮，打开极轴追踪。输入 LINE 命令，AutoCAD 提示：

命令: _line 指定第一点: //拾取点 A，如图 4-28 所示

指定下一点或 [放弃(U)]: 30   //沿 0° 方向追踪，并输入 AB 线段长度

指定下一点或 [放弃(U)]: 10   //沿 120° 方向追踪，并输入 BC 线段长度

指定下一点或 [闭合(C)/放弃(U)]: 15   //沿 30° 方向追踪，并输入 CD 线段长度

指定下一点或 [闭合(C)/放弃(U)]: 10   //沿 300° 方向追踪，并输入 DE 线段长度

指定下一点或 [闭合(C)/放弃(U)]: 20   //沿 90° 方向追踪，并输入 EF 线段长度

指定下一点或 [闭合(C)/放弃(U)]: 43   //沿 180° 方向追踪，并输入 FG 线段长度

指定下一点或 [闭合(C)/放弃(U)]: C   //使连续折线闭合

结果如图 4-28 所示。

> **要点提示** 如果直线的倾斜角度不在极轴追踪的范围内，则可使用角度覆盖方式画线。方法是：当 AutoCAD 提示"指定下一点或[闭合(C)/放弃(U)]:"时，按照"<角度"形式输入直线的倾角，这样 AutoCAD 将暂时沿设置的角度画线。

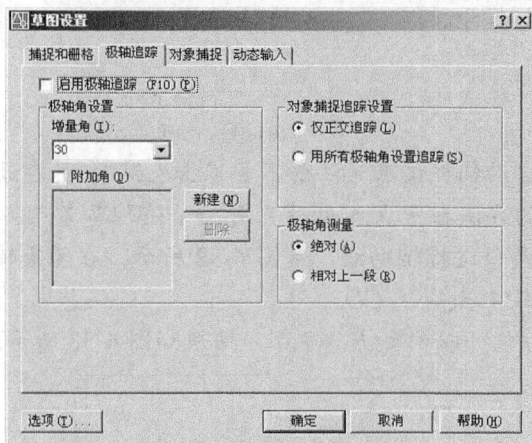

图4-27 【草图设置】对话框

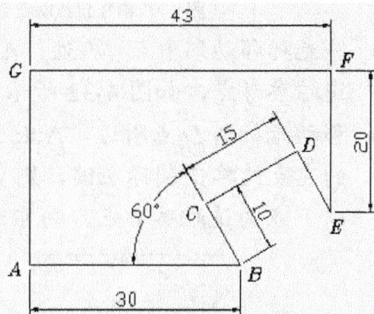

图4-28 使用极轴追踪画线

4.2.4 使用对象捕捉追踪画线

使用对象捕捉追踪功能时，用户必须打开对象捕捉模式。AutoCAD 首先捕捉一个几何点作为追踪参考点，然后按水平、竖直方向或设定的极轴方向进行追踪，如图 4-29 所示。建立追踪参考点时，用户不能单击鼠标左键，否则，AutoCAD 就直接捕捉参考点了。

从追踪参考点开始的追踪方向可通过【极轴追踪】选项卡中的两个选项进行设定，这两个选项是【仅正交追踪】和【用所有极轴角设置追踪】，如图 4-27 所示，它们的功能如下。

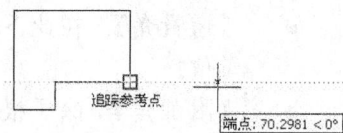

图4-29　自动追踪

- 【仅正交追踪】：当自动追踪打开时，仅在追踪参考点处显示水平或竖直的追踪路径。

- 【用所有极轴角设置追踪】：如果打开自动追踪功能，则当指定点时，AutoCAD 将在追踪参考点处沿任何极轴角方向显示追踪路径。

【例4-10】　练习使用对象捕捉追踪功能。

(1)　打开文件 "4-10.dwg"，如图 4-30 所示。

(2)　在【草图设置】对话框中设置对象捕捉方式为交点、中点。

(3)　按下状态栏上的对象捕捉、对象追踪按钮，打开对象捕捉和捕捉追踪功能。

(4)　输入 LINE 命令。

将光标放置在 A 点附近，AutoCAD 自动捕捉 A 点（注意不要单击左键），并在此建立追踪参考点，同时显示出追踪辅助线，如图 4-30 所示。

> 要点提示　　AutoCAD 把追踪参考点用符号 "×" 标记出来，当用户再次移动光标到这个符号的位置时，符号 "×" 将消失。

(5)　向上移动光标，光标将沿竖直辅助线运动，输入距离值 10 并按 Enter 键，则 AutoCAD 追踪到 B 点，该点是线段的起始点。

(6)　再次在 A 点建立追踪参考点，并向右追踪，然后输入距离值 15，按 Enter 键，此时 AutoCAD 追踪到 C 点，如图 4-31 所示。

图4-30　沿竖直辅助线追踪

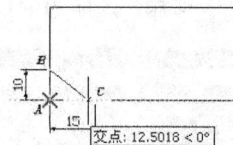

图4-31　沿水平辅助线追踪

(7)　将光标移动到中点 M 处，AutoCAD 自动捕捉该点（注意不要单击左键），并在此建立追踪参考点，如图 4-32 所示。用同样的方法在中点 N 处建立另一个追踪参考点。

(8)　移动光标到 D 点附近，AutoCAD 显示两条追踪辅助线，如图 4-32 所示。在两条辅助线的交点处单击鼠标左键，则 AutoCAD 绘制出线段 CD。

(9)　以 F 点为追踪参考点，向左或向上追踪就可以确定 E、G 点，结果如图 4-33 所示。

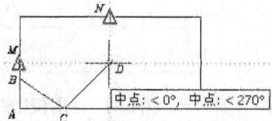

图4-32　利用两条追踪辅助线定位点

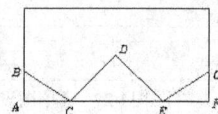

图4-33　确定 E、G 点

在上述例子中，AutoCAD 仅沿水平或竖直方向追踪。用户若想使 AutoCAD 沿设定的极轴角方向追踪，可在【草图设置】对话框的【对象捕捉追踪设置】区域中选择【用所有极轴角设置追踪】。

以上例子说明了极轴追踪和对象捕捉追踪功能的用法。在实际绘图过程中，常将这两项功

能结合起来使用，这样就既能方便地沿极轴方向画线，又能轻易地沿极轴方向定位点。

【例4-11】 使用LINE命令并结合极轴追踪和捕捉追踪功能，将图4-34中的左图修改为右图。

(1) 打开文件"4-11.dwg"。

(2) 打开极轴追踪、对象捕捉及捕捉追踪功能。设置极轴追踪角度增量为 30°，设定对象捕捉方式为端点、交点，设置沿所有极轴角进行捕捉追踪。

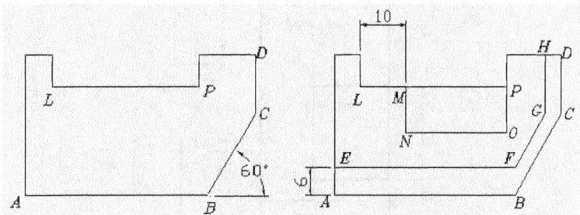

图4-34 结合极轴追踪、自动追踪功能绘制图形

(3) 输入LINE命令，AutoCAD提示：

命令：_line指定第一点：6   //以 A 点为追踪参考点向上追踪，输入追踪距离并按 Enter 键

指定下一点或[放弃(U)]：   //从 E 点向右追踪，再在 B 点建立追踪参考点以确定 F 点

指定下一点或[放弃(U)]：   //从 F 点沿 60° 方向追踪，再在 C 点建立参考点以确定 G 点

指定下一点或[闭合(C)/放弃(U)]：   //从 G 点向上追踪并捕捉交点 H

指定下一点或[闭合(C)/放弃(U)]：   //按 Enter 键结束

命令：   //按 Enter 键重复命令

LINE 指定第一点：10   //从基点 L 向右追踪，输入追踪距离并按 Enter 键

指定下一点或[放弃(U)]：10   //从 M 点向下追踪，输入追踪距离并按 Enter 键

指定下一点或[放弃(U)]：   //从 N 点向右追踪，再在 P 点建立追踪参考点以确定 O 点

指定下一点或[闭合(C)/放弃(U)]：   //从 O 点向上追踪并捕捉交点 P

指定下一点或[闭合(C)/放弃(U)]：   //按 Enter 键结束

结果如图 4-34 右图所示。

4.2.5 实战提高

【例4-12】 绘制图 4-35 所示的图形。

(1) 打开极轴追踪、对象捕捉及捕捉追踪功能。设置极轴追踪角度增量为 30°，设定对象捕捉方式为端点、交点，设置沿所有极轴角进行捕捉追踪。

(2) 绘制直线 AB、BC、CD 等，如图 4-36 所示。

命令：_line 指定第一点：   //单击 A 点，如图 4-36 所示

指定下一点或 [放弃(U)]：50   //从 A 点向右追踪并输入追踪距离

指定下一点或 [放弃(U)]：22   //从 B 点向上追踪并输入追踪距离

指定下一点或 [闭合(C)/放弃(U)]：20   //从 C 点沿 120° 方向追踪并输入追踪距离

指定下一点或 [闭合(C)/放弃(U)]：27   //从 D 点向上追踪并输入追踪距离

指定下一点或 [闭合(C)/放弃(U)]：18   //从 E 点向左追踪并输入追踪距离

                                  //从 A 点向上移动光标，系统显示竖直追踪线

                                  //当光标移动到某一位置时，系统显示 210° 方向追踪线

指定下一点或 [闭合(C)/放弃(U)]：   //在两条追踪线的交点处单击一点 G

指定下一点或 [闭合(C)/放弃(U)]：   //捕捉 A 点

指定下一点或 [闭合(C)/放弃(U)]：   //按 Enter 键结束

结果如图 4-36 所示。

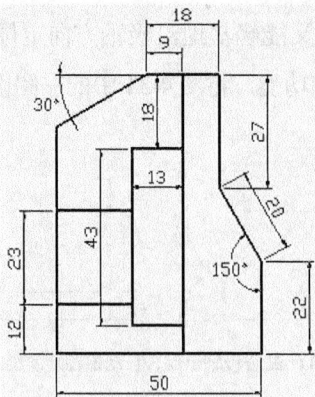

图4-35 绘制简单平面图形

图4-36 绘制闭合线框

(3) 绘制直线 *HI*、*JK*、*KL* 等，如图 4-37 所示。

命令：_line 指定第一点：9   //从 *F* 点向右追踪并输入追踪距离

指定下一点或 [放弃(U)]：   //从 *H* 点向下追踪并捕捉交点 *I*

指定下一点或 [放弃(U)]：   //按 Enter 键结束

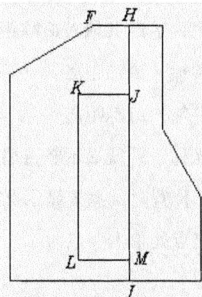

命令：   //重复命令

LINE 指定第一点：18   //从 *H* 点向下追踪并输入追踪距离

指定下一点或 [放弃(U)]：13   //从 *J* 点向左追踪并输入追踪距离

指定下一点或 [放弃(U)]：43   //从 *K* 点向下追踪并输入追踪距离

指定下一点或 [闭合(C)/放弃(U)]：   //从 *L* 点向右追踪并捕捉交点 *M*

指定下一点或 [闭合(C)/放弃(U)]：   //按 Enter 键结束

结果如图 4-37 所示。

(4) 绘制直线 *NO*、*PQ*，如图 4-38 所示。

命令：_line 指定第一点：12   //从 *A* 点向上追踪并输入追踪距离

指定下一点或 [放弃(U)]：   //从 *N* 点向右追踪并捕捉交点 *O*

指定下一点或 [放弃(Up)]：   //按 Enter 键结束

命令：   //重复命令

LINE 指定第一点：23   //从 *N* 点向上追踪并输入追踪距离

指定下一点或 [放弃(U)]：   //从 *P* 点向右追踪并捕捉交点 *Q*

指定下一点或 [放弃(U)]：   //按 Enter 键结束

结果如图 4-38 所示。

图4-37 绘制直线 *HI*、*JK*、*KL* 等

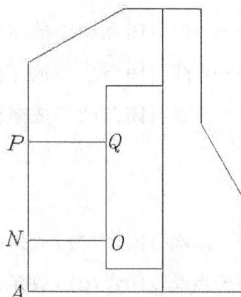

图4-38 绘制直线 *NO*、*PQ*

利用 LINE 命令并结合极轴追踪、对象捕捉及自动追踪功能画线，如图 4-39 所示。

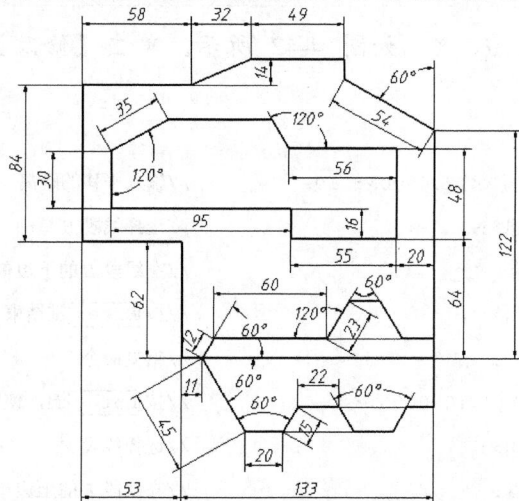

图4-39 结合对象捕捉、极轴追踪及自动追踪功能画线

4.3 绘制直线构成的平面图形（三）

以下主要介绍平行线、垂线及任意角度斜线等的画法。

4.3.1 绘图任务

绘制平行线，延伸及修剪线段。

【例4-13】 打开文件"4-13.dwg"，如图 4-40 左图所示。请跟随下面的操作步骤，将左图修改为右图。

(1) 延伸线段 *AB*，如图 4-41 左图所示。单击【修改】工具栏上的 按钮，AutoCAD 提示：

命令：_extend

选择对象：找到 1 个　　　　　　　　　　//选择线段 *CD*

选择对象：　　　　　　　　　　　　　//按 Enter 键

选择要延伸的对象或[放弃(U)]：　　　　//选择线段 *AB*

选择要延伸的对象或[放弃(U)]：　　　　//按 Enter 键结束

结果如图 4-41 右图所示。

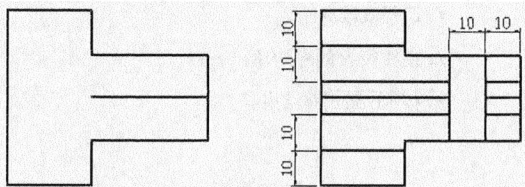

图4-40 绘制简单平面图形

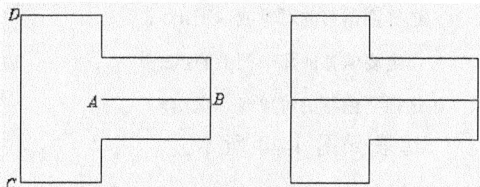

图4-41 延伸线段

> **要点提示** 读者请注意，为简化命令提示序列，已将 EXTEND 命令的 4 个选项及部分提示信息删除。在以后的操作题目中也将采用这种方式进行讲解。

(2) 绘制平行线 *H*、*I*、*J*、*K*，如图 4-42 所示。单击【修改】工具栏上的按钮，AutoCAD 提示：

```
命令: _offset
指定偏移距离或 [通过(T)] <12.0000>: 10          //输入平移的距离
选择要偏移的对象或 <退出>:                       //选择线段 E
指定要偏移的那一侧上的点:                        //在线段 E 的下边单击一点
选择要偏移的对象或 <退出>:                       //按 Enter 键结束
命令:OFFSET                                      //重复命令
指定偏移距离或 [通过(T)] <10.0000>:              //按 Enter 键，使用默认值
选择要偏移的对象或 <退出>:                       //选择线段 F
指定要偏移的那一侧上的点:                        //在线段 F 的上边单击一点
选择要偏移的对象或 <退出>:                       //按 Enter 键结束
```

继续绘制以下平行线：

向下平移直线 *H* 至 *I*，平移距离等于 10。

向上平移直线 *K* 至 *J*，平移距离等于 10。

结果如图 4-42 所示。

(3) 延伸线段 *I*、*J*，结果如图 4-43 所示。单击【修改】工具栏上的按钮，AutoCAD 提示：

```
命令: _extend
选择对象: 找到 1 个                              //选择线段 L，如图 4-44 所示
选择对象:                                        //按 Enter 键
选择要延伸的对象或[放弃(U)]:                     //选择线段 I
选择要延伸的对象或[放弃(U)]:                     //选择线段 J
选择要延伸的对象或[放弃(U)]:                     //按 Enter 键结束
```

结果如图 4-43 所示。

(4) 绘制平行线 *M*、*N*，如图 4-44 所示。单击【修改】工具栏上的按钮，AutoCAD 提示：

```
命令: _offset
指定偏移距离或 [通过(T)] <12.0000>: 10          //输入平移的距离
选择要偏移的对象或 <退出>:                       //选择线段 L
指定要偏移的那一侧上的点:                        //在线段 L 的左边单击一点
选择要偏移的对象或 <退出>:                       //选择线段 M
指定要偏移的那一侧上的点:                        //在线段 M 的左边单击一点
选择要偏移的对象或 <退出>:                       //按 Enter 键结束
```

结果如图 4-44 所示。

图4-42 绘制平行线 H、I、J、K　　　　图4-43 延伸线段　　　　图4-44 绘制平行线 B、C

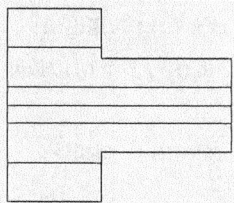

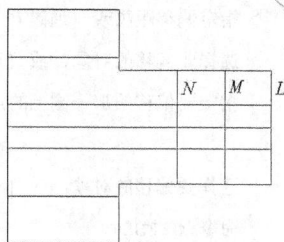

(5) 修剪多余线条。单击【修改】工具栏上的 ⊹ 按钮，AutoCAD 提示：

命令：_trim

选择对象：找到 1 个　　　　　　　　　　//选择直线 M，如图 4-45 左图所示

选择对象：找到 1 个，总计 2 个　　　　　//选择直线 N

选择对象：　　　　　　　　　　　　　　//按 Enter 键

选择要修剪的对象或[放弃(U)]：　　　　　//在 O 点处选择对象

选择要修剪的对象或[放弃(U)]：　　　　　//在 P 点处选择对象

选择要修剪的对象或[放弃(U)]：　　　　　//在 Q 点处选择对象

选择要修剪的对象或[放弃(U)]：　　　　　//按 Enter 键结束

结果如图 4-45 右图所示。

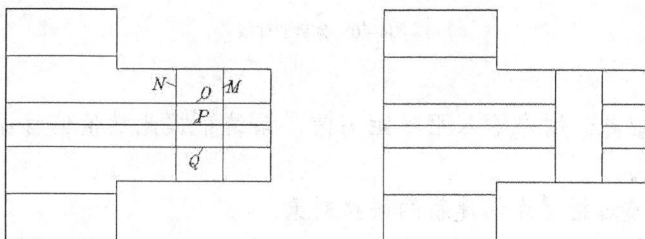

图4-45 修剪线条

4.3.2 绘制平行线

利用 OFFSET 命令可将对象按指定的距离平移，创建一个与原对象类似的新对象，它可操作的图形元素包括线段、圆、圆弧、多段线、椭圆、构造线、样条曲线等。当平移一个圆时，可创建同心圆。当平移一条闭合的多段线时（在 7.2 节中将介绍多段线），也可建立一个与原对象形状相同的闭合图形。

使用 OFFSET 命令时，用户可以通过两种方式创建新线段，一种是输入平行线间的距离，另一种是指定新平行线通过的点。

命令 启动 方法	● 菜单命令：【修改】/【偏移】。 ● 工具栏：【修改】工具栏上的 ⚄ 按钮。 ● 命令：OFFSET 或简写 O。

【例4-14】 练习 OFFSET 命令。

打开文件 "4-14.dwg"，如图 4-46 左图所示。下面用 OFFSET 命令将左图修改为右图。

命令：_offset　　　　　　　　　　　//绘制与 AB 平行的线段 CD，如图 4-46 所示

指定偏移距离或 [通过(T)/删除(E)/图层(L)] <通过>: 10　　　　//输入平行线间的距离

选择要偏移的对象，或 [退出(E)/放弃(U)] <退出>:　　　　//选择线段 AB

指定要偏移的那一侧上的点，或 [退出(E)/多个(M)/放弃(U)] <退出>:

　　　　　　　　　　　　　　　　　　　　　　　//在线段 AB 的右边单击一点

选择要偏移的对象，或 [退出(E)/放弃(U)] <退出>:　　　　//按 Enter 键结束

命令:OFFSET　　　　　　　　　　　　　　　　//过 K 点绘制线段 EF 的平行线 GH

指定偏移距离或 [通过(T)/删除(E)/图层(L)] <10.0000>: t　　//选取"通过(T)"选项

选择要偏移的对象，或 [退出(E)/放弃(U)] <退出>:　　　　//选择线段 EF

指定通过点或 [退出(E)/多个(M)/放弃(U)] <退出>: end 于　　//捕捉平行线通过的点 K

选择要偏移的对象，或 [退出(E)/放弃(U)] <退出>:　　　　//按 Enter 键结束

结果如图 4-46 右图所示。

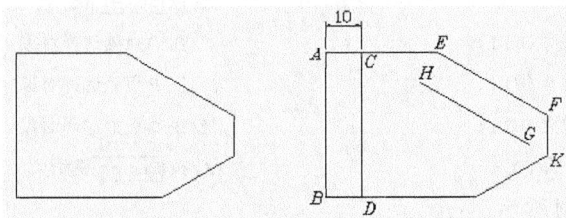

图4-46　绘制平行线

【命令选项】

- 指定偏移距离：用户输入平移距离值，系统根据此数值偏移原始对象产生新对象。
- 通过(T)：通过指定点创建新的偏移对象。
- 删除(E)：偏移源对象后将其删除。
- 图层(L)：指定将偏移后的新对象放置在当前图层上或源对象所在的图层上。
- 多个(M)：在要偏移的一侧单击多次，就创建多个等距对象。

4.3.3　利用垂足捕捉"PER"绘制垂线

若是过线段外的一点 A 绘制已知线段 BC 的垂线 AD，则用户可使用 LINE 命令并结合垂足捕捉"PER"绘制该条垂线，如图 4-47 所示。

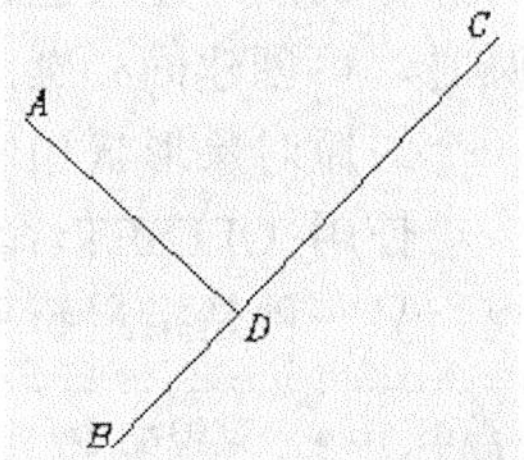

【例4-15】　利用垂足捕捉"PER"绘制垂线。

命令: _line 指定第一点:　　　　//拾取 A 点，如图 4-47 所示

指定下一点或 [放弃(U)]: per 到　　//利用"PER"捕捉垂足 D

指定下一点或 [放弃(U)]:　　　　//按 Enter 键结束

图4-47　绘制垂线

结果如图 4-47 所示。

4.3.4　利用角度覆盖方式绘制垂线和倾斜直线

如果要沿某一方向绘制任意长度直线，用户可在 AutoCAD 提示输入点时，输入一个小于号"<"和角度值。该角度表明了画线的方向，AutoCAD 将把光标锁定在此方向上。当用

户移动光标时直线的长度就会发生变化，获取适当长度后，单击左键结束，这种画线方式称为角度覆盖方式。

【例4-16】 绘制垂线和倾斜直线。

打开文件 "4-16.dwg"，如图 4-47 所示。利用角度覆盖方式绘制垂线 *BC* 和倾斜直线 *DE*。

命令：_line 指定第一点：ext	//使用延伸捕捉代号 "EXT"
于 20	//输入 *B* 点与 *A* 点的距离
指定下一点或 [放弃(U)]：<120	//指定直线 *BC* 的方向
指定下一点或 [放弃(U)]：	//在 *C* 点处单击一点
指定下一点或 [放弃(U)]：	//按 Enter 键结束
命令：	//重复命令
LINE 指定第一点：ext	//使用延伸捕捉 "EXT"
于 50	//输入 *D* 点与 *A* 点的距离
指定下一点或 [放弃(U)]：<130	//指定直线 *DE* 的方向
指定下一点或 [放弃(U)]：	//在 *E* 点处单击一点
指定下一点或 [放弃(U)]：	//按 Enter 键结束

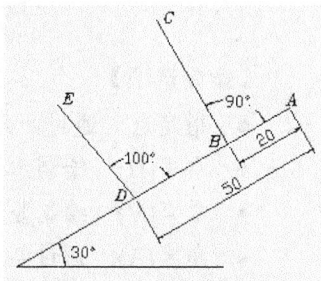

结果如图 4-48 所示。

图4-48 绘制垂线及斜线

4.3.5 用 XLINE 命令绘制水平、竖直及倾斜直线

利用 XLINE 命令可以绘制无限长的构造线，用户可用它直接绘制出水平方向、竖直方向、倾斜方向、平行关系等的直线，绘图过程中采用此命令画定位线或绘图辅助线是很方便的。

命令 启动 方法	● 菜单命令：【绘图】/【构造线】。 ● 工具栏：【绘图】工具栏上的 ✏ 按钮。 ● 命令：XLINE 或简写 XL。

【例4-17】 练习 XLINE 命令。

打开文件 "4-17.dwg"，如图 4-49 左图所示。下面用 XLINE 命令将左图修改为右图。

命令：_xline 指定点或 [水平(H)/垂直(V)/角度(A)/二等分(B)/偏移(O)]：v	
	//使用 "垂直(V)" 选项
指定通过点：ext	//使用延伸捕捉
于 12	//输入 *B* 点与 *A* 点的距离，如图 4-49 右图所示
指定通过点：	//按 Enter 键结束
命令：	//重复命令
XLINE 指定点或 [水平(H)/垂直(V)/角度(A)/二等分(B)/偏移(O)]：a	
	//使用 "角度(A)" 选项
输入构造线的角度 (0) 或 [参照(R)]：r	//使用 "参照(R)" 选项
选择线段对象：	//选择线段 *AC*
输入构造线的角度 <0>：-50	//输入角度值

指定通过点：ext	//使用延伸捕捉
于 10	//输入 D 点与 C 点的距离
指定通过点：	//按 Enter 键结束

结果如图 4-49 右图所示。

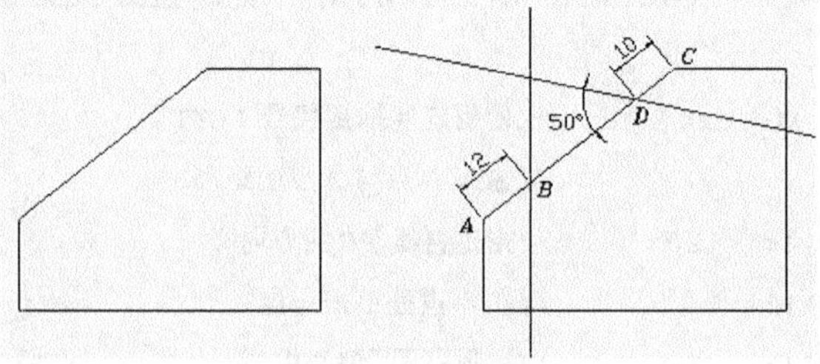

图4-49 绘制构造线

【命令选项】

- 指定点：通过两点绘制直线。
- 水平(H)：绘制水平方向直线。
- 垂直(V)：绘制竖直方向直线。
- 角度(A)：通过某点绘制一条与已知线段成一定角度的直线。
- 二等分(B)：绘制一条平分已知角度的直线。
- 偏移(O)：可通过输入平移距离绘制平行线，或指定直线通过的点来创建新平行线。

4.3.6 调整线段的长度

利用 LENGTHEN 命令可以改变直线、圆弧、椭圆弧、样条曲线等的长度。使用此命令时，经常采用的是"动态"选项，即直观地拖动对象来改变其长度。

命令 启动 方法	• 菜单命令：【修改】/【拉长】。 • 命令：LENGTHEN 或简写 LEN。

【例4-18】 练习 LENGTHEN 命令。

打开文件 "4-18.dwg"，如图 4-50 左图所示。下面用 LENGTHEN 命令将左图修改为右图。

命令：lengthen

选择对象或 [增量(DE)/百分数(P)/全部(T)/动态(DY)]：dy

　　　　　　　　　　　　　　　//使用"动态(DY)"选项

选择要修改的对象或 [放弃(U)]：	//选择线段 A 的右端，如图 4-52 左图所示
指定新端点：	//调整线段端点到适当位置
选择要修改的对象或 [放弃(U)]：	//选择线段 B 的右端
指定新端点：	//调整线段端点到适当位置
选择要修改的对象或 [放弃(U)]：	//按 Enter 键结束

结果如图 4-50 右图所示。

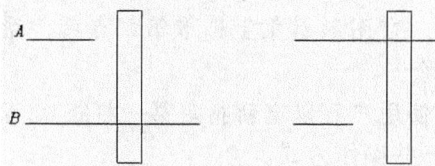

改变对象长度　　　　　　结果

图4-50　调整线段的长度

【命令选项】

- 增量(DE)：以指定的增量值改变线段或圆弧的长度。对于圆弧，还可通过设定角度增量改变其长度。
- 百分数(P)：以对象总长度的百分比形式改变对象长度。
- 全部(T)：通过指定线段或圆弧的新长度来改变对象总长。
- 动态(DY)：拖动鼠标就可以动态地改变对象长度。

4.3.7　打断线条

利用 BREAK 命令可以删除对象的一部分，常用于打断直线、圆、圆弧、椭圆等，此命令既可以在一个点打断对象，又可以在指定的两点打断对象。

命令启动方法	● 菜单命令：【修改】/【打断】。 ● 工具栏：【修改】工具栏上的⊡按钮。 ● 命令：BREAK 或简写 BR。

【例4-19】　练习 BREAK 命令。

打开文件 "4-19.dwg"，如图 4-51 左图所示。下面用 BREAK 命令将左图修改为右图。

图4-51　打断线段

命令：_break 选择对象：
　　　　　　　　　//在 C 点处选择对象，如图 4-51 左图所示，AutoCAD 将该点作为第一打断点

指定第二个打断点或 [第一点(F)]：　　　　　//在 D 点处选择对象

命令：　　　　　　　　　　　　　　　　//重复命令

BREAK 选择对象：　　　　　　　　　　　//选择线段 A

指定第二个打断点或 [第一点(F)]：f　　　　//使用"第一点(F)"选项

指定第一个打断点：int 于　　　　　　　　//捕捉交点 B

指定第二个打断点：@　//第二打断点与第一打断点重合，线段 A 将在 B 点处断开

结果如图 4-51 右图所示。

【命令选项】

- 指定第二个打断点: 在图形对象上选取第二点后, 系统将第一打断点与第二打断点间的部分删除。
- 第一点(F): 该选项使用户可以重新指定第一打断点。

BREAK 命令还有以下一些操作方式。

- 如果要删除线段或圆弧的一端, 可在选择被打断的对象后, 将第二打断点指定在要删除部分那端的外面。
- 当提示输入第二打断点时, 输入 "@", 则系统将第一断点和第二断点视为同一点, 这样就将一个对象拆分为二而没有删除其中的任何一部分。

4.3.8　延伸线段

利用 EXTEND 命令可以将直线、曲线等对象延伸到一个边界对象, 使其与边界对象相交。有时边界对象可能是隐含边界, 这时对象延伸后并不与边界直接相交, 而是与边界的隐含部分（延长线）相交。

命令 启动 方法	● 菜单命令:【修改】/【延伸】。 ● 工具栏:【修改】工具栏上的 ┅/ 按钮。 ● 命令: EXTEND 或简写 EX。

【例4-20】　练习 EXTEND 命令。

打开文件 "4-20.dwg", 如图 4-52 左图所示。下面用 EXTEND 命令将左图修改为右图。

命令: _extend

选择对象或 <全部选择>: 找到 1 个　　　　　　　//选择边界线段 C, 如图 4-52 左图所示

选择对象:　　　　　　　　　　　　　　　　　//按 Enter 键

选择要延伸的对象, 或按住 Shift 键选择要修剪的对象, 或[栏选(F)/窗交(C)/投影(P)/边(E)/放弃(U)]:　　　　　　　　　　　　//选择要延伸的线段 A

选择要延伸的对象, 或按住 Shift 键选择要修剪的对象, 或[栏选(F)/窗交(C)/投影(P)/边(E)/放弃(U)]:　e　　　　　　　　//利用"边(E)"选项将线段 B 延伸到隐含边界

输入隐含边延伸模式 [延伸(E)/不延伸(N)] <不延伸>: e　　//指定"延伸(E)"选项

选择要延伸的对象, 或按住 Shift 键选择要修剪的对象, 或[栏选(F)/窗交(C)/投影(P)/边(E)/放弃(U)]:　　　　　　　　　　　//选择线段 B

选择要延伸的对象, 或按住 Shift 键选择要修剪的对象, 或

[栏选(F)/窗交(C)/投影(P)/边(E)/放弃(U)]:　　//按 Enter 键结束

结果如图 4-52 右图所示。

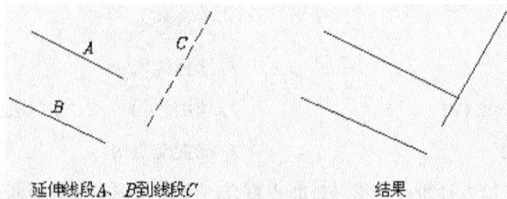

延伸线段 A、B 到线段 C　　　　　　　　　结果

图4-52　延伸线段

要点提示

在延伸操作中，一个对象可同时被用作边界边和延伸对象。

【命令选项】

- 按住 Shift 键选择要修剪的对象：将选择的对象修剪到边界而不是将其延伸。
- 栏选(F)：用户绘制连续折线，与折线相交的对象被延伸。
- 窗交(C)：利用交叉窗口选择对象。
- 投影(P)：该选项使用户可以指定延伸操作的空间。对于二维绘图来说，延伸操作是在当前用户坐标平面（xy 平面）内进行的。在三维空间绘图时，用户可通过该选项将两个交叉对象投影到 xy 平面或当前视图平面内执行延伸操作。
- 边(E)：该选项控制是否把对象延伸到隐含边界。当边界边太短且延伸对象后不能与其直接相交时（如图 4-52 所示的边界边 C），就打开该选项，此时假想将边界边延长，然后使延伸边伸长到与边界相交的位置。
- 放弃(U)：取消上一次的操作。

4.3.9 修剪线条

在绘图过程中，常有许多线条交织在一起，用户若想将线条的某一部分修剪掉，可使用 TRIM 命令。启动该命令后，AutoCAD 提示用户指定一个或几个对象作为剪切边（可以想象为剪刀），然后用户就可以选择被剪掉的部分。剪切边可以是直线、圆弧及样条曲线等对象，剪切边本身也可作为被修剪的对象。

命令 启动 方法	• 菜单命令：【修改】/【修剪】。 • 工具栏：【修改】工具栏上的 按钮。 • 命令：TRIM 或简写 TR。

【例4-21】 练习 TRIM 命令。

打开文件 "4-21.dwg"，如图 4-53 左图所示。下面用 TRIM 命令将左图修改为右图。

命令：_trim

选择对象或 <全部选择>：找到 1 个   //选择剪切边 *AB*，如图 4-53 左图所示

选择对象：找到 1 个，总计 2 个   //选择剪切边 *CD*

选择对象：   //按 Enter 键确认

选择要修剪的对象，或按住 Shift 键选择要延伸的对象，或

[栏选(F)/窗交(C)/投影(P)/边(E)/删除(R)/放弃(U)]：   //选择被修剪的对象

选择要修剪的对象，或按住 Shift 键选择要延伸的对象，或

[栏选(F)/窗交(C)/投影(P)/边(E)/删除(R)/放弃(U)]：   //选择其他被修剪的对象

选择要修剪的对象，或按住 Shift 键选择要延伸的对象，或

[栏选(F)/窗交(C)/投影(P)/边(E)/删除(R)/放弃(U)]：   //选择其他被修剪的对象

选择要修剪的对象，或按住 Shift 键选择要延伸的对象，或

[栏选(F)/窗交(C)/投影(P)/边(E)/删除(R)/放弃(U)]：   //按 Enter 结束

结果如图 4-53 右图所示。

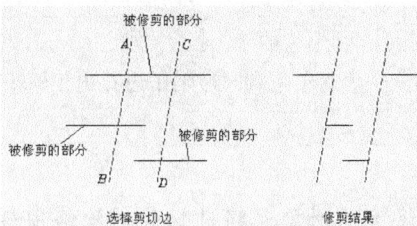

图4-53 修剪线段

当修剪图形中某一区域的线条时，可直接把这个部分的所有图元都选中，这样图元之间就能进行相互修剪。用户接下来的任务仅仅是仔细地选择被剪切的对象。

【命令选项】

- 按住 Shift 键选择要延伸的对象：将选定的对象延伸至剪切边。
- 栏选(F)：用户绘制连续折线，与折线相交的对象被修剪。
- 窗交(C)：利用交叉窗口选择对象。
- 投影(P)：该选项可以使用户指定执行修剪的空间。例如，三维空间中两条线段呈交叉关系，用户可利用该选项假想将其投影到某一平面上执行修剪操作。
- 边(E)：选择此选项，AutoCAD 提示：

输入隐含边延伸模式 [延伸(E)/不延伸(N)] <不延伸>：

延伸(E)：如果剪切边太短，没有与被修剪对象相交，系统假想将剪切边延长，然后执行修剪操作，如图 4-54 所示。

不延伸(N)：只有当剪切边与被剪切对象实际相交才进行修剪。

- 删除(R)：不退出 TRIM 命令就能删除选定的对象。

- 放弃(U)：若修剪有误，可输入字母"U"撤销修剪。

图4-54 使用"延伸(E)"选项完成修剪操作

4.3.10 实战提高

【例4-22】 绘制图 4-55 所示的图形。

(1) 打开极轴追踪、对象捕捉及捕捉追踪功能。设置极轴追踪角度增量为 90°，设定对象捕捉方式为端点、交点，设置仅沿正交方向进行捕捉追踪。

(2) 绘制两条正交线段 AB、CD，如图 4-56 所示。AB 的长度为 70 左右，CD 的长度为 80 左右。

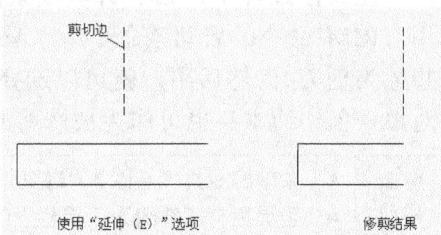

图4-55 绘制简单平面图形

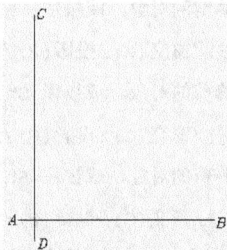

图4-56 绘制线段 AB、CD

(3) 绘制平行线 *G*、*H*、*I*、*J*，如图 4-57 所示。

命令：_offset

指定偏移距离或 [通过(T)] <12.0000>: 24	//输入平移的距离
选择要偏移的对象或 <退出>:	//选择线段 *F*
指定要偏移的那一侧上的点:	//在线段 *F* 的右边单击一点
选择要偏移的对象或 <退出>:	//按 Enter 键结束

继续绘制以下平行线：

向右平移直线 *F* 至 *H*，平移距离等于 54。

向上平移直线 *E* 至 *I*，平移距离等于 40。

向上平移直线 *E* 至 *J*，平移距离等于 65。

结果如图 4-57 所示。修剪多余线条，结果如图 4-58 所示。

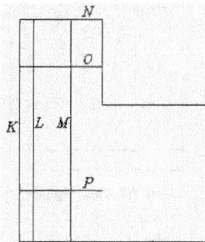

(4) 绘制平行线 *L*、*M*、*O*、*P*，如图 4-59 所示。

向右平移直线 *K* 至 *L*，平移距离等于 4。

向右平移直线 *L* 至 *M*，平移距离等于 11。

向下平移直线 *N* 至 *O*，平移距离等于 14。

向下平移直线 *O* 至 *P*，平移距离等于 36。

结果如图 4-59 所示。修剪多余线条，结果如图 4-60 所示。

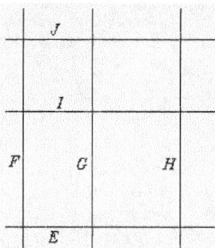

图4-57 绘制平行线 *G*、*H*、*I*、*J*　　图4-58 修剪结果　　图4-59 绘制平行线 *L*、*M*、*O*、*P*　　图4-60 修剪结果

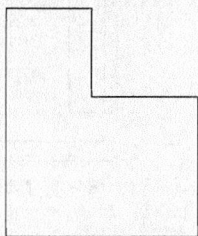

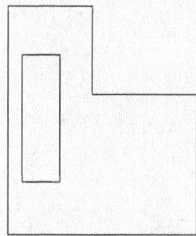

(5) 绘制斜线 *BC*，如图 4-61 所示。

命令：_xline 指定点或 [水平(H)/垂直(V)/角度(A)/二等分(B)/偏移(O)]: A	//使用选项"角度(A)"
输入构造线角度 (0) 或 [参照(R)]: 140	//输入倾斜角度
指定通过点: 8	//从 *A* 点向左追踪并输入追踪距离
指定通过点:	//按 Enter 键结束

结果如图 4-61 所示。修剪多余线条，结果如图 4-62 所示。

(6) 绘制平行线 *H*、*I*、*J*、*K*，如图 4-63 所示。

向上平移直线 *D* 至 *H*，平移距离等于 6。

向左平移直线 *E* 至 *I*，平移距离等于 6。

向下平移直线 *F* 至 *J*，平移距离等于 6。

向左平移直线 *G* 至 *K*，平移距离等于 6。

结果如图 4-63 所示。

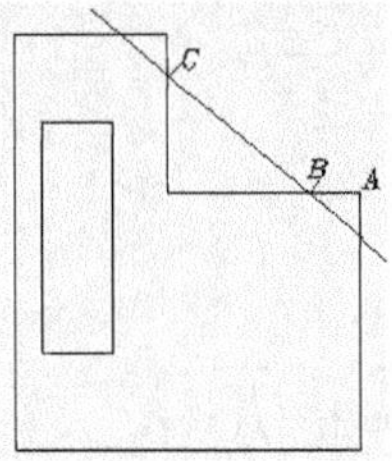

图4-61 绘制斜线 B、C

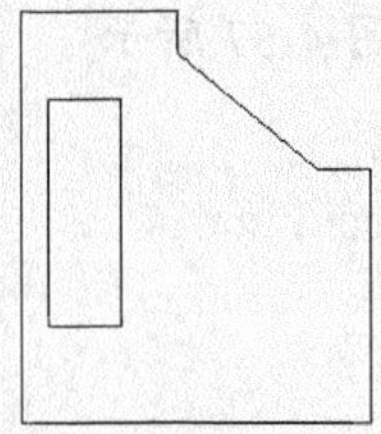

图4-62 修剪结果

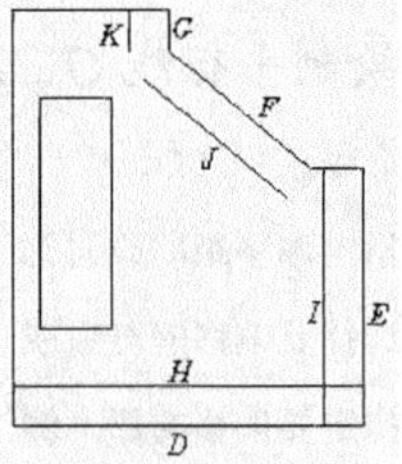

图4-63 绘制平行线 H、I、J、K

(7) 延伸线条 J、K，结果如图 4-64 所示。

命令：_extend

选择对象：指定对角点：找到 2 个 //选择线段 K、J，如图 4-63 所示

选择对象：找到 1 个，总计 3 个 //选择线段 I

选择对象： //按 Enter 键

选择要延伸的对象[放弃(U)]： //向下延伸线段 K

选择要延伸的对象[放弃(U)]： //向左上方延伸线段 J

选择要延伸的对象[放弃(U)]： //向右下方延伸线段 J

选择要延伸的对象[放弃(U)]： //按 Enter 键结束

结果如图 4-64 所示。修剪多余线条，结果如图 4-65 所示。

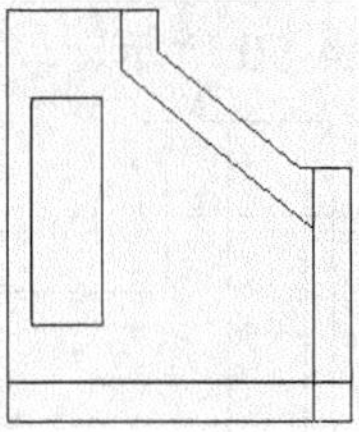

图4-64 延伸直线

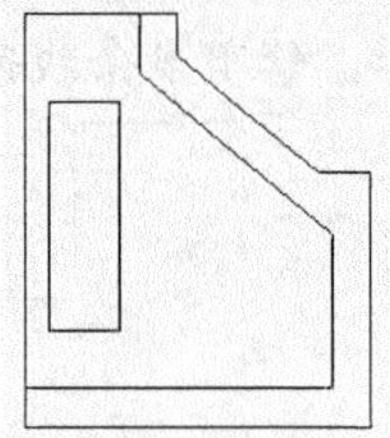

图4-65 修剪结果

练一练

利用 OFFSET、EXTEND 及 TRIM 等命令绘制平面图形，如图 4-66 所示。

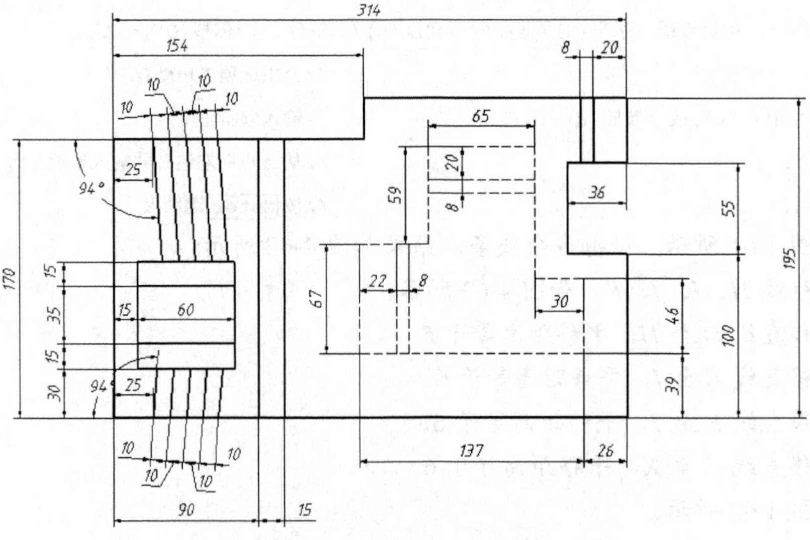

图4-66 绘制平行线及修剪线条

4.4 绘制直线、圆及圆弧等构成的平面图形

以下主要介绍圆和过渡圆弧的绘制方法。

4.4.1 绘图任务

绘制相切圆弧。

【例4-23】 打开文件"4-23.dwg",如图 4-67 左图所示。请将左图修改为右图。

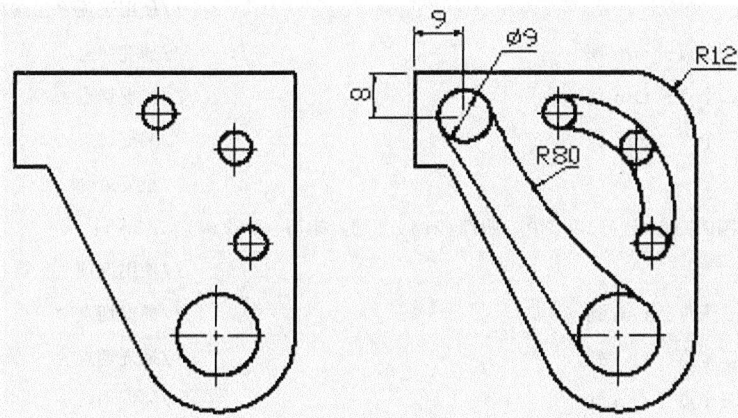

图4-67 绘制圆及过渡圆弧

(1) 绘制圆 A,如图 4-68 所示。单击【绘图】工具栏上的 ⊘ 按钮,AutoCAD 提示:

命令:_circle 指定圆的圆心或 [三点(3P)/两点(2P)/相切、相切、半径(T)]: from

//使用正交偏移捕捉

基点:end 于 //捕捉端点 B

<偏移>:@9,-8 //输入圆心的相对坐标

指定圆的半径或 [直径(D)] <19.5149>: 4.5 //输入圆半径

结果如图 4-68 所示。

(2) 绘制切线 CD 及圆弧 EF,如图 4-69 所示。

命令:_line 指定第一点:tan 到 //捕捉切点 C

指定下一点或 [放弃(U)]: tan 到 //捕捉切点 D

指定下一点或 [放弃(U)]: //按 Enter 键结束

命令:_circle 指定圆的圆心或 [三点(3P)/两点(2P)/相切、相切、半径(T)]: t

//使用选项"相切、相切、半径(T)"

指定对象与圆的第一个切点: //捕捉切点 E

指定对象与圆的第二个切点: //捕捉切点 F

指定圆的半径 <4.5000>: 80 //输入圆半径

结果如图 4-69 所示。修剪多余线条,结果如图 4-70 所示。

图4-68 绘制圆   图4-69 绘制切线及圆弧   图4-70 修剪结果

(3) 绘制内切圆和外接圆，如图 4-71 所示。

命令: _circle 指定圆的圆心或 [三点(3P)/两点(2P)/相切、相切、半径(T)]: 3p

//使用选项 "三点(3P)"

指定圆上的第一个点: tan 到   //捕捉切点 A

指定圆上的第二个点: tan 到   //捕捉切点 B

指定圆上的第三个点: tan 到   //捕捉切点 C

命令: //重复命令

CIRCLE 指定圆的圆心或 [三点(3P)/两点(2P)/相切、相切、半径(T)]: 3p

//使用选项 "三点(3P)"

指定圆上的第一个点: tan 到   //捕捉切点 D

指定圆上的第二个点: tan 到   //捕捉切点 E

指定圆上的第三个点: tan 到   //捕捉切点 F

结果如图 4-71 所示。修剪多余线条，结果如图 4-72 所示。

(4) 绘制圆角 K，如图 4-73 所示。单击【修改】工具栏上的 按钮，AutoCAD 提示:

命令: _fillet

选择第一个对象或 [多段线(P)/半径(R)/修剪(T)/多个(U)]: r   //使用选项 "半径(R)"

指定圆角半径 <15.0000>: 12   //输入圆半径

选择第一个对象或 [多段线(P)/半径(R)/修剪(T)/多个(U)]:   //选择直线 I

选择第二个对象: //选择直线 J

结果如图 4-73 所示。

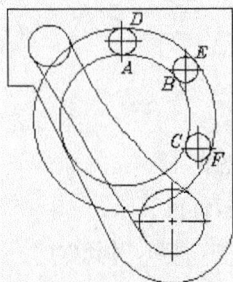

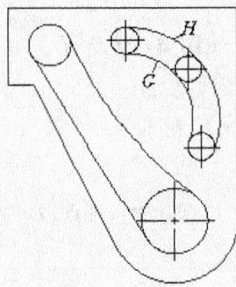

图4-71 绘制圆   图4-72 修剪结果   图4-73 绘制圆角

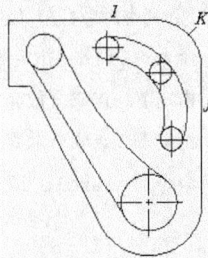

4.4.2 绘制切线

绘制切线一般有如下两种情况。

- 过圆外的一点绘制圆的切线。
- 绘制两个圆的公切线。

用户可利用 LINE 命令并结合切点捕捉 "TAN" 功能来绘制切线。

【例4-24】 绘制圆的切线。

打开文件 "4-24.dwg"，如图 4-74 左图所示。下面用 LINE 命令将左图修改为右图。

命令：_line 指定第一点：end 于	//捕捉端点 A，如图 4-74 所示
指定下一点或 [放弃(U)]：tan 到	//捕捉切点 B
指定下一点或 [放弃(U)]：	//按 Enter 键结束
命令：	//重复命令
LINE 指定第一点：end 于	//捕捉端点 C
指定下一点或 [放弃(U)]：tan 到	//捕捉切点 D
指定下一点或 [放弃(U)]：	//按 Enter 键结束
命令：	//重复命令
LINE 指定第一点：tan 到	//捕捉切点 E
指定下一点或 [放弃(U)]：tan 到	//捕捉切点 F
指定下一点或 [放弃(U)]：	//按 Enter 键结束
命令：	//重复命令
LINE 指定第一点：tan 到	//捕捉切点 G
指定下一点或 [放弃(U)]：tan 到	//捕捉切点 H
指定下一点或 [放弃(U)]：	//按 Enter 键结束

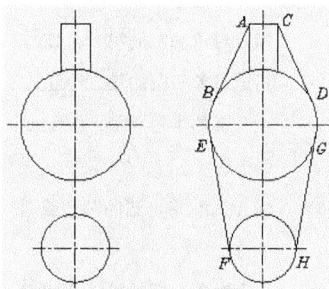

结果如图 4-74 右图所示。

图4-74 绘制切线

4.4.3 绘制圆及圆弧连接

用 CIRCLE 命令绘制圆，默认的绘制圆方法是指定圆心和半径。此外，还可通过两点或三点来绘制圆。CIRCLE 命令也可用来绘制过渡圆弧，方法是先绘制出与已有对象相切的圆，然后用 TRIM 命令修剪多余线条即可。

命令启动方法	• 菜单命令：【绘图】/【圆】。 • 工具栏：【绘图】工具栏上的 ⊙ 按钮。 • 命令：CIRCLE 或简写 C。

【例4-25】 练习 CIRCLE 命令。

打开文件 "4-25.dwg"，如图 4-75 左图所示。下面用 CIRCLE 命令将左图修改为右图。

图4-75 绘制圆及圆弧连接

命令: _circle 指定圆的圆心或 [三点(3P)/两点(2P)/相切、相切、半径(T)]: from

                                                          //使用正交偏移捕捉

基点: int 于　　　　　　　　　　　　　　　//捕捉 A 点, 如图 4-75 右图所示

<偏移>: @30,30　　　　　　　　　　　　　//输入相对坐标

指定圆的半径或 [直径(D)] <19.0019>: 15　　//输入圆半径

命令:　　　　　　　　　　　　　　　　　　//重复命令

CIRCLE 指定圆的圆心或 [三点(3P)/两点(2P)/相切、相切、半径(T)]: 3p

                                                          //使用"三点(3P)"选项

指定圆上的第一个点: tan 到　　　　　　　//捕捉切点 B

指定圆上的第二个点: tan 到　　　　　　　//捕捉切点 C

指定圆上的第三个点: tan 到　　　　　　　//捕捉切点 D

命令:　　　　　　　　　　　　　　　　　　//重复命令

CIRCLE 指定圆的圆心或 [三点(3P)/两点(2P)/相切、相切、半径(T)]: t

                                                          //使用"相切、相切、半径(T)"选项

指定对象与圆的第一个切点:　　　　　　　//捕捉切点 E

指定对象与圆的第二个切点:　　　　　　　//捕捉切点 F

指定圆的半径 <19.0019>: 100　　　　　　//输入圆半径

命令:　　　　　　　　　　　　　　　　　　//重复命令

CIRCLE 指定圆的圆心或 [三点(3P)/两点(2P)/相切、相切、半径(T)]: t

                                                          //使用"相切、相切、半径(T)"选项

指定对象与圆的第一个切点:　　　　　　　//捕捉切点 G

指定对象与圆的第二个切点:　　　　　　　//捕捉切点 H

指定圆的半径 <100.0000>: 40　　　　　　//输入圆半径

修剪多余线条, 结果如图 4-75 右图所示。

> **要点提示** 当绘制与两圆相切的圆弧时, 在圆的不同位置拾取切点, 将绘制出内切或外切不同的圆弧。

【命令选项】

- 指定圆的圆心: 默认选项。输入圆心坐标或拾取圆心后, 系统提示输入圆半径或直径值。
- 三点(3P): 输入 3 个点绘制圆。
- 两点(2P): 指定直径的两个端点绘制圆。
- 相切、相切、半径(T): 指定两个切点, 然后输入圆半径绘制圆。

4.4.4　倒圆角

倒圆角是利用指定半径的圆弧光滑地连接两个对象, 操作的对象包括直线、多段线、样条线、圆及圆弧等。对于多段线可一次将其所有顶点都光滑地过渡 (在第 7 章中将详细介绍多段线)。

命令 启动 方法	● 菜单命令：【修改】/【圆角】。 ● 工具栏：【修改】工具栏上的 ⌐ 按钮。 ● 命令：FILLET 或简写 F。

【例4-26】　练习 FILLET 命令。

打开文件 "4-26.dwg"，如图 4-76 左图所示。下面用 FILLET 命令将左图修改为右图。

命令: _fillet

选择第一个对象或 [放弃(U)/多段线(P)/半径(R)/修剪(T)/多个(M)]: r

//设置圆角半径

指定圆角半径 <3.0000>: 5　　　　　//输入圆角半径值

选择第一个对象或 [放弃(U)/多段线(P)/半径(R)/修剪(T)/多个(M)]:

//选择要倒圆角的第一个对象，如图 4-79 左图所示

选择第二个对象，或按住 Shift 键选择要应用角点的对象:

//选择要倒圆角的第二个对象

结果如图 4-76 右图所示。

【命令选项】

● 放弃(U): 取消倒圆角操作。
● 多段线(P): 选择多段线后，系统对多段线的每个顶点进行倒圆角操作，如图 4-77 左图所示。
● 半径(R): 设定圆角半径。若圆角半径为 0，则系统将使被修剪的两个对象交于一点。
● 修剪(T): 指定倒圆角操作后是否修剪对象，如图 4-77 右图所示为不修剪对象。
● 多个(M): 可一次创建多个圆角。系统将重复提示 "选择第一个对象" 和 "选择第二个对象"，直到用户按 Enter 键结束命令。
● 按住 Shift 键选择要应用角点的对象: 若按住 Shift 键选择第二个圆角对象时，则以 0 值替代当前的圆角半径。

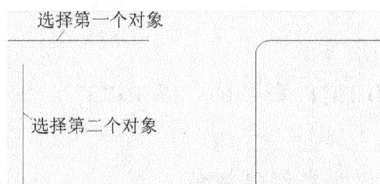

图4-76　倒圆角

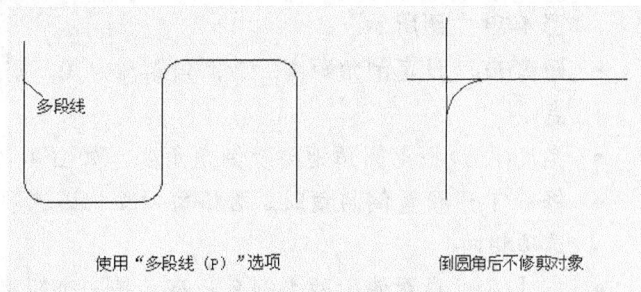

图4-77　倒圆角的两种情况

4.4.5　倒斜角

倒斜角使用一条斜线连接两个对象，倒角时既可以输入每条边的倒角距离，也可以指定某条边上倒角的长度及与此边的夹角。

命令启动方法	• 菜单命令:【修改】/【倒角】。 • 工具栏:【修改】工具栏上的 按钮。 • 命令: CHAMFER 或简写 CHA。

【例4-27】 练习 CHAMFER 命令。

打开文件 "4-27.dwg",如图 4-78 左图所示。下面用 CHAMFER 命令将左图修改为右图。

```
命令: _chamfer
选择第一条直线 [放弃(U)/多段线(P)/距离(D)/角度(A)/修剪(T)/方式(E)/多个(M)]: d
                                            //设置倒角距离
指定第一个倒角距离 <3.0000>: 5              //输入第一个边的倒角距离
指定第二个倒角距离 <5.0000>: 8              //输入第二个边的倒角距离
选择第一条直线或 [放弃(U)/多段线(P)/距离(D)/角度(A)/修剪(T)/方式(E)/多个(M)]:
                                            //选择第一个倒角边,如图 4-78 左图所示
选择第二条直线,或按住 Shift 键选择要应用角点的直线:
                                            //选择第二个倒角边
```

结果如图 4-78 右图所示。

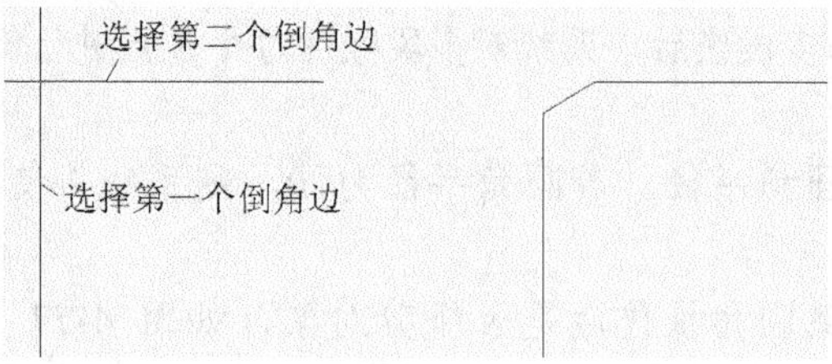

图4-78 倒斜角

【命令选项】

- 放弃(U): 取消倒斜角操作。
- 多段线(P): 选择多段线后,系统将对多段线的每个顶点执行倒斜角操作,如图 4-79 左图所示。
- 距离(D): 设定倒角距离。若倒角距离为 0,则系统将被倒角的两个对象交于一点。
- 角度(A): 指定倒角距离及倒角角度,如图 4-79 右图所示。
- 修剪(T): 设置倒斜角时是否修剪对象。该选项与 FILLET 命令的 "修剪(T)" 选项相同。
- 方式(E): 设置使用两个倒角距离还是一个距离一个角度来创建倒角。
- 多个(M): 可一次创建多个倒角。系统将重复提示 "选择第一条直线" 和 "选择第二条直线",直到用户按 Enter 键结束命令。
- 按住 Shift 键选择要应用角点的直线: 若按住 Shift 键选择第二个倒角对象时,则以 0 值替代当前的倒角距离。

图4-79 倒斜角的几种情况

4.4.6 实战提高

【例4-28】 绘制图 4-80 所示的图形。

(1) 绘制圆 *A*、*B*、*C*、*D*，如图 4-81 所示。圆 *B*、*D* 的圆心可利用正交偏移捕捉（FROM）确定。

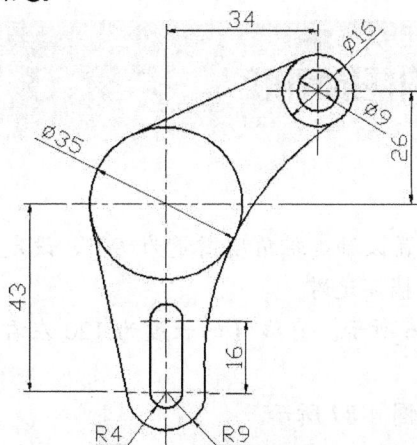

图4-80 绘制圆及圆弧连接

图4-81 绘制圆

(2) 绘制切线 *E*、*F* 及过渡圆弧，如图 4-82 左图所示。修剪多余线条，结果如图 4-82 右图所示。

(3) 绘制圆 *G*、*H* 及两圆的切线，如图 4-83 左图所示。修剪多余线条，结果如图 4-83 右图所示。

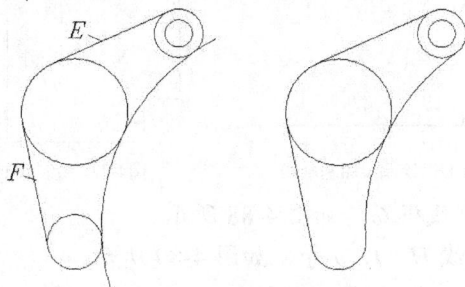

图4-82 绘制切线及过渡圆弧

图4-83 绘制圆及切线

练一练

利用 LINE、CIRCLE 及 TRIM 等命令绘制如图 4-84 所示的图形。

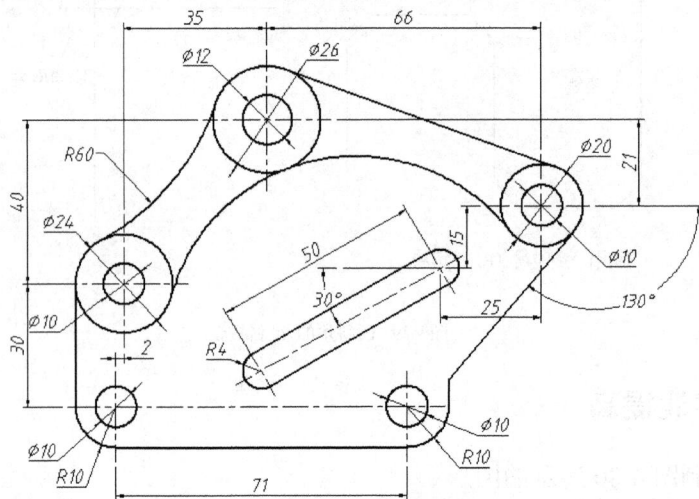

图4-84 绘制圆及圆弧连接

4.5 综合练习——绘制直线构成的图形

【例4-29】 绘制图 4-85 所示的图形。

(1) 打开极轴追踪、对象捕捉及捕捉追踪功能。设置极轴追踪角度增量为 90°，设定对象捕捉方式为端点、交点，设置仅沿正交方向进行捕捉追踪。

(2) 绘制水平和竖直的绘图基准线 A、B，如图 4-86 所示。直线 A 的长度为 120 左右，直线 B 的长度为 90 左右。

(3) 使用 OFFSET 及 TRIM 等命令绘制线框 C，如图 4-87 所示。

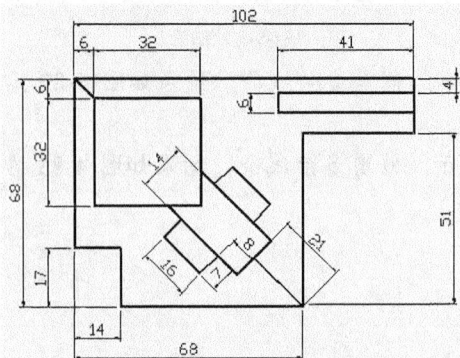

图4-85 绘制直线构成的图形

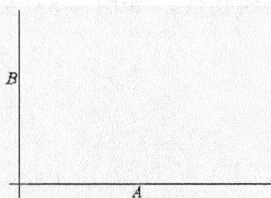

图4-86 绘制绘图基准线

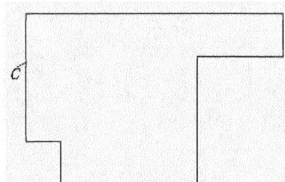

图4-87 绘制线框 C

(4) 连线 EF，再用 OFFSET 及 TRIM 等命令绘制线框 G，如图 4-88 所示。

(5) 用 XLINE、OFFSET 及 TRIM 等命令绘制直线 H、I、J 等，如图 4-89 所示。

(6) 用 LINE 命令绘制线框 H，如图 4-90 所示。

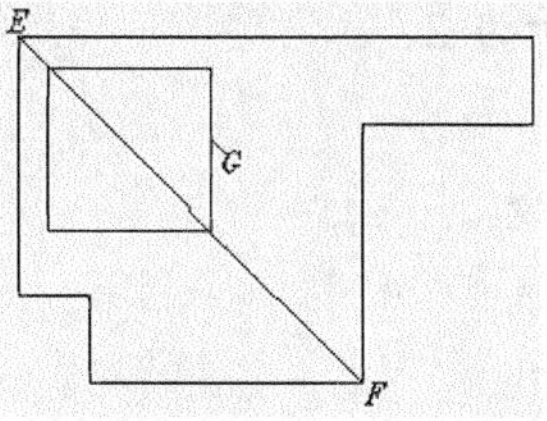

図4-88 绘制线框 G

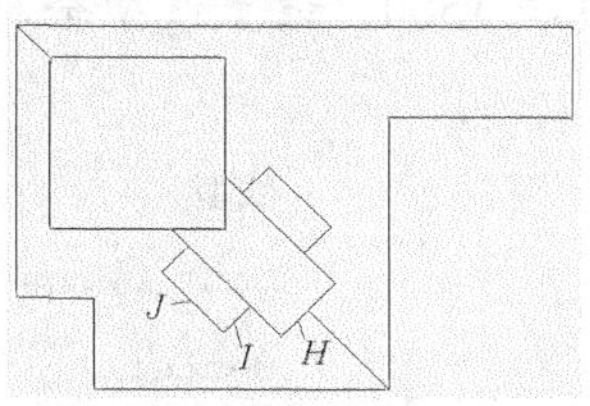

图4-89 绘制直线 H、I、J 等

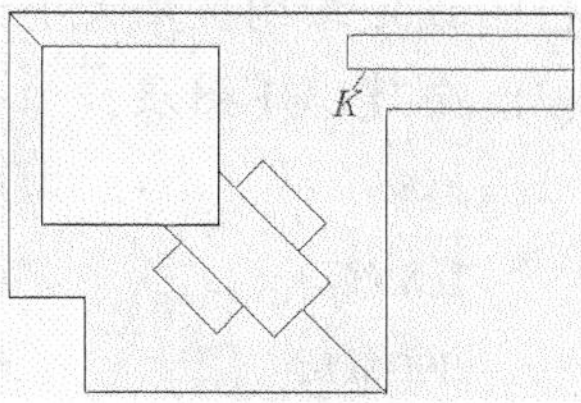

图4-90 绘制线框 K

练一练

利用 LINE、XLINE 及 OFFSET 等命令绘制如图 4-91 所示的图形。

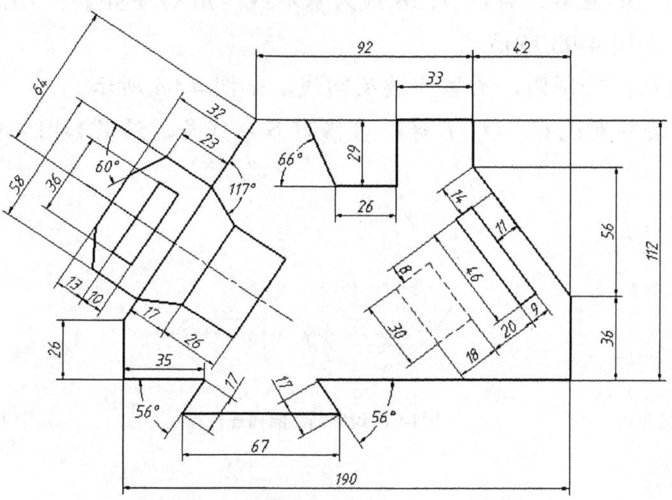

图4-91 利用 LINE、XLINE 及 OFFSET 等命令绘图

4.6 综合练习——绘制直线和圆弧连接

【例4-30】 绘制图 4-92 所示的图形。

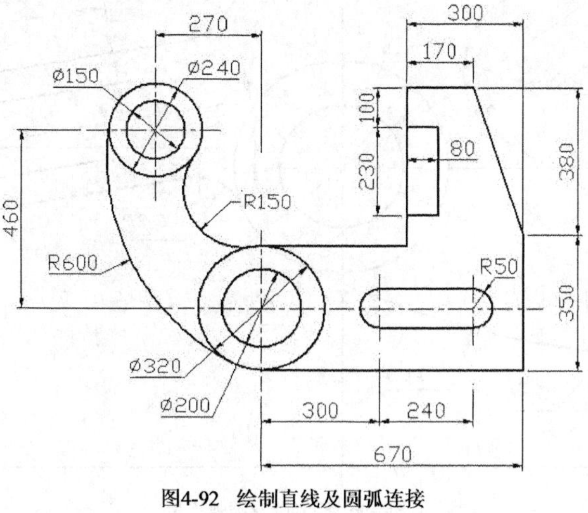

图4-92 绘制直线及圆弧连接

(1) 设定绘图区域大小为 1500×1500，设置线型全局比例因子为 2。

(2) 创建以下图层。

名称	颜色	线型	线宽
轮廓线层	白色	Continuous	0.5
中心线层	红色	Center	默认

(3) 打开极轴追踪、对象捕捉及捕捉追踪功能。设置极轴追踪角度增量为 90°，设定对象捕捉方式为端点、圆心和交点，设置仅沿正交方向进行捕捉追踪。

(4) 切换到中心线层，用 LINE 命令绘制圆的定位线 A、B，直线 A 的长度为 1000 左右，直线 B 的长度为 450 左右。再以 A、B 线为基准线，用 OFFSET 和 LENGTHEN 命令形成其他定位线，如图 4-93 所示。

(5) 切换到轮廓线层，绘制圆、圆弧连接及切线，如图 4-94 所示。

(6) 用 LINE 命令绘制直线 C、D、E 等，再修剪多余线条，结果如图 4-95 所示。

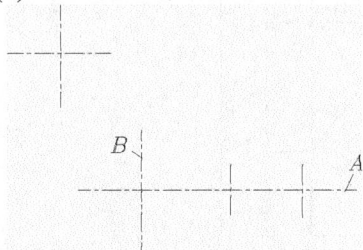

图4-93 绘制定位线

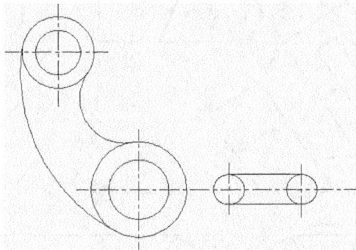

图4-94 绘制圆、圆弧连接等

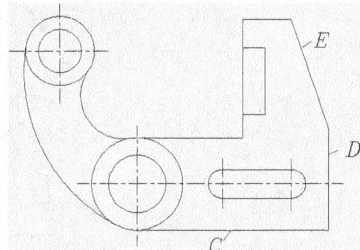

图4-95 绘制直线 C、D 等

练一练

利用 LINE、CIRCLE 及 TRIM 等命令绘制如图 4-96 所示的图形。

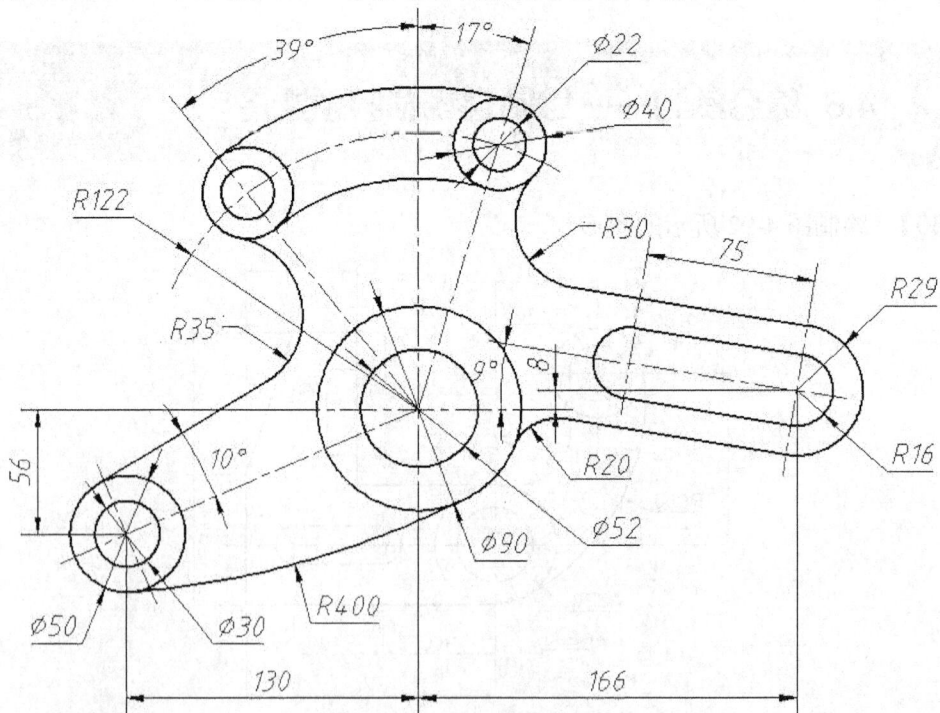

图4-96 绘制圆及圆弧连接

4.7 综合练习——绘制三视图

【例4-31】根据轴测图绘制三视图,如图 4-97 所示。

小技巧   绘制三视图时,可用 XLINE 命令绘制竖直投影线向俯视图投影,也可将俯视图复制到新位置并旋转 90°,然后绘制水平及竖直投影线向左视图投影,如图 4-98 所示。

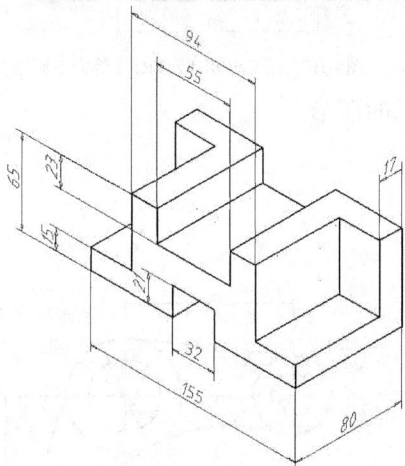

图4-97 绘制三视图(1)

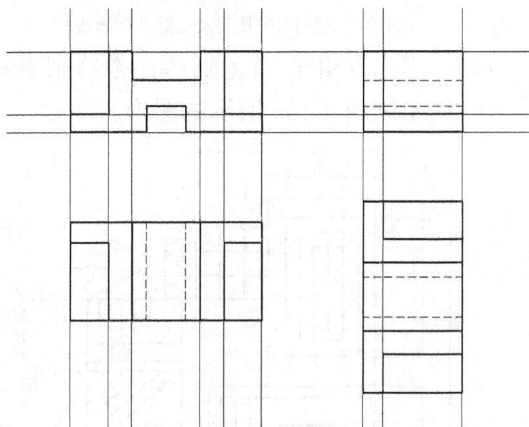

图4-98 绘制水平及竖直投影线

习题

1. 利用点的绝对及相对直角坐标绘制图 4-99 所示的图形。

2. 输入点的相对坐标画线,如图 4-100 所示。

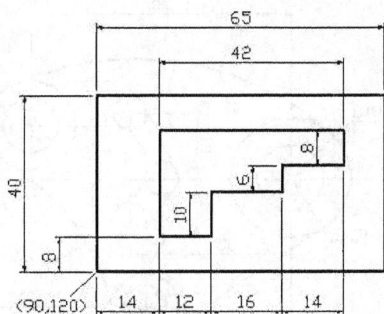

图4-99 输入点的绝对或相对直角坐标画线

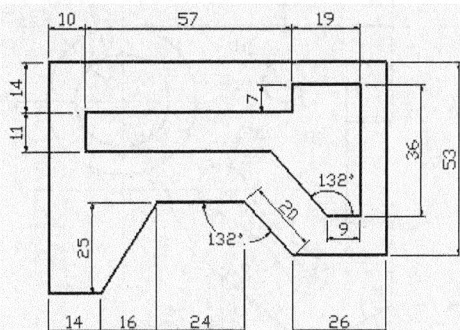

图4-100 输入相对坐标画线

3. 打开极轴追踪、对象捕捉及捕捉追踪功能画线,如图 4-101 所示。

4. 用 OFFSET、TRIM 等命令绘制图 4-102 所示的图形。

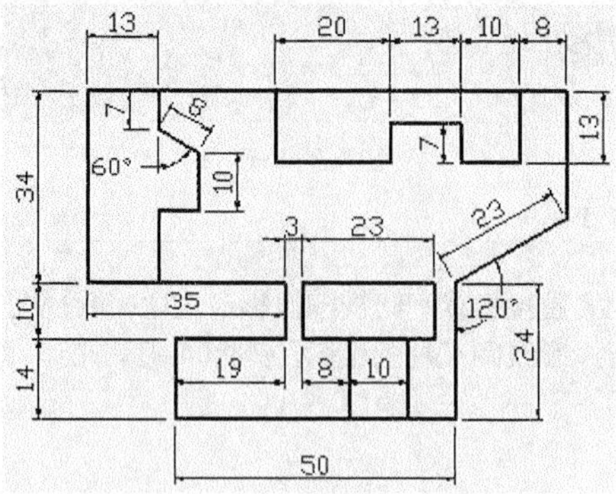

图4-101 利用对象捕捉及追踪功能画线

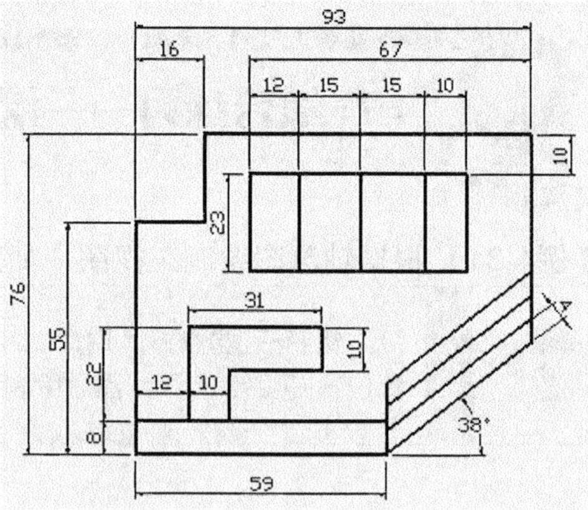

图4-102 用 OFFSET、TRIM 等命令画图

5. 用 OFFSET、TRIM 等命令绘制图 4-103 所示的图形。

6. 绘制图 4-104 所示的图形。

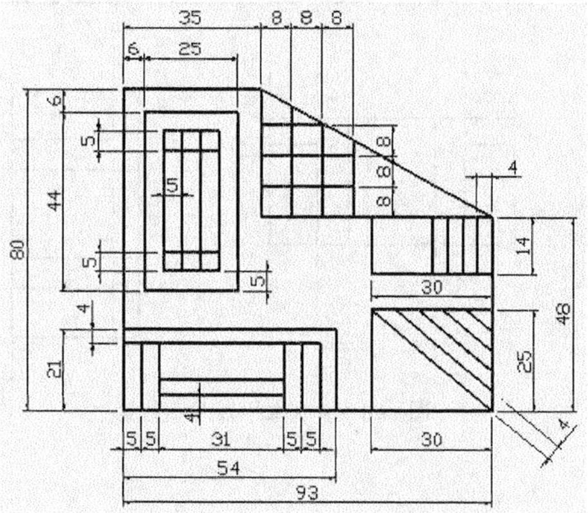

图4-103 用 OFFSET、TRIM 等命令画图

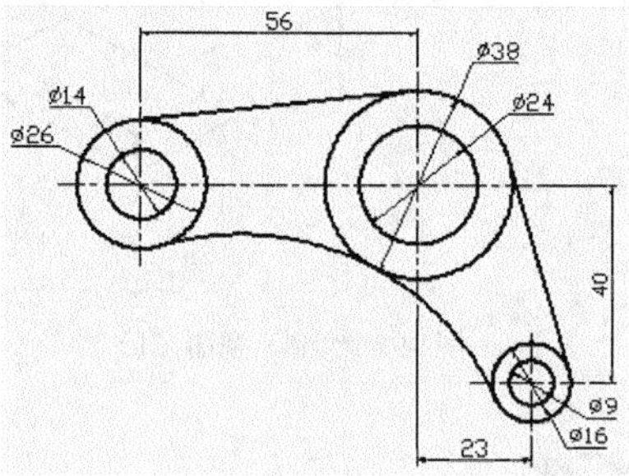

图4-104 绘制圆、切线及圆弧连接

7. 绘制图 4-105 所示的图形。

8. 绘制图 4-106 所示的图形。

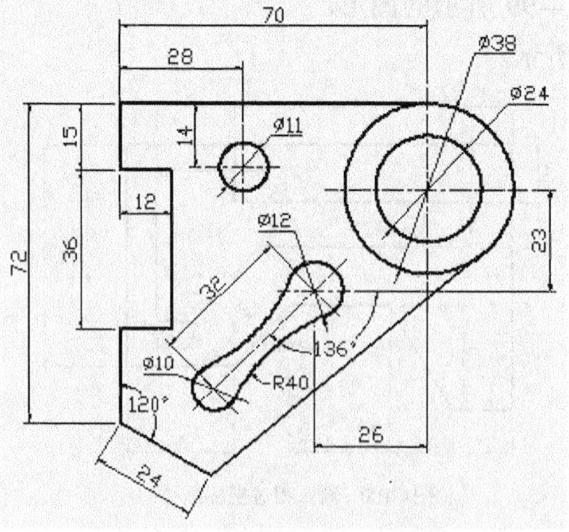

图4-105 绘制圆、切线及圆弧连接

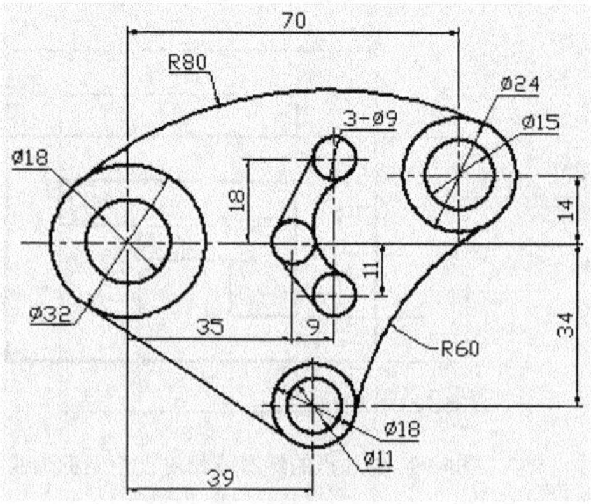

图4-106 绘制切线及圆弧连接

第5章 绘制多边形、椭圆及简单平面图形

上一章介绍了画线、圆及圆弧等的方法，除直线、圆及圆弧外，矩形、正多边形、椭圆等也是工程图中常见的几何对象，本章将介绍这些对象的绘制方法。另外，还将讲解具有均布几何特征和对称关系图形的画法。

通过本章的学习，读者可以掌握绘制椭圆、正多边形、矩形及填充剖面图案等的方法，并学会如何创建具有均布及对称几何特征的图形对象。

学习目标

- 创建对象的矩形和环形阵列。
- 绘制具有对称关系的图形。
- 绘制矩形、正多边形及椭圆等。
- 绘制剖面图案。
- 控制剖面线的角度和疏密。
- 编辑剖面图案。
- 绘制工程图中的波浪线。

5.1 绘制具有均布和对称几何特征的图形

在工程图中，几何对象对称分布或是均匀分布的情况是很常见的，本节将介绍这两种图形的绘制方法。

5.1.1 绘图任务

创建矩形阵列和环形阵列。

【例5-1】 打开文件"5-1.dwg"，如图 5-1 左图所示。请跟随以下的操作步骤，将左图修改为右图。

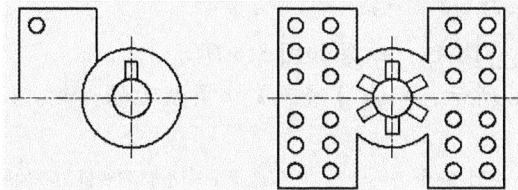

图5-1 创建阵列图形

(1) 创建圆 A 的矩形阵列，如图 5-2 所示。单击【修改】工具栏上的 ⊞ 按钮，AutoCAD 打开【阵列】对话框，选择【矩形阵列】选项，如图 5-3 所示，然后完成以下操作。

① 单击 ⊡ 按钮（选择对象），选择圆 A，如图 5-2 所示。

② 在【行】文本框中输入行数 3，在【列】文本框中输入列数 2，如图 5-3 所示。

③ 在【行偏移】文本框中输入行间距-12，在【列偏移】文本框中输入列间距 16（在第 5.1.2 小节中将介绍阵列偏移距离和方向的设置），如图 5-3 所示。

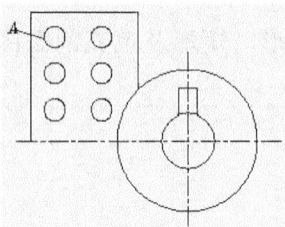

④ 单击 确定 按钮，结果如图 5-2 所示。

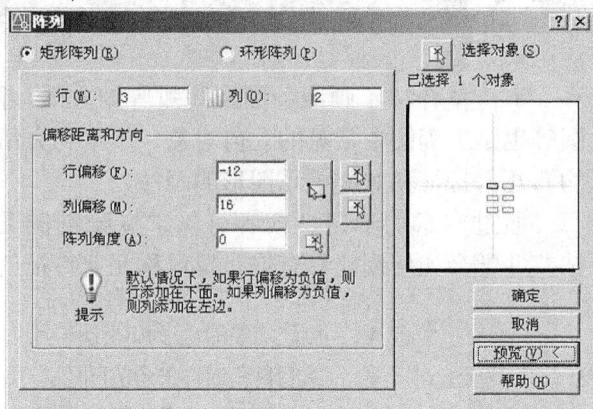

图5-2 矩形阵列　　　　　　　　　　　　　图5-3 【阵列】对话框（1）

(2) 创建环形阵列。单击【修改】工具栏上的 品 按钮，打开【阵列】对话框，选择【环形阵列】选项，如图 5-4 所示，然后完成以下工作。

① 单击 按钮（选择对象），选择线框 B，如图 5-5 所示。

② 在【中心点】区域中单击 按钮，指定圆心 C 为阵列中心点，如图 5-5 所示。

③ 在【项目总数】文本框中输入阵列数目 6，在【填充角度】文本框中输入环形阵列分布的角度 360，如图 5-4 所示。

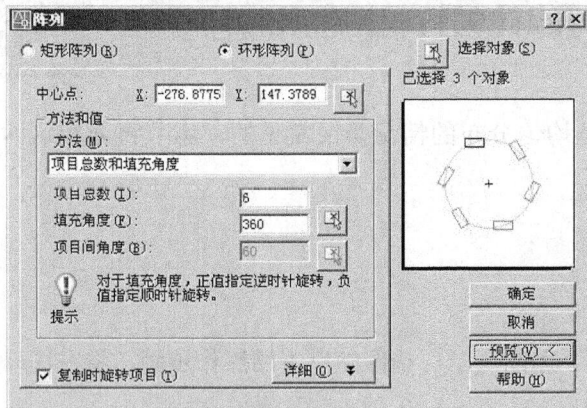

图5-4 【阵列】对话框（2）　　　　　　　　图5-5 环形阵列

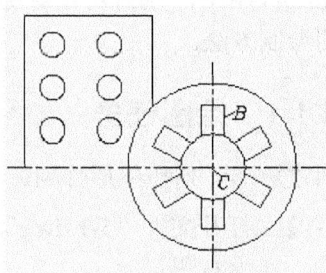

④ 单击 确定 按钮，结果如图 5-5 所示。

(3) 镜像对象，如图 5-6 所示。单击【修改】工具栏上的 按钮，AutoCAD 提示：

```
命令：_mirror
选择对象：指定对角点：找到 9 个        //选择 6 个小圆和线框 D，如图 5-6 所示
选择对象：                            //按 Enter 键
指定镜像线的第一点：end 于            //捕捉端点 E
指定镜像线的第二点：end 于            //捕捉端点 F
要删除源对象吗？[是(Y)/否(N)] <N>：   //按 Enter 键结束
```

结果如图 5-6 所示。

(4) 单击【修改】工具栏上的 ⚟ 按钮，AutoCAD 提示：

```
命令：_mirror
选择对象：指定对角点：找到 18 个          //选择 12 个小圆和线框 G，如图 5-7 所示
选择对象：                               //按 Enter 键
指定镜像线的第一点：end 于               //捕捉端点 H
指定镜像线的第二点：end 于               //捕捉端点 I
要删除源对象吗？[是(Y)/否(N)] <N>：      //按 Enter 键结束
```

再修剪多余线条，结果如图 5-7 所示。

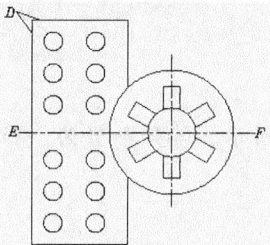

图5-6 镜像对象

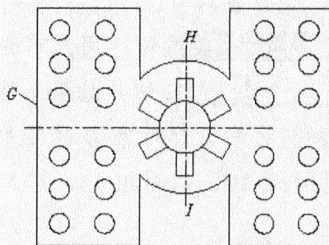

图5-7 再次镜像对象

5.1.2 矩形阵列对象

矩形阵列是指将对象按行、列方式进行排列。操作时，用户一般应设定阵列的行数、列数、行间距及列间距等，如果要沿倾斜方向生成矩形阵列，还应输入阵列的倾斜角度。

命令 启动 方法	● 菜单命令：【修改】/【阵列】。 ● 工具栏：【修改】工具栏上的 ⊞ 按钮。 ● 命令：ARRAY 或简写 AR。

【例5-2】 创建矩形阵列。打开文件"5-2.dwg"，如图 5-8 左图所示。下面用 ARRAY 命令将左图修改为右图。

(1) 启动 ARRAY 命令，AutoCAD 弹出【阵列】对话框，在该对话框中选择【矩形阵列】选项，如图 5-9 所示。

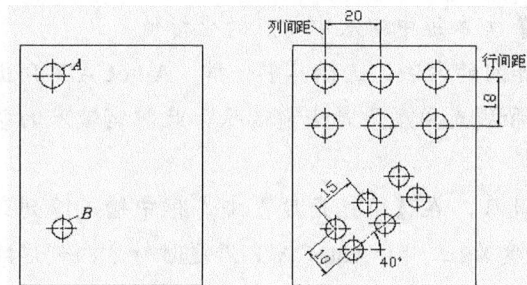

图5-8 矩形阵列

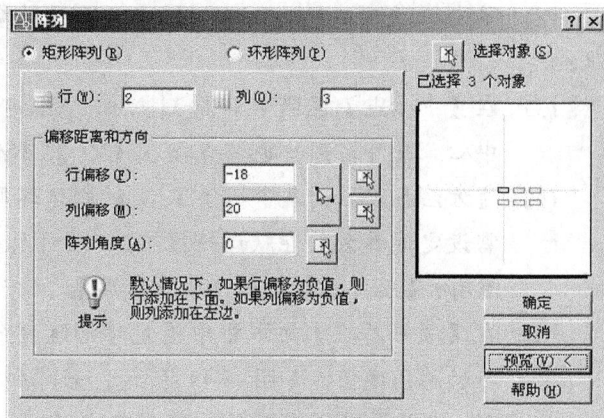

图5-9 【阵列】对话框

(2) 单击[图]按钮，AutoCAD 提示："选择对象"，选择要阵列的图形对象 A，如图 5-8 左图所示。

(3) 分别在【行】、【列】文本框中输入阵列的行数 2 和列数 3，如图 5-9 所示。【行】的方向与坐标系的 X 轴平行，【列】的方向与 Y 轴平行。

(4) 分别在【行偏移】、【列偏移】文本框中输入行间距-18 和列间距 20，如图 5-9 所示。行、列间距的数值可为正或负。若是正值，则 AutoCAD 沿 X、Y 轴的正方向形成阵列，否则，沿反方向形成阵列。

(5) 在【阵列角度】文本框中输入阵列方向与 X 轴的夹角 0，如图 5-9 所示。该角度逆时针为正，顺时针为负。

(6) 单击 <kbd>预览(V) <</kbd> 按钮，用户可预览阵列效果。

(7) 单击 <kbd>确定</kbd> 按钮，结果如图 5-8 右图所示。

(8) 再沿倾斜方向创建对象 B 的矩形阵列，如图 5-8 右图所示。阵列参数为：行数 2、列数 3、行间距-10、列间距 15、阵列角度 40°。

5.1.3 环形阵列对象

环行阵列是指把对象绕阵列中心等角度均匀分布。决定环行阵列的主要参数有：阵列中心、阵列总角度及阵列数目等。此外，用户也可通过输入阵列总数和每个对象间的夹角生成环行阵列。

命令启动方法	● 菜单命令：【修改】/【阵列】。 ● 工具栏：【修改】工具栏上的[品]按钮。 ● 命令：ARRAY 或简写 AR。

【例5-3】 创建环形阵列。打开文件"5-3.dwg"，如图 5-10 左图所示。下面用 ARRAY 命令将左图修改为右图。

(1) 启动 ARRAY 命令，AutoCAD 弹出【阵列】对话框，在该对话框中选择【环形阵列】按钮，如图 5-11 所示。

(2) 单击[图]选项，AutoCAD 提示："选择对象"，选择要阵列的图形对象 A，如图 5-10 所示。

(3) 在【中心点】区域中单击[图]按钮，AutoCAD 切换到绘图窗口，然后在屏幕上指定阵列中心。此外，用户也可直接在【X:】、【Y:】文本框中输入中心点的坐标值。

(4) 【方法】下拉列表中提供了 3 种创建环形阵列的方法，选择其中一种，AutoCAD 列出需设定的参数。在默认情况下，"项目总数和填充角度"是当前选项，此时需输入的参数有：【项目总数】和【填充角度】。

(5) 在【项目总数】文本框中输入环形阵列的数目，在【填充角度】文本框中输入阵列分布的总角度值，如图 5-11 所示。若阵列角度为正，则 AutoCAD 沿逆时针方向创建阵列；否则，将按顺时针方向创建阵列。

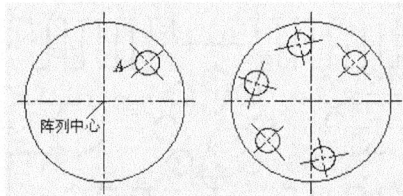

图5-10 环行阵列

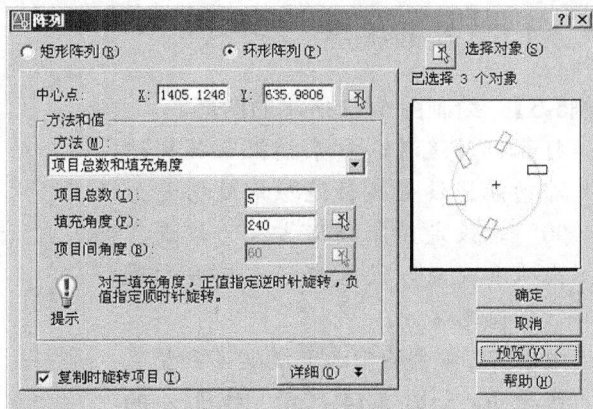

图5-11 【阵列】对话框

(6) 单击 预览(V) < 按钮，预览阵列效果。

(7) 单击 确定 按钮，结果如图 5-10 右图所示。

5.1.4 镜像对象

对于对称图形，用户只需绘制出图形的一半，另一半可由 MIRROR 命令镜像出来。操作时，用户要先选择要镜像的对象，然后再指定镜像线位置即可。

命令启动方法	• 菜单命令：【修改】/【镜像】。 • 工具栏：【修改】工具栏上的 ⚠ 按钮。 • 命令：MIRROR 或简写 MI。

【例5-4】 练习 MIRROR 命令。

打开文件 "5-4.dwg"，如图 5-12 左图所示。下面用 MIRROR 命令将左图修改为右图。

命令：_mirror

选择对象：指定对角点：找到 21 个　　　　　　//选择镜像对象，如图 5-12 左图所示

选择对象：　　　　　　　　　　　　　　//按 Enter 键

指定镜像线的第一点：int 于　　　　　　//拾取镜像线上的第一点 A

指定镜像线的第二点：int 于　　　　　　//拾取镜像线上的第二点 B

要删除源对象吗？[是(Y)/否(N)] <N>：　　//按 Enter 键，镜像时不删除原对象

结果如图 5-12 所示，该图中还显示了镜像时删除原对象的结果。

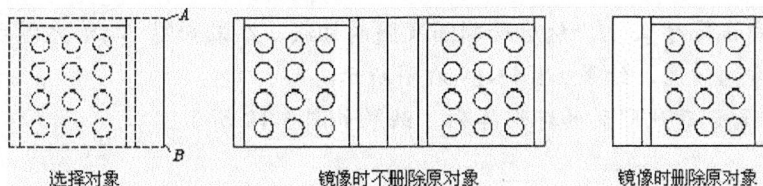

选择对象　　　　　　　镜像时不删除原对象　　　　　　镜像时删除原对象

图5-12 镜像

要点提示 　　当对文字进行镜像操作时结果会使它们被倒置，要避免这一点，需将 MIRRTEXT 系统变量设置为 "0"。

5.1.5 实战提高

【例5-5】 绘制图 5-13 所示的图形。

(1) 打开极轴追踪、对象捕捉及捕捉追踪功能。设置极轴追踪角度增量为90°，设定对象捕捉方式为端点、圆心和交点，设置仅沿正交方向进行捕捉追踪。

(2) 用 LINE 命令绘制水平线段 *A* 和竖直线段 *B*，如图 5-14 所示。线段 *A* 的长度约为 80，线段 *B* 的长度约为 60。

图5-13 创建矩形和环形阵列

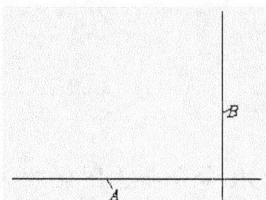

(3) 用 OFFSET 命令绘制平行线 *C*、*D*、*E*、*F*，如图 5-15 所示。
向上平移线段 *A* 至 *C*，平移距离为 27。
向下平移线段 *C* 至 *D*，平移距离为 6。
向左平移线段 *B* 至 *E*，平移距离为 51。
向左平移线段 *B* 至 *F*，平移距离为 10.5。
结果如图 5-15 所示。修剪多余线条，结果如图 5-16 所示。

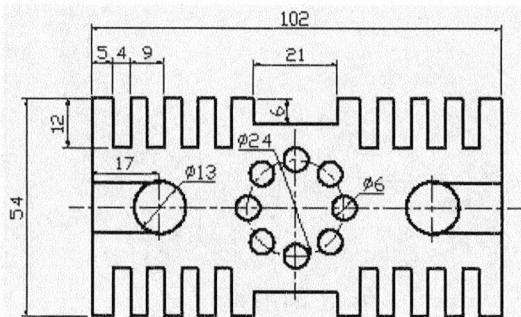

图5-14 绘制线段 *A*、*B*

图5-15 绘制平行线

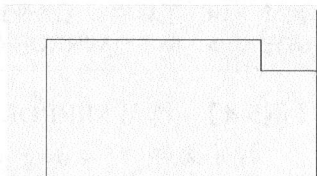

图5-16 修剪结果

(4) 用 LINE 命令绘制线框 *G*，再创建该线框的矩形阵列，结果如图 5-17 左图所示。阵列参数为：行数 1、列数 4、列间距 9。修剪多余线条，结果如图 5-17 右图所示。

图5-17 绘制线框 *G* 及创建矩形阵列

(5) 沿竖直方向镜像对象 *H*，然后绘制圆及圆的切线，结果如图 5-18 左图所示。将左半图形沿水平方向镜像，结果如图 5-18 右图所示。

(6) 绘制圆 *I*，再创建此圆的的环形阵列，结果如图 5-19 所示。

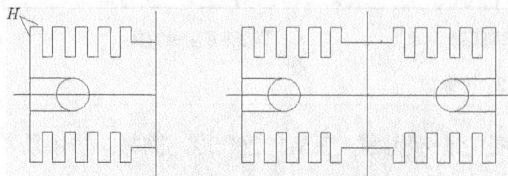

图5-18 镜像图形及画圆等

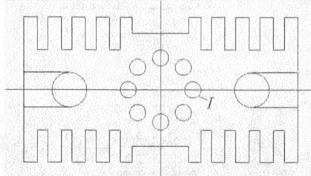

图5-19 画圆及创建环形阵列

利用 LINE、OFFSET、ARRAY 及 MIRROR 等命令绘制平面图形，如图 5-20 所示。

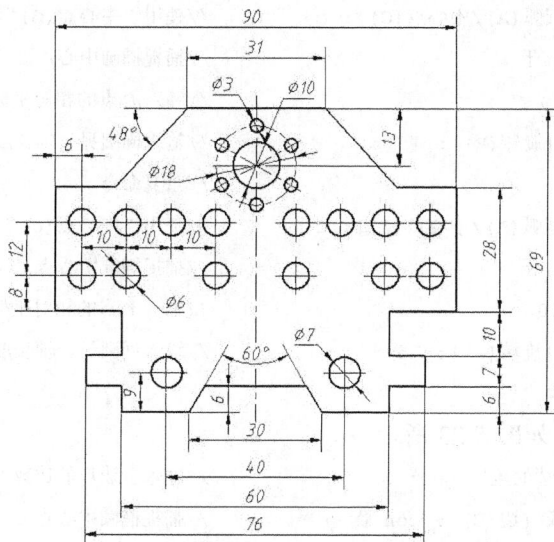

图5-20 绘制对称图形

5.2 绘制多边形、椭圆等对象组成的图形

本节主要介绍矩形、正多边形及椭圆等的画法。

5.2.1 绘图任务

绘制正多边形及椭圆。

【例5-6】 绘制平面图形，如图 5-21 所示。

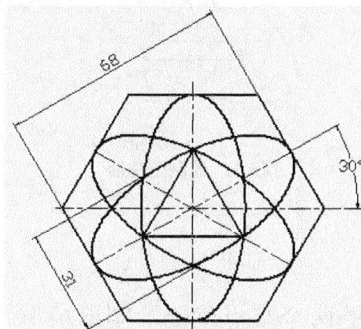

图5-21 绘制平面图形

(1) 绘制椭圆，如图 5-22 所示。单击【绘图】工具栏上的 按钮，AutoCAD 提示：

命令: _ellipse

指定椭圆的轴端点或 [圆弧(A)/中心点(C)]: //单击 A 点，如图 5-22 所示

指定轴的另一个端点：@68<30　　　　　　　　　　//输入 B 点的相对坐标

指定另一条半轴长度或 [旋转(R)]：15.5　　　　　//输入椭圆另一轴长度的一半

命令：ELLIPSE　　　　　　　　　　　　　　　　//重复命令

指定椭圆的轴端点或 [圆弧(A)/中心点(C)]：c　　　//使用"中心点(C)"选项

指定椭圆的中心点：cen 于　　　　　　　　　　　//捕捉椭圆中心点 C

指定轴的端点：@0,34　　　　　　　　　　　　　//输入 D 点的相对坐标

指定另一条半轴长度或 [旋转(R)]：15.5　　　　　//输入椭圆另一轴长度的一半

命令：ELLIPSE　　　　　　　　　　　　　　　　//重复命令

指定椭圆的轴端点或 [圆弧(A)/中心点(C)]：c　　　//使用"中心点(C)"选项

指定椭圆的中心点：cen 于　　　　　　　　　　　//捕捉椭圆中心点 C

指定轴的端点：@34<150　　　　　　　　　　　　//输入 E 点的相对坐标

指定另一条半轴长度或 [旋转(R)]：15.5　　　　　//输入椭圆另一轴长度的一半

结果如图 5-22 所示。

(2) 绘制等边三角形，如图 5-23 所示。

命令：_polygon 输入边的数目 <6>：3　　　　　//输入多边形的边数

指定正多边形的中心点或 [边(E)]：cen 于　　　　//捕捉椭圆中心点 C

输入选项 [内接于圆(I)/外切于圆(C)] <C>：I　　//使用"内接于圆(I)"选项

指定圆的半径：int 于　　　　　　　　　　　　　//捕捉交点 F

结果如图 5-23 所示。

(3) 绘制正六边形，如图 5-24 所示。

命令：_polygon 输入边的数目 <5>：6　　　　　//输入多边形的边数

指定正多边形的中心点或 [边(E)]：cen 于　　　　//捕捉椭圆中心点 C

输入选项 [内接于圆(I)/外切于圆(C)] <I>：c　　//使用"外切于圆(C)"选项

指定圆的半径：@34<30　　　　　　　　　　　　//输入 G 点的相对坐标

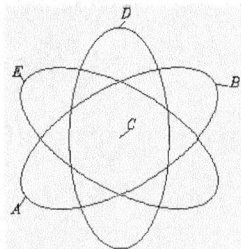

结果如图 5-24 所示。

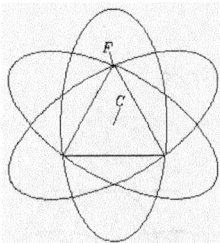

图5-22　绘制椭圆　　　　　　图5-23　绘制三角形　　　　　　图5-24　绘制正六边形

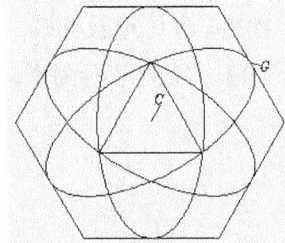

5.2.2　绘制矩形

用户只需指定矩形对角线的两个端点就能绘制出矩形。绘制时，可设置矩形边线的宽度，还能指定顶点处的倒角距离及圆角半径等。

命令 启动 方法	• 菜单命令：【绘图】/【矩形】。 • 工具栏：【绘图】工具栏上的 ▭ 按钮。 • 命令：RECTANG 或简写 REC。

【例5-7】 练习 RECTANG 命令。

(1) 打开文件 "5-7.dwg",如图 5-25 左图所示。下面用 RECTANG 和 OFFSET 命令将左图修改为右图。

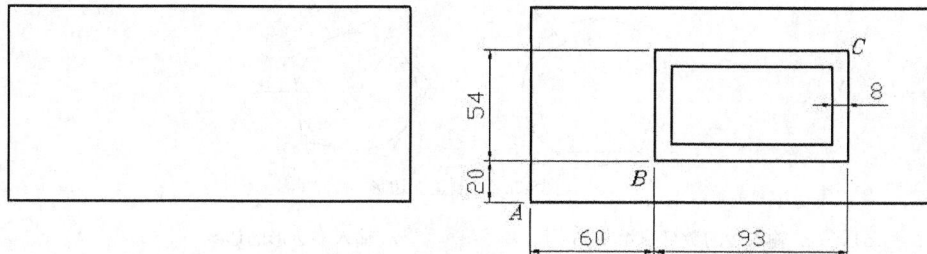

图5-25 绘制矩形

```
命令: _rectang
指定第一个角点或 [倒角(C)/标高(E)/圆角(F)/厚度(T)/宽度(W)]: from
                                          //使用正交偏移捕捉
基点: int 于                               //捕捉 A 点
<偏移>: @60,20                             //输入 B 点的相对坐标
指定另一个角点或 [面积(A)/尺寸(D)/旋转(R)]: @93,54   //输入 C 点的相对坐标
```

(2) 用 OFFSET 命令将矩形向内偏移,偏移距离为 8,结果如图 5-25 右图所示。

【命令选项】

- 指定第一个角点: 在此提示下,用户指定矩形的一个角点。拖动鼠标时,屏幕上显示出一个矩形。
- 指定另一个角点: 在此提示下,用户指定矩形的另一角点。
- 倒角(C): 指定矩形各顶点倒斜角的大小。
- 标高(E): 确定矩形所在的平面高度。默认情况下,矩形是在 XY 平面内(Z 坐标值为 0)。
- 圆角(F): 指定矩形各顶点倒圆角半径。
- 厚度(T): 设置矩形的厚度,在三维绘图时常使用该选项。
- 宽度(W): 该选项使用户可以设置矩形边的宽度。
- 面积(A): 先输入矩形面积,再输入矩形长度或宽度值创建矩形。
- 尺寸(D): 输入矩形的长、宽尺寸创建矩形。
- 旋转(R): 设定矩形的旋转角度。

5.2.3 绘制正多边形

正多边形有以下两种画法。

(1) 指定多边形边数及多边形中心。

(2) 指定多边形边数及某一边的两个端点。

命令 启动 方法	• 菜单命令:【绘图】/【正多边形】。 • 工具栏:【绘图】工具栏上的 ⬡ 按钮。 • 命令: POLYGON 或简写 POL。

【例5-8】 练习 POLYGON 命令。

打开文件 "5-8.dwg",该文件包含一个大圆和一个小圆,下面用 POLYGON 命令绘制圆的内接正五边形和外切正五边形,如图 5-26 所示。

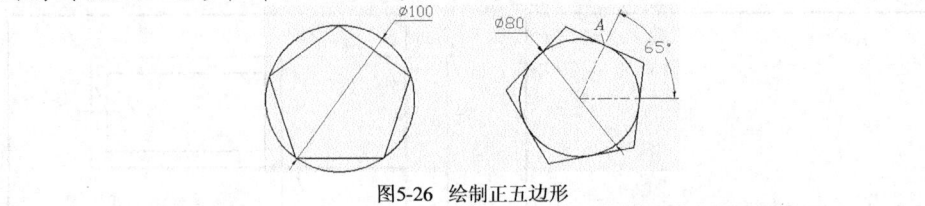

图5-26 绘制正五边形

命令: _polygon 输入边的数目 <4>: 5	//输入多边形的边数
指定正多边形的中心点或 [边(E)]: cen 于	//捕捉大圆的圆心,如图 5-26 左图所示
输入选项 [内接于圆(I)/外切于圆(C)] <I>: I	//采用内接于圆的方式绘制多边形
指定圆的半径: 50	//输入半径值
命令:	//重复命令
POLYGON 输入边的数目 <5>:	//按 Enter 键接受默认值
指定正多边形的中心点或 [边(E)]: cen 于	//捕捉小圆的圆心,如图 5-26 右图所示
输入选项 [内接于圆(I)/外切于圆(C)] <I>: c	//采用外切于圆的方式绘制多边形
指定圆的半径: @40<65	//输入 A 点的相对坐标

结果如图 5-26 所示。

【命令选项】

- 指定正多边形的中心点:用户输入多边形边数后,再拾取多边形中心点。
- 内接于圆(I):根据外接圆生成正多边形。
- 外切于圆(C):根据内切圆生成正多边形。
- 边(E):输入多边形边数后,再指定某条边的两个端点即可绘出多边形。

5.2.4 绘制椭圆

椭圆包含椭圆中心、长轴及短轴等几何特征。绘制椭圆的默认方法是指定椭圆第一根轴线的两个端点及另一轴长度的一半。另外,用户也可通过指定椭圆中心、第一轴的端点及另一轴线的半轴长度来创建椭圆。

命令 启动 方法	• 菜单命令:【绘图】/【椭圆】。 • 工具栏:【绘图】工具栏上的 ⬭ 按钮。 • 命令: ELLIPSE 或简写 EL。

【例5-9】 练习 ELLIPSE 命令。

命令: _ellipse	
指定椭圆的轴端点或 [圆弧(A)/中心点(C)]:	//拾取椭圆轴的一个端点,如图 5-27 所示
指定轴的另一个端点: @500<30	//输入椭圆轴另一端点的相对坐标
指定另一条半轴长度或 [旋转(R)]: 130	//输入另一轴的半轴长度

结果如图 5-27 所示。

图5-27 绘制椭圆

【命令选项】

- 圆弧(A)：该选项使用户可以绘制一段椭圆弧。过程是先绘制一个完整的椭圆，随后系统提示用户指定椭圆弧的起始角及终止角。
- 中心点(C)：通过椭圆中心点、长轴及短轴来绘制椭圆。
- 旋转(R)：按旋转方式绘制椭圆，即将圆绕直径转动一定角度后，再投影到平面上形成椭圆。

5.2.5　实战提高

【例5-10】　绘制图 5-28 所示的图形。

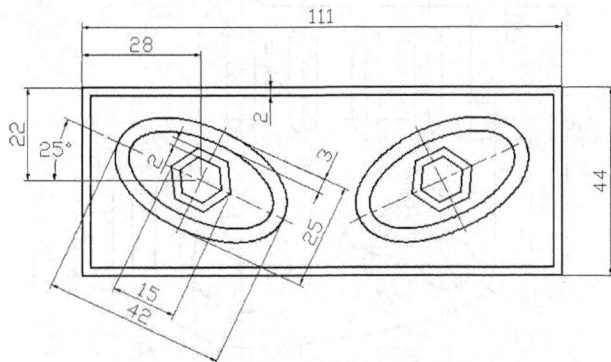

图5-28 绘制椭圆及多边形

(1)　绘制矩形、椭圆及正六边形，如图 5-29 所示。椭圆及正六边形的中心可利用正交偏移捕捉确定。

命令：_rectang

指定第一个角点或 [倒角(C)/标高(E)/圆角(F)/厚度(T)/宽度(W)]:

//单击一点 A，如图 5-29 所示

指定另一个角点或 [面积(A)/尺寸(D)/旋转(R)]: @111,-44

//输入矩形对角点的相对坐标，并按 Enter 键结束命令

命令：_ellipse

指定椭圆的轴端点或 [圆弧(A)/中心点(C)]: c　　　//使用"中心点(C)"选项

指定椭圆的中心点: from　　　　　　　　　　　　//使用正交偏移捕捉

基点: int 于　　　　　　　　　　　　　　　　　//捕捉交点 A

<偏移>: @28,-22　　　　　　　　　　　　　　　//输入椭圆中心点的相对坐标

指定轴的端点: @21<155　　　　　　　　　　　　//输入椭圆轴端点 B 的相对坐标

指定另一条半轴长度或 [旋转(R)]: 12.5	//输入椭圆另一轴长度的一半
命令: _polygon 输入边的数目 <4>: 6	//输入多边形的边数
指定正多边形的中心点或 [边(E)]: cen 于	//捕捉椭圆的中心点
输入选项 [内接于圆(I)/外切于圆(C)] <I>:	//按 Enter 键
指定圆的半径: @7.5<155	//输入 C 点的相对坐标

(2) 用 OFFSET 命令将矩形、椭圆及正六边形向内偏移，再镜像椭圆及正六边形，结果如图 5-30 所示。

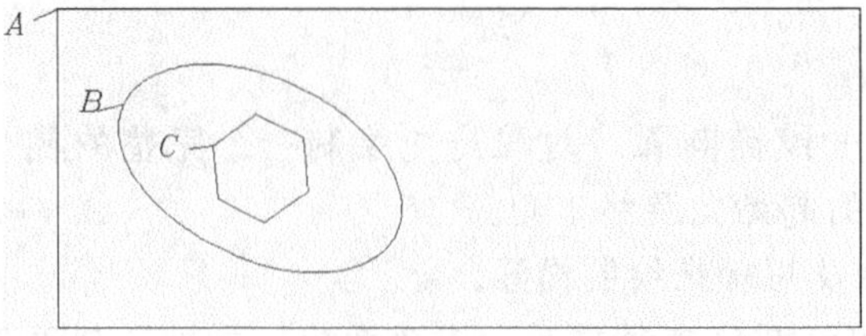

图5-29 绘制矩形、椭圆及正六边形 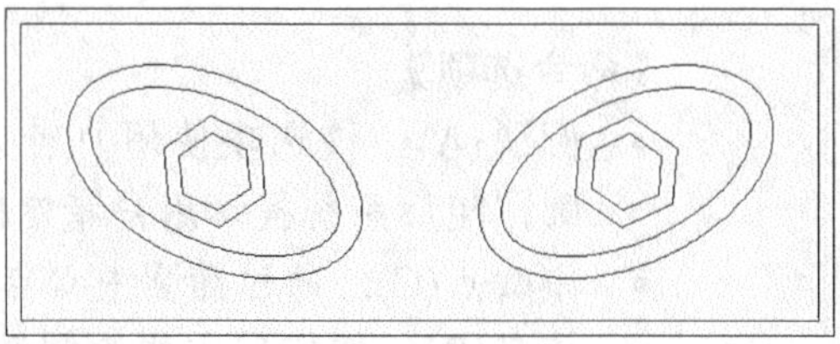　　　　　　　　　图5-30 镜像对象

练一练

利用 LINE、CIRCLE、POLYGON 及 ARRAY 等命令绘制平面图形，如图 5-31 所示。

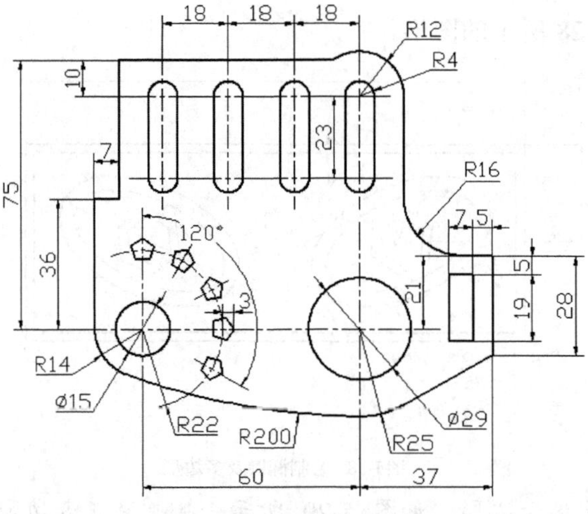

图5-31 创建环形阵列

5.3 绘制有剖面图案的图形

在工程图中，剖面线一般总是绘制在一个对象或几个对象围成的封闭区域中，最简单的如一个圆或一条闭合的多段线等，较复杂的可能是几条线或圆弧围成的形状多变的区域。在绘制剖面线时，用户首先要指定填充边界。一般可用两种方法选定画剖面线的边界，一种是在闭合的区域中指定一点，AutoCAD 自动搜索闭合的边界；另一种是通过选择对象来定义边界。AutoCAD 为用户提供了许多标准填充图案，用户也可定制自己的图案，此外，还能控制剖面图案的疏密和图案的倾角等。

5.3.1 绘图任务

在封闭区域中填充剖面图案。

【例5-11】 打开文件"5-11.dwg",如图 5-32 左图所示。请跟随下面的操作步骤,将左图修改为右图。

图5-32 画简单平面图形

(1) 单击【绘图】工具栏上的 按钮,打开【图案填充和渐变色】对话框,如图 5-33 所示。

(2) 单击【图案】文本框右边的 按钮,打开【填充图案选项板】对话框,再选择【ANSI】选项卡,然后选择剖面线"ANSI31",如图 5-34 所示,单击 确定 按钮。

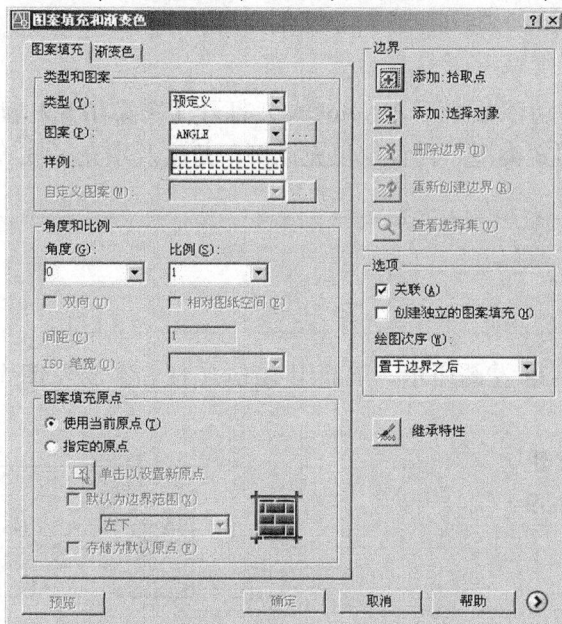

图5-33 【图案填充和渐变色】对话框

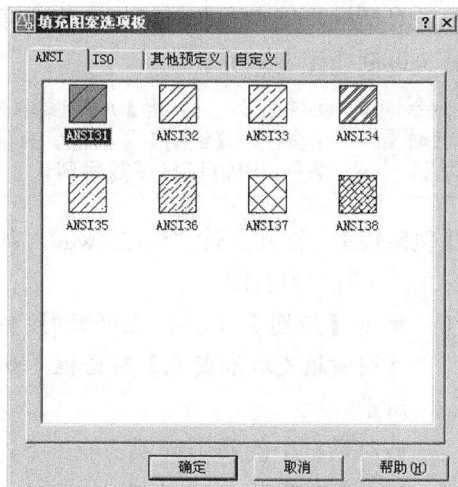

图5-34 【填充图案选项板】对话框

(3) 在【图案填充和渐变色】对话框中,单击 按钮(拾取点),AutoCAD 提示"拾取内部点或 [选择对象(S)/删除边界(B)]:"。在想要填充的区域中单击一点 A,如图 5-35 所示,然后按 Enter 键。

(4) 在【图案填充和渐变色】对话框中,单击 预览(W) 按钮,观察填充的预览图,如果满意,则按 Enter 键,完成剖面图案的绘制,结果如图 5-35 所示。

(5) 单击【绘图】工具栏上的 按钮,打开【图案填充和渐变色】对话框。再单击【图案】下拉列表框右边的 按钮,打开【填充图案选项板】对话框,进入【ANSI】选项卡,然后选择剖面图案"ANSI37",单击 确定 按钮。

(6) 在【图案填充和渐变色】对话框中,单击 按钮(拾取点),AutoCAD 提示"拾取内部点或 [选择对象(S)/删除边界(B)]::"。在想要填充的区域中单击一点 B,如图 5-36 所示,然后按 Enter 键。

(7) 单击 确定 按钮，结果如图 5-36 所示。

(8) 单击【绘图】工具栏上的 按钮，打开【图案填充和渐变色】对话框。在【图案】下拉列表中选择"ANSI31"选项，在【角度】下拉列表框中输入数值 90，在【比例】下拉列表框中输入数值 2。

(9) 单击 按钮（拾取点），AutoCAD 提示"拾取内部点或 [选择对象(S)/删除边界(B)]:"，在想要填充的区域中单击一点 C，如图 5-37 所示，然后按 Enter 键。

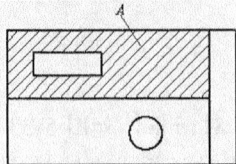

(10) 单击 确定 按钮，结果如图 5-37 所示。

| 图5-35 填充剖面图案 1 | 图5-36 填充剖面图案 2 | 图5-37 填充剖面图案 3 |

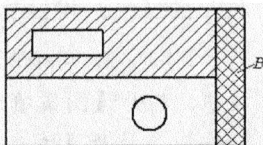

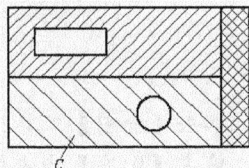

5.3.2 填充封闭区域

BHATCH 命令用于生成填充图案。启动该命令后，AutoCAD 打开【图案填充和渐变色】对话框，用户在此对话框中指定填充图案类型，再设定填充比例、角度及填充区域等，就可以创建图案填充。

| 命令
启动
方法 | • 菜单命令：【绘图】/【图案填充】。
• 工具栏：【绘图】工具栏上的 按钮。
• 命令：BHATCH 或简写 BH。 |

【例5-12】 打开文件"5-12.dwg"，如图 5-38 左图所示。下面用 BHATCH 命令将左图修改为右图。

(1) 单击【绘图】工具栏上的 按钮，打开【图案填充和渐变色】对话框，如图 5-39 所示。

该对话框中的常用选项功能如下。

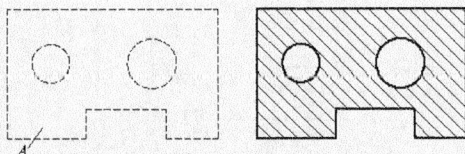

图5-38 在封闭区域内画剖面线

- 【图案】：通过其下拉列表或右边的 按钮选择所需的填充图案。

- 【拾取点】：单击 按钮，然后在填充区域中拾取一点。AutoCAD 自动分析边界集，并从中确定包围该点的闭合边界。

- 【选择对象】：单击 按钮，然后选择一些对象作为填充边界，此时无需对象构成闭合的边界。

- 【删除边界】：填充边界中常常包含一些闭合区域，这些区域称为孤岛，若希望在孤岛中也填充图案，则单击 按钮，选择要删除的孤岛。

- 【关联】：图案与填充边界相关联，当修改边界时，图案将自动更新以适应新边界。

(2) 单击【图案】框右边的 按钮，打开【填充图案选项板】对话框，再选择【ANSI】选项卡，然后选择剖面线"ANSI31"，如图 5-40 所示。

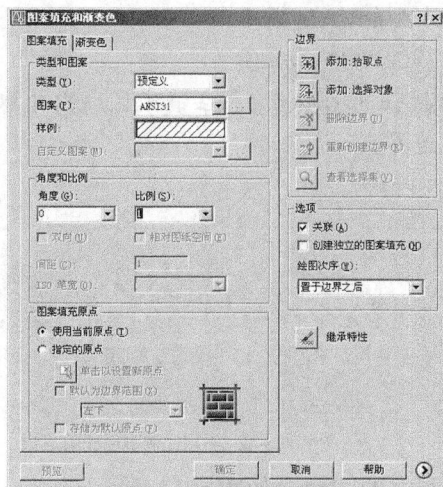

图5-39 【图案填充和渐变色】对话框

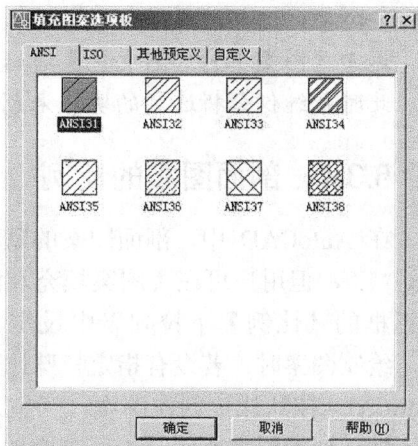

图5-40 【填充图案选项板】对话框

(3) 在【图案填充和渐变色】对话框中，单击 ⊞ 按钮（拾取点），在想要填充的区域中选定一点 A，此时可以观察到 AutoCAD 自动寻找一个闭合的边界，如图 5-38 左图所示。

(4) 按 Enter 键，返回【图案填充和渐变色】对话框。

(5) 在【角度】和【比例】下拉列表框中分别输入数值 90 和 1.2。

(6) 单击 预览(W) 按钮，观察填充的预览图，如果满意，按 Enter 键，完成剖面图案的绘制，结果如图 5-38 右图所示。若不满意，按 Esc 键，返回【边界图案填充】对话框，重新设定有关参数。

5.3.3 填充复杂图形的方法

在图形不复杂的情况下，常通过在填充区域内指定一点的方法来定义边界。但若图形很复杂，这种方法就会浪费许多时间，因为 AutoCAD 要在当前视口中搜寻所有可见的对象。为避免这种情况，用户可在【图案填充和渐变色】对话框中定义要搜索的边界集，这样就能很快地生成填充区域边界。

(1) 单击【图案填充和渐变色】对话框右下角的 ⊙ 按钮，完全展开对话框，如图 5-41 所示。

图5-41 【图案填充和渐变色】对话框

(2) 在【边界集】区域中单击 🔲 按钮（新建），则 AutoCAD 提示：

选择对象：   //用交叉窗口、矩形窗口等方法选择实体

(3) 返回【图案填充和渐变色】对话框，单击 🔲 按钮（拾取点），在填充区域内拾取一点，此时系统仅分析选定的实体来创建填充区域边界。

5.3.4 剖面图案的比例

在 AutoCAD 中，剖面图案的默认缩放比例是 1.0，但用户可在【图案填充和渐变色】对话框的【比例】下拉列表中设定其他比例值。绘制图案时，若没有指定特殊比例值，则 AutoCAD 按默认值创建图案，当输入一个不同于默认值的图案比例时，可以增加或减小剖面图案的间距，如图 5-42 所示。

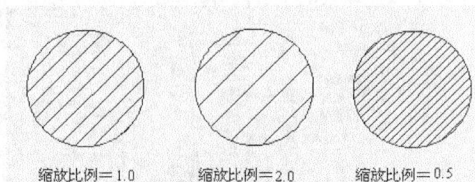

图5-42 不同比例剖面线的形状

> **要点提示**　如果使用了过大的填充比例，可能观察不到剖面图案，这是因为图案间距太大而不能在区域中插入任何一个图案。

5.3.5 剖面图案的角度

除图案间距可以控制外，图案的倾斜角度也可以控制。请注意，在【图案填充和渐变色】对话框的【角度】下拉列表中，图案的角度是 0°，而此时图案（ANSI31）与 X 轴夹角却是 45°。因此，在【角度】下拉列表中显示的角度值并不是图案与 X 轴的倾斜角度，而是图案的旋转角度。

以"ANSI31"图案为例，当分别输入角度值 45°、90° 和 15° 时，图案将逆时针转动到新的位置，它们与 X 轴的夹角分别是 90°、135° 和 60°，如图 5-43 所示。

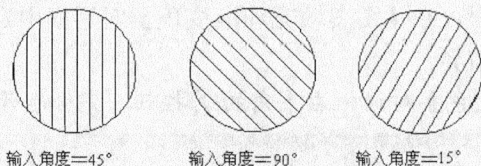

图5-43 输入不同角度时的剖面线

5.3.6 编辑图案填充

HATCHEDIT 命令用于修改填充图案的外观和类型，如改变图案的角度、比例或用其他样式的图案填充图形等。

命令启动方法	• 菜单命令：【修改】/【对象】/【图案填充】。 • 工具栏：【修改 II】工具栏上的 🔲 按钮。 • 命令：HATCHEDIT 或简写 HE。

【例5-13】 练习 HATCHEDIT 命令。

(1) 打开文件 "5-13.dwg"，如图 5-44 左图所示。

(2) 启动 HATCHEDIT 命令，系统提示 "选择图案填充对象:"，选择图案填充后，弹出【图案填充编辑】对话框，如图 5-45 所示。该对话框与【图案填充和渐变色】对话框内容相似，通过此对话框，用户就能修改剖面图案、比例及角度等。

图5-44 修改图案角度和比例

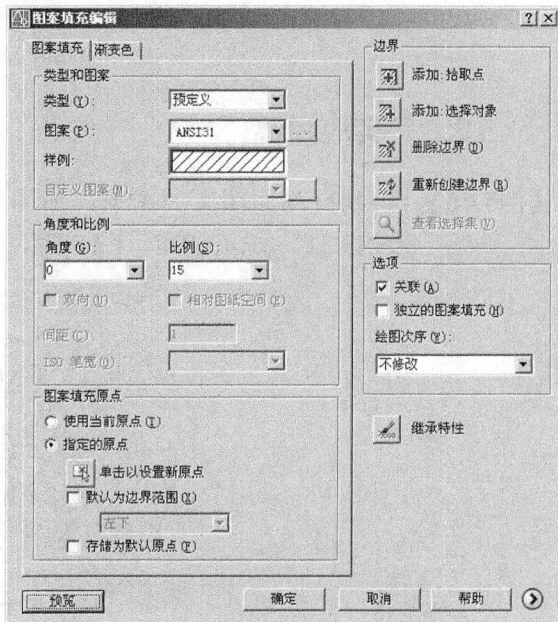

图5-45 【图案填充编辑】对话框

(3) 在【角度】下拉列表中输入数值 0，在【比例】下拉列表中输入数值 15，单击 确定 按钮，结果如图 5-44 右图所示。

5.3.7 绘制工程图中的波浪线

利用 SPLINE 命令绘制光滑曲线，该线是样条线，系统通过拟合给定的一系列数据点形成这条曲线。在绘制工程图时，用户可利用 SPLINE 命令绘制波浪线。

命令 启动 方法	● 菜单命令：【绘图】/【样条曲线】。 ● 工具栏：【绘图】工具栏上的 ～ 按钮。 ● 命令：SPLINE 或简写 SPL。

【例5-14】 练习 SPLINE 命令。

命令: _spline

指定第一个点或 [对象(O)]:   //拾取 A 点，如图 5-46 所示

指定下一点: //拾取 B 点

指定下一点或 [闭合(C)/拟合公差(F)] <起点切向>:   //拾取 C 点

指定下一点或 [闭合(C)/拟合公差(F)] <起点切向>:   //拾取 D 点

指定下一点或 [闭合(C)/拟合公差(F)] <起点切向>:   //拾取 E 点

指定下一点或 [闭合(C)/拟合公差(F)] <起点切向>:   //按 Enter 键指定起点及终点切线方向

指定起点切向: //在 F 点处单击鼠标左键指定起点切线方向

指定端点切向: //在 G 点处单击鼠标左键指定终点切线方向

结果如图 5-46 所示。

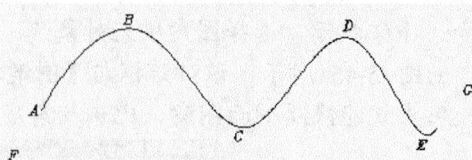

图5-46 绘制样条曲线

5.3.8 实战提高

【例5-15】 绘制有剖面图案的图形，如图 5-47 所示。图中包含了 3 种形式的图案：ANSI31、AR-CONC、EARTH，图案角度及比例自定。

图5-47 图案填充

5.4 综合练习——绘制具有均布特征的图形

【例5-16】 绘制图 5-48 所示的图形。

(1) 打开极轴追踪、对象捕捉及捕捉追踪功能。设置极轴追踪角度增量为 90°，设定对象捕捉方式为端点、圆心和交点，设置仅沿正交方向进行捕捉追踪。

(2) 绘制两条绘图基准线 A、B，线段 A 的长度约为80，线段 B 的长度约为100，如图 5-49 所示。

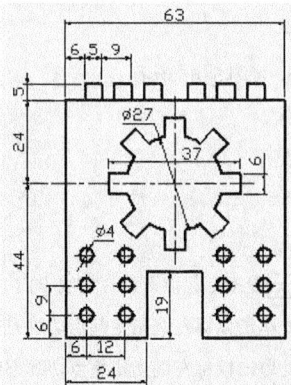

图5-48 绘制具有均布特征的图形

图5-49 绘制直线 A、B

(3) 用 OFFSET、TRIM 等命令形成线框 C，如图 5-50 所示。

(4) 用 LINE 命令绘制线框 D，用 CIRCLE 命令绘制圆 E，如图 5-51 所示。圆 E 的圆心用正交偏移捕捉确定。

(5) 创建线框 D 和圆 E 的矩形阵列，结果如图 5-52 所示。

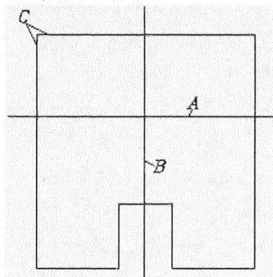

图5-50 绘制线框 C 　　　　图5-51 绘制直线和圆 　　　　图5-52 矩形阵列

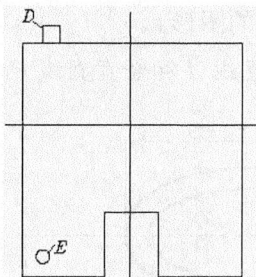

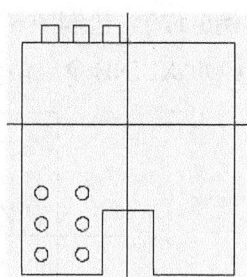

(6) 镜像对象，如图 5-53 所示。

(7) 用 CIRCLE 命令绘制圆 A，再用 OFFSET、TRIM 等命令形成线框 B，如图 5-54 所示。

(8) 创建线框 B 的环形阵列，再修剪多余线条，结果如图 5-55 所示。

图5-53 镜像对象 　　　　图5-54 绘制圆和直线 　　　　图5-55 阵列并修剪多余线条

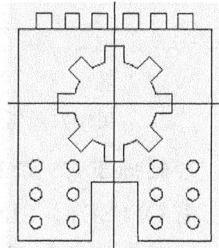

练一练

利用 LINE、CIRCLE、ARRAY 及 MIRROR 等命令绘制平面图形，如图 5-56 所示。

图5-56 阵列及镜像对象

5.5 综合练习——绘制由多边形、椭圆等对象组成的图形

【例5-17】 绘制图 5-57 所示的图形。

(1) 用 XLINE 命令绘制水平直线 A 和竖直直线 B, 如图 5-58 所示。

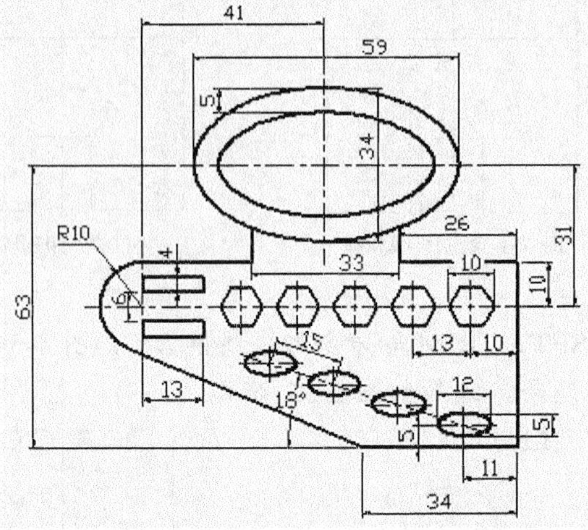

图5-57 绘制由多边形、椭圆等对象组成的图形

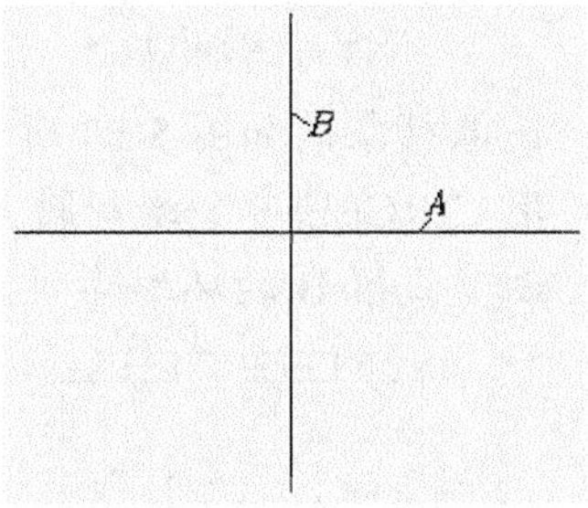

图5-58 绘制水平直线和竖直直线

(2) 绘制椭圆 C、D 及圆 E, 如图 5-59 所示。圆 E 的圆心用正交偏移捕捉确定。

(3) 用 OFFSET、LINE 及 TRIM 等命令绘制线框 F, 如图 5-60 所示。

(4) 绘制正六边形和椭圆, 其中心点的位置可利用正交偏移捕捉确定, 如图 5-61 所示。

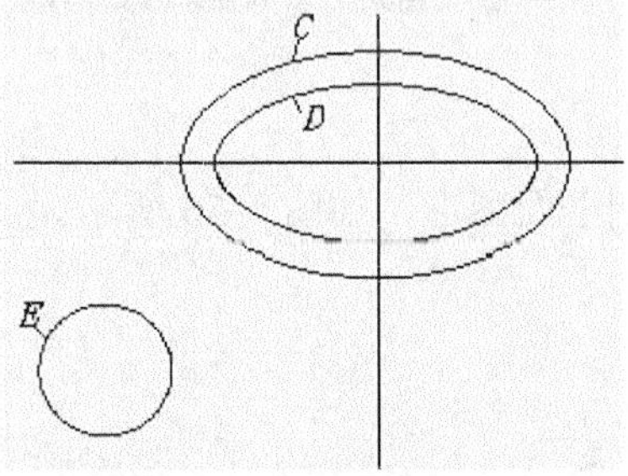

图5-59 绘制直线和圆

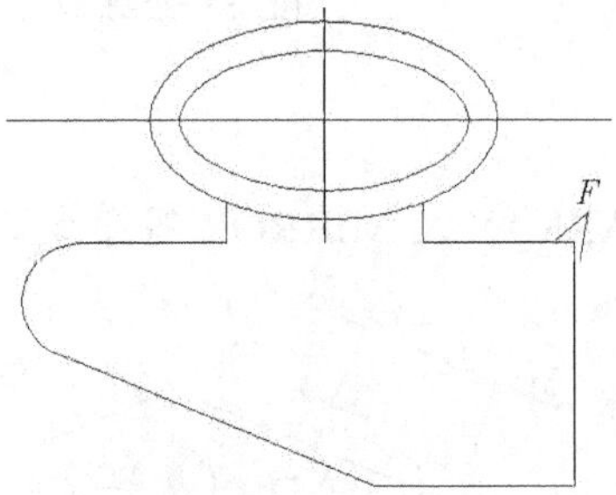

图5-60 绘制线框 F

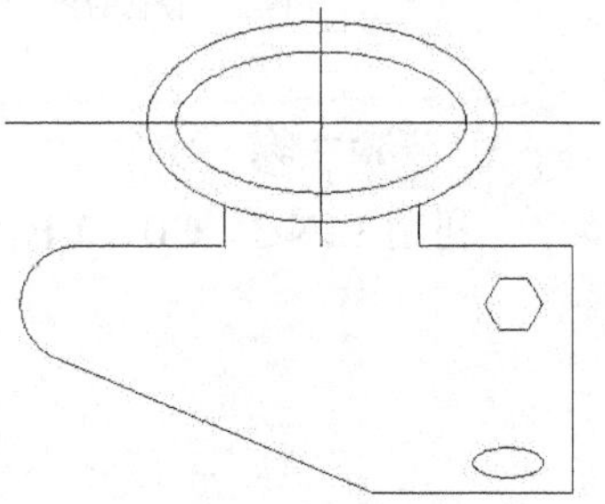

图5-61 绘制正六边形和椭圆

(5) 创建六边形和椭圆的矩形阵列, 如图 5-62 所示。椭圆阵列的倾斜角度为 162°。

(6) 绘制矩形, 其角点 A 的位置可利用正交偏移捕捉确定, 如图 5-63 所示。

(7) 镜像矩形, 结果如图 5-64 所示。

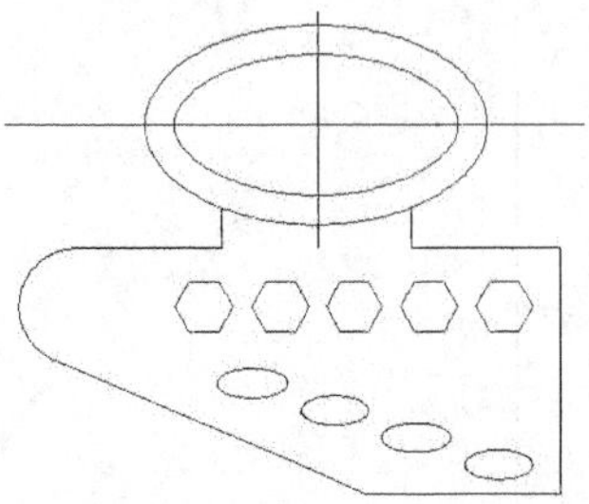

图5-62 创建矩形阵列

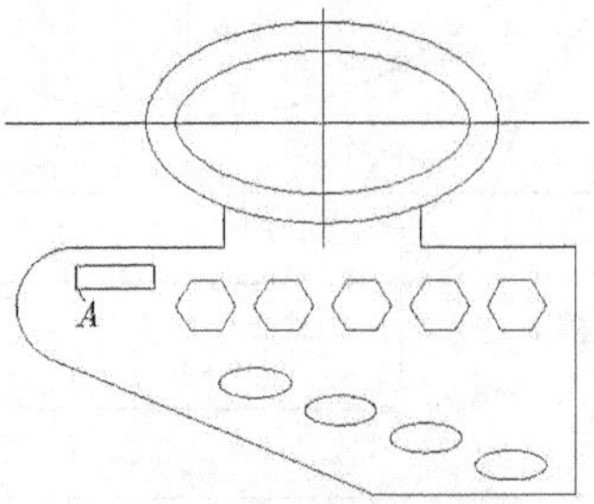

图5-63 绘制矩形

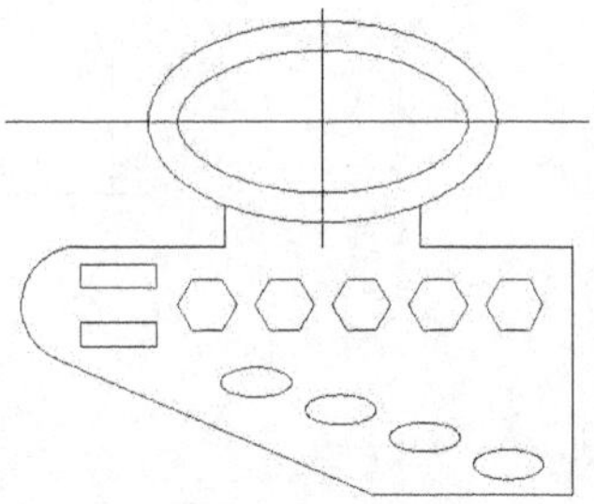

图5-64 镜像

练一练

用 LINE、CIRCLE、POLYGON 及 ARRAY 等命令绘制图 5-65 所示的图形。

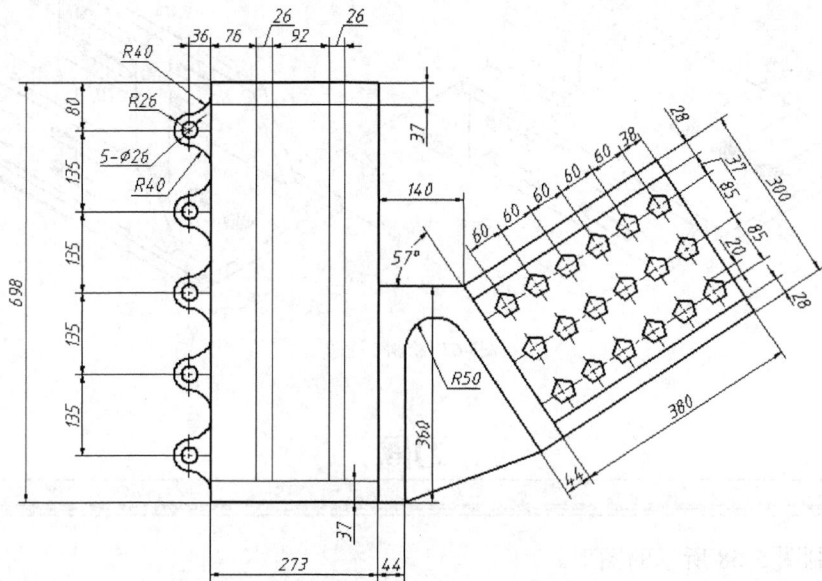

图5-65 用 POLYGON 及 ARRAY 等命令画图

5.6 综合练习——根据轴测图绘制平面视图

【例5-18】 根据轴测图及视图轮廓绘制三视图，如图 5-66 所示。

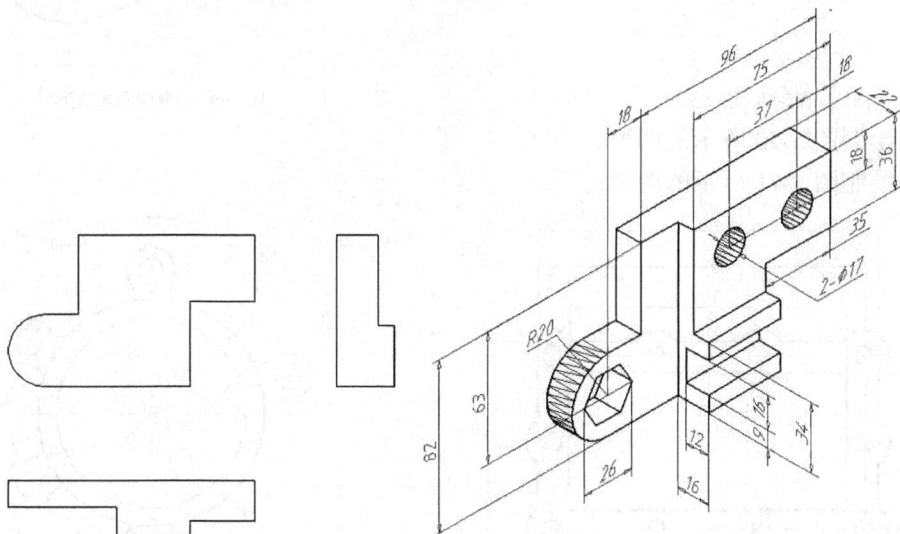

图5-66 绘制三视图

【例5-19】 根据轴测图绘制三视图，如图 5-67 所示。

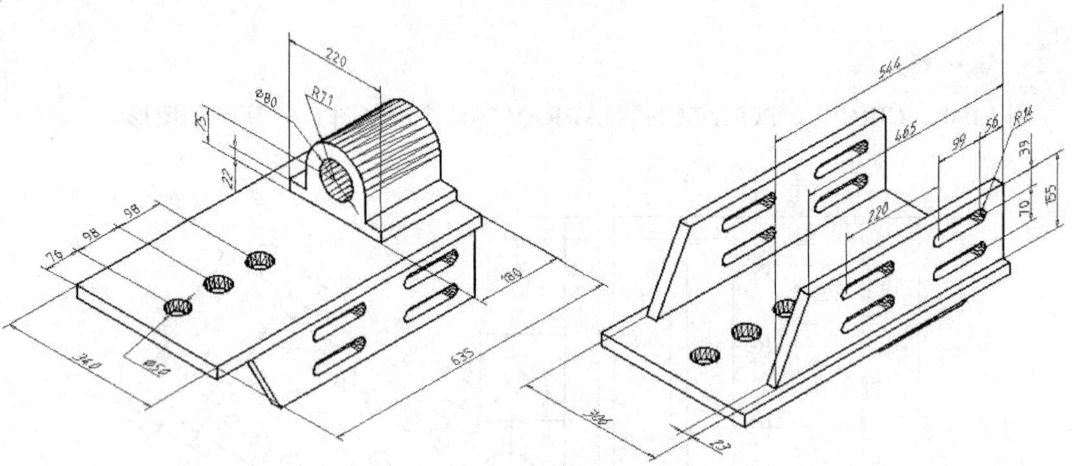

图5-67 绘制三视图

习题

1. 绘制图 5-68 所示的图形。
2. 绘制图 5-69 所示的图形。

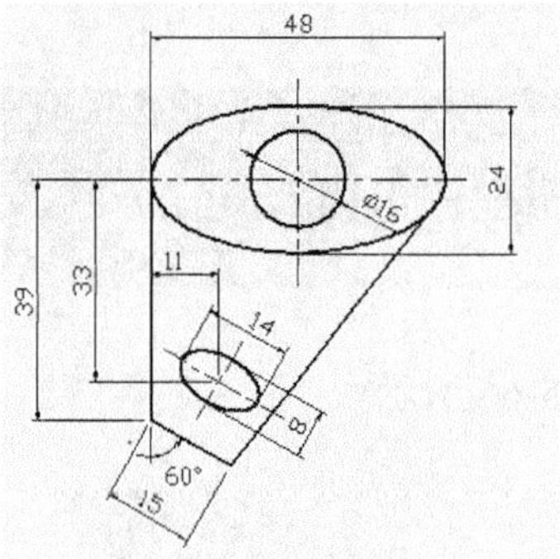

图5-68 绘制椭圆

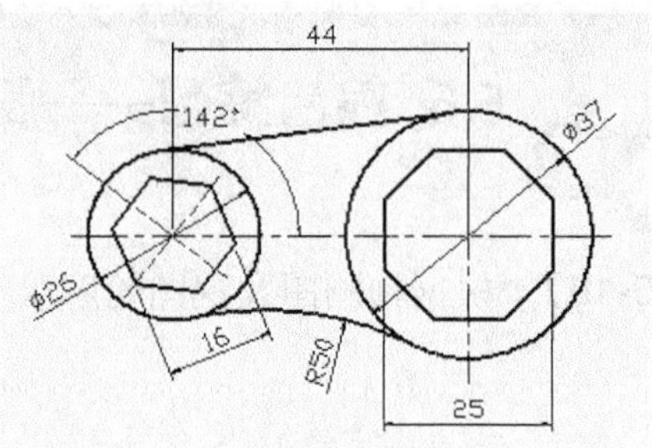

图5-69 绘制圆和多边形

3. 绘制图 5-70 所示的图形。
4. 绘制图 5-71 所示的图形。

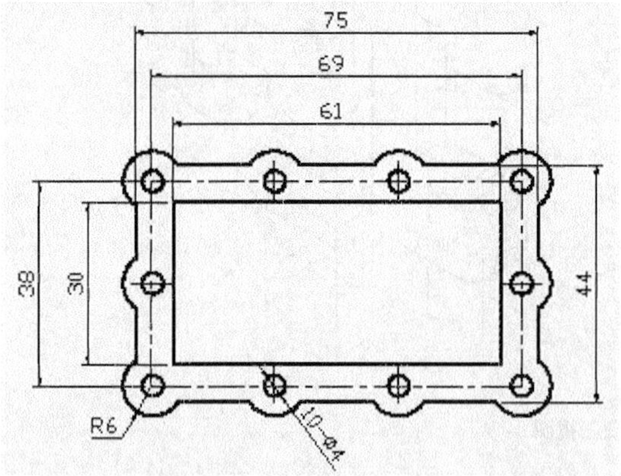

图5-70 创建矩形阵列

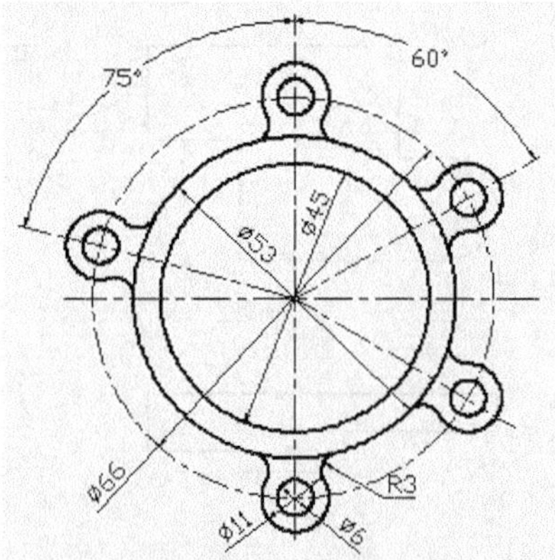

图5-71 创建环形阵列

5. 绘制图 5-72 所示的图形。

6. 绘制图 5-73 所示的图形。

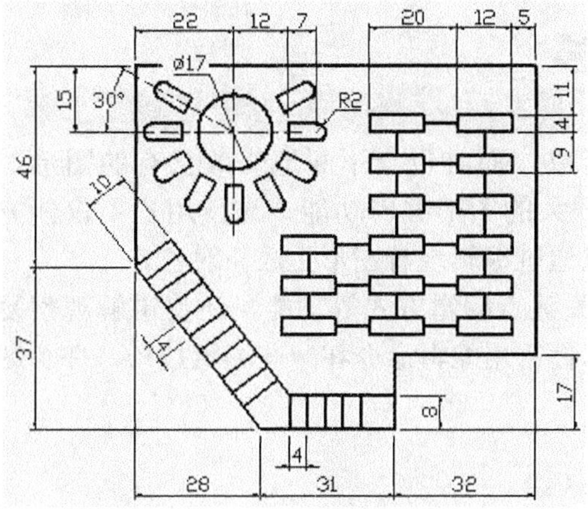

图5-72　绘制有均布特征的图形

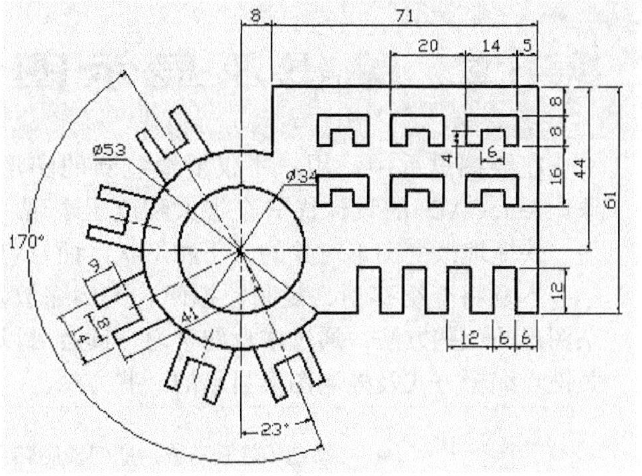

图5-73　绘制有均布特征的图形

7. 绘制图 5-74 所示的图形。

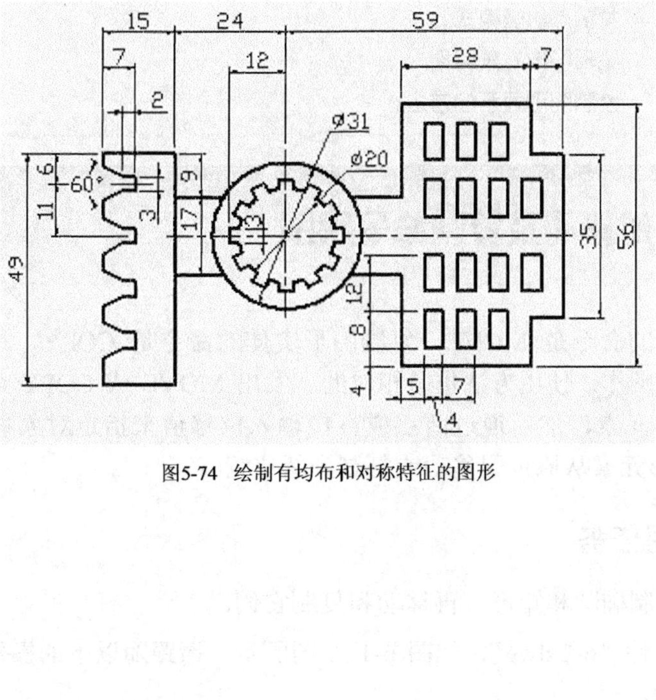

图5-74　绘制有均布和对称特征的图形

第6章 编辑及显示图形

在绘图过程中，用户不仅要绘制新的图形对象，而且也会不断地修改已有的图形对象。AutoCAD 的设计优势在很大程度上表现为强大的图形编辑功能，这使用户不仅能方便、快捷地改变图形对象的大小和形状，而且可以通过编辑现有图形生成新对象。

本章将介绍移动、复制、拉伸、比例缩放及关键点编辑方式等功能，还将讲解观察复杂图形的一些方法。通过本章的学习，读者可以掌握常用编辑命令和一些编辑技巧，并了解关键点编辑方式及控制图形显示的一些方法。

<table>
<tr><td rowspan="6">学习目标</td><td>● 移动和复制对象，把对象旋转某一角度。</td></tr>
<tr><td>● 将一图形对象与另一图形对象对齐。</td></tr>
<tr><td>● 拉长或缩短对象，指定基点缩放对象。</td></tr>
<tr><td>● 关键点编辑模式。</td></tr>
<tr><td>● 编辑图形对象属性。</td></tr>
<tr><td>● 控制图形显示的方法。</td></tr>
</table>

6.1 用移动及复制命令绘图

移动图形实体的命令是 MOVE，复制图形实体的命令是 COPY，这两个命令都可以在二维、三维空间中操作，使用方法也是相似的。发出 MOVE 或 COPY 命令后，用户选择要移动或复制的图形元素，然后通过两点或直接输入位移值来指定对象移动的距离和方向，AutoCAD 就将图形元素从原位置移动或复制到新位置。

6.1.1 绘图任务

在指定位置绘制椭圆和矩形，再移动和复制它们。

【例6-1】 打开文件"6-1.dwg"，如图 6-1 左图所示，请跟随以下的操作步骤，将左图修改为右图。

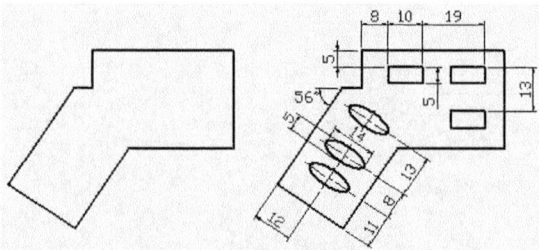

图6-1 用移动及复制命令绘图

(1) 打开极轴追踪功能。

(2) 绘制矩形，如图 6-2 所示。

命令：_rectang	
指定第一个角点或 [宽度(W)]: from	//使用正交偏移捕捉
基点：int 于	//捕捉交点 A
<偏移>: @8,-5	//输入 B 点的相对坐标
指定另一个角点或 [旋转(R)]: @10,-5	//输入 C 点的相对坐标

结果如图 6-2 所示。

(3) 复制矩形，如图 6-3 所示。单击【修改】工具栏上的 按钮，AutoCAD 提示：

命令：_copy	
选择对象：找到 1 个	//选择矩形 D
选择对象：	//按 Enter 键
指定基点或 [位移(D)] <位移>:	//在屏幕上单击一点
指定第二个点或 <使用第一个点作为位移>: 19	//向右追踪并输入追踪距离
指定第二个点或 [退出(E)/放弃(U)] <退出>:	//按 Enter 键结束
命令：COPY	//重复命令
选择对象：找到 1 个	//选择矩形 D
选择对象：	//按 Enter 键
指定基点或 [位移(D)] <位移>: 19,-13	//输入沿 X 轴及 Y 轴复制的距离
指定第二个点或 <使用第一个点作为位移>:	//按 Enter 键确认

结果如图 6-3 所示。

(4) 绘制椭圆，如图 6-4 所示。

命令：_ellipse	
指定椭圆的轴端点或 [圆弧(A)/中心点(C)]: c	//使用 "中心点(C)" 选项
指定椭圆的中心点：mid 于	//捕捉中点 E
指定轴的端点：@2.5<56	//输入 F 点的相对坐标
指定另一条半轴长度或 [旋转(R)]: 7	//输入另一轴长度的一半

结果如图 6-4 所示。

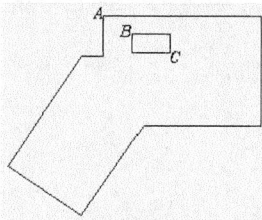

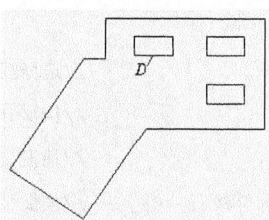

图6-2 绘制矩形　　　　　　　图6-3 复制矩形　　　　　　　图6-4 绘制椭圆

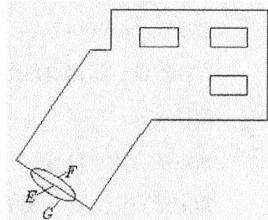

(5) 移动椭圆，如图 6-5 所示。单击【修改】工具栏上的 按钮，AutoCAD 提示：

命令：_move	
选择对象：找到 1 个	//选择椭圆 G，如图 6-4 所示
选择对象：	//按 Enter 键
指定基点或 [位移(D)] <位移>:	//在屏幕上单击一点

指定第二个点或 <使用第一个点作为位移>：@11<56 //输入另一点的相对坐标

结果如图 6-5 所示。

(6) 复制椭圆，如图 6-6 所示。单击【修改】工具栏上的 按钮，AutoCAD 提示：

命令：_copy

选择对象：找到 1 个   //选择椭圆 H

选择对象：   //按 Enter 键

指定基点或 [位移(D)] <位移>：8<56   //输入复制的距离和方向

指定第二个点或 <使用第一个点作为位移>：   //按 Enter 键结束

命令：COPY   //重复命令

选择对象：找到 1 个   //选择椭圆 H

选择对象：   //按 Enter 键结束

指定基点或 [位移(D)] <位移>：21<56   //输入复制的距离和方向

指定第二个点或 <使用第一个点作为位移>：   //按 Enter 键结束

结果如图 6-6 所示。

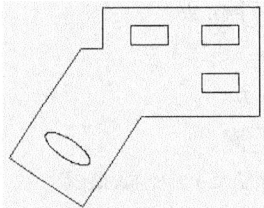

图6-5 移动椭圆   图6-6 镜像对象

6.1.2 移动对象

命令 启动 方法	• 菜单命令：【修改】/【移动】。 • 工具栏：【修改】工具栏上的 按钮。 • 命令：MOVE 或简写 M。

【例6-2】 练习 MOVE 命令。

打开文件 "6-2.dwg"，如图 6-7 左图所示。用 MOVE 命令将左图修改为右图。

命令：_move

选择对象：指定对角点：找到 3 个   //选择圆，如图 6-7 左图所示

选择对象：   //按 Enter 键确认

指定基点或 [位移(D)] <位移>：   //捕捉交点 A

指定第二个点或 <使用第一个点作为位移>：   //捕捉交点 B

命令：MOVE   //重复命令

选择对象：指定对角点：找到 1 个   //选择小矩形，如图 6-7 左图所示

选择对象：   //按 Enter 键确认

指定基点或 [位移(D)] <位移>：90,30   //输入沿 x、y 轴移动的距离

指定第二个点或 <使用第一个点作为位移>：   //按 Enter 键结束

命令：MOVE   //重复命令

选择对象：找到 1 个 　　　　　　　　　　 //选择大矩形

选择对象： 　　　　　　　　　　　　　　 //按 Enter 键确认

指定基点或 [位移(D)] <位移>： 45<-90 　 //输入移动的距离和方向

指定第二个点或 <使用第一个点作为位移>： 　 //按 Enter 键结束

结果如图 6-7 右图所示。

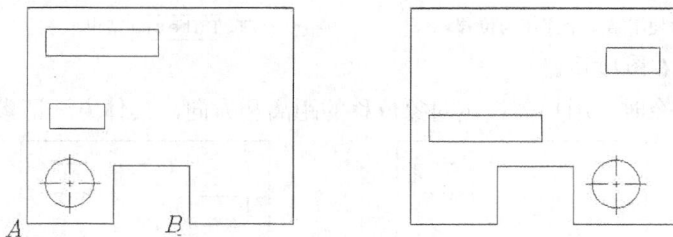

图6-7　移动对象

使用 MOVE 命令时，用户可以通过以下方式指明对象移动的距离和方向。

- 在屏幕上指定两个点，这两点的距离和方向代表了实体移动的距离和方向。当 AutoCAD 提示"指定基点："时，指定移动的基准点。在 AutoCAD 提示"指定第二个点："时，捕捉第二点或输入第二点相对于基准点的相对直角坐标或极坐标。

- 以"X，Y"方式输入对象沿 X、Y 轴移动的距离，或用"距离<角度"方式输入对象位移的距离和方向。当 AutoCAD 提示"指定基点："时，输入位移值。在 AutoCAD 提示"指定第二个点："时，按 Enter 键确认，这样 AutoCAD 就以输入的位移值来移动实体对象。

- 打开正交或极轴追踪功能，就能方便地将实体只沿 X 或 Y 轴方向移动。当 AutoCAD 提示"指定基点："时，单击一点并把实体向水平或竖直方向移动，然后输入位移的数值。

- 使用"位移(D)"选项。启动该选项后，AutoCAD 提示"指定位移："。此时，以"X，Y"方式输入对象沿 X、Y 轴移动的距离，或以"距离<角度"方式输入对象位移的距离和方向。

6.1.3　复制对象

命令启动方法	- 菜单命令：【修改】/【复制】。 - 工具栏：【修改】工具栏上的 🗞 按钮。 - 命令：COPY 或简写 CO。

【例6-3】　练习 COPY 命令。

打开文件"6-3.dwg"，如图 6-8 左图所示。用 COPY 命令将左图修改为右图。

命令：_copy

选择对象：指定对角点：找到 3 个 　　　　　 //选择圆，如图 6-8 左图所示

选择对象： 　　　　　　　　　　　　　　 //按 Enter 键确认

指定基点或 [位移(D)] <位移>： 　　　　　 //捕捉交点 A

指定第二个点或 <使用第一个点作为位移>： 　 //捕捉交点 B

指定第二个点或 [退出(E)/放弃(U)] <退出>： 　 //捕捉交点 C

指定第二个点或 [退出(E)/放弃(U)] <退出>:	//按 Enter 键结束
命令:COPY	//重复命令
选择对象: 找到 1 个	//选择矩形，如图 6-8 左图所示
选择对象:	//按 Enter 键确认
指定基点或 [位移(D)] <位移>: -90,-20	//输入沿 x、y 轴移动的距离
指定第二个点或 <使用第一个点作为位移>:	//按 Enter 键结束

结果如图 6-8 右图所示。

使用 COPY 命令时，用户需指定对象位移的距离和方向，具体方法请参考 MOVE 命令。

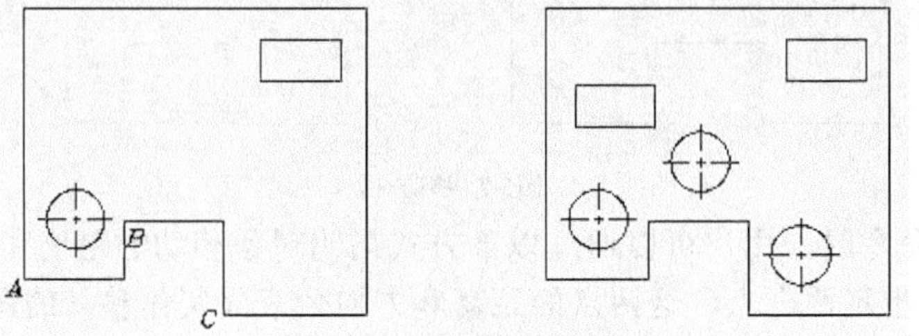

图6-8 复制对象

6.1.4 实战提高

【例6-4】 利用 LINE、CIRCLE 及 COPY 等命令绘制平面图形，如图 6-9 所示。

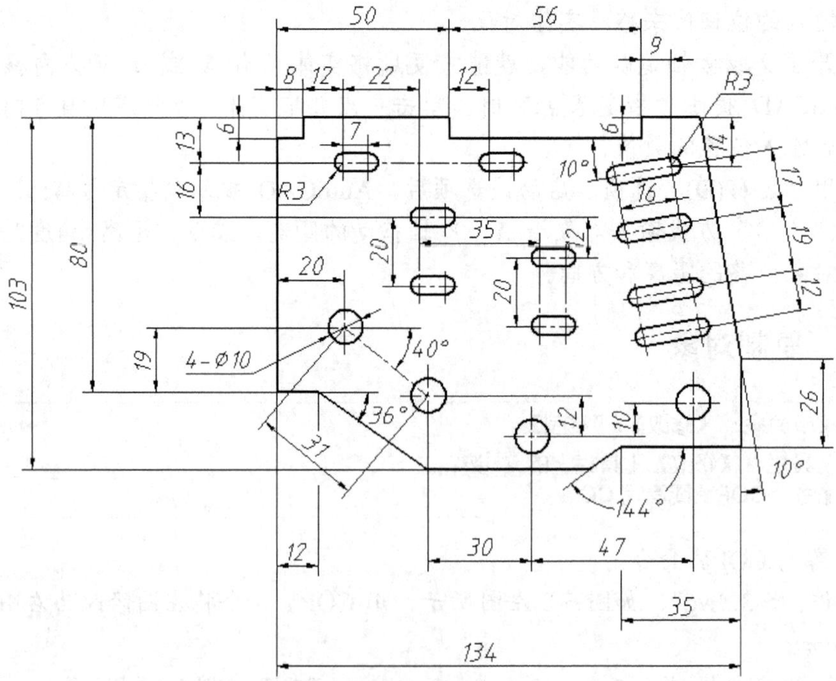

图6-9 利用 LINE、CIRCLE 及 COPY 等命令绘图

【例6-5】 利用 LINE、RECTANG、POLYGON 及 COPY 等命令绘制平面图形，如图 6-10 所示。

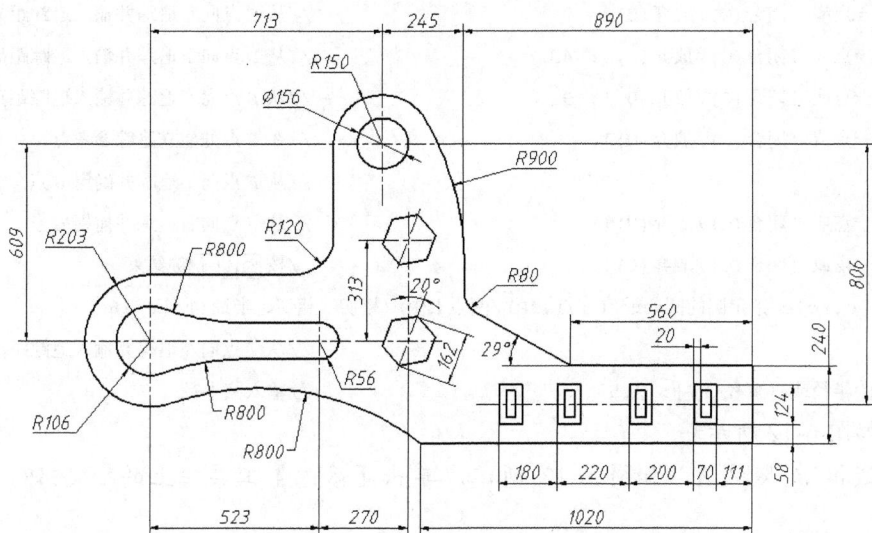

图6-10 利用 LINE、POLYGON 及 COPY 等命令绘图

6.2 绘制倾斜图形的技巧

本节介绍旋转和对齐命令的用法。

6.2.1 绘图任务

在水平位置绘图，然后利用旋转和对齐命令将图形定位到正确位置。

【例6-6】 打开文件 "6-4.dwg"，如图 6-11 左图所示，请将左图修改为右图。

图6-11 用旋转及对齐命令绘图

(1) 打开极轴追踪、对象捕捉及捕捉追踪功能。设置极轴追踪角度增量为 90°，设定对象捕捉方式为端点、圆心和交点，设置仅沿正交方向进行捕捉追踪。

(2) 绘制直线和圆，如图 6-12 所示。

命令: _line 指定第一点: //捕捉 A 点

指定下一点或 [放弃(U)]: 26   //从 A 点向左追踪并输入追踪距离

指定下一点或 [放弃(U)]: 8   //从 B 点向上追踪并输入追踪距离

指定下一点或 [闭合(C)/放弃(U)]: 9   //从 C 点向左追踪并输入追踪距离

指定下一点或 [闭合(C)/放弃(U)]: 43   //从 D 点向下追踪并输入追踪距离

指定下一点或 [闭合(C)/放弃(U)]: 9   //从 E 点向右追踪并输入追踪距离

指定下一点或 [闭合(C)/放弃(U)]:   //在 G 点处建立追踪参考点

                                                        //从 F 点向上追踪并确定 H 点

指定下一点或 [闭合(C)/放弃(U)]:   //从 H 点向右追踪并捕捉 G 点

指定下一点或 [闭合(C)/放弃(U)]:   //按 Enter 键结束

命令: _circle 指定圆的圆心或 [三点(3P)/两点(2P)/相切、相切、半径(T)]: 26

                                                        //从 I 点向左追踪并输入追踪距离

指定圆的半径或 [直径(D)]: 3.5   //输入圆半径

结果如图 6-12 所示。

(3) 旋转线框 J 及圆 K，如图 6-13 所示。单击【修改】工具栏上的 ⟳ 按钮，AutoCAD 提示:

命令: _rotate

选择对象: 指定对角点: 找到 8 个   //选择线框 J 及圆 K

选择对象: //按 Enter 键

指定基点: //捕捉交点 L

指定旋转角度或 [参照(R)]: 72   //输入旋转角度

结果如图 6-13 所示。

(4) 绘制圆 A、B 及切线 C、D，如图 6-14 所示。

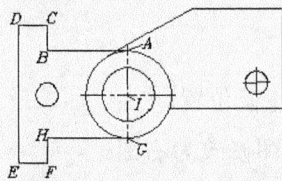

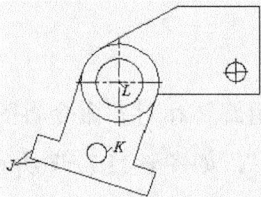

图6-12 复制对象   图6-13 旋转对象   图6-14 绘制圆及切线

(5) 复制线框 E，并将其旋转 90°，如图 6-15 所示。

(6) 移动线框 H，结果如图 6-16 所示。

命令: _move

选择对象: 指定对角点: 找到 4 个   //选择线框 H，如图 6-15 所示

选择对象: //按 Enter 键

指定基点或 [位移(D)] <位移>: 7.5   //从 G 点向下追踪并输入追踪距离

指定第二个点或 <使用第一个点作为位移>: 7.5   //从 F 点向右追踪并输入追踪距离

结果如图 6-13 所示。修剪多余线条，结果如图 6-17 所示。

图6-15 复制并旋转对象   图6-16 移动对象   图6-17 修剪结果

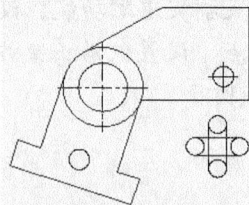

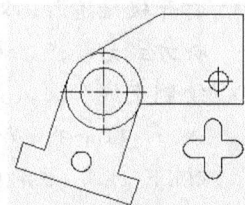

(7) 将线框 A 定位到正确的位置，如图 6-18 所示。

命令: align

选择对象: 指定对角点: 找到 12 个　　　　　　　　　 //选择线框 A，如图 6-18 左图所示

选择对象:　　　　　　　　　　　　　　　　　　 //按 Enter 键

指定第一个源点:　　　　　　　　　　　　　　　 //从 F 点向右追踪

　　　　　　　　　　　　　　　　　　　　　　　 //从 G 点向上追踪

　　　　　　　　　　　　　　　　　　　　　　　 //在两条追踪辅助线的交点处单击一点 B

指定第一个目标点: from　　　　　　　　　　　 //使用正交偏移捕捉

基点:　　　　　　　　　　　　　　　　　　　　 //捕捉交点 H

<偏移>: @-22,-13　　　　　　　　　　　　　　 //输入 C 点的相对坐标

指定第二个源点:　　　　　　　　　　　　　　　 //捕捉圆心 D

指定第二个目标点:　　　　　　　　　　　　　　 //捕捉交点 E

指定第三个源点或 <继续>:　　　　　　　　　　 //按 Enter 键

是否基于对齐点缩放对象? [是(Y)/否(N)] <否>:　 //按 Enter 键结束

结果如图 6-18 右图所示。

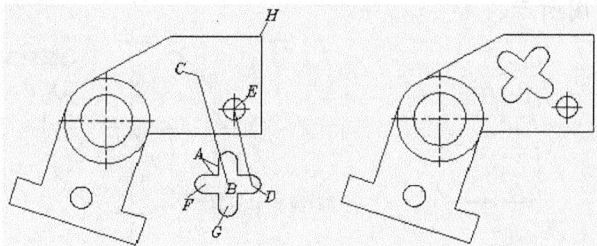

图6-18　对齐实体

6.2.2　旋转实体

ROTATE 命令可以旋转图形对象，改变图形对象的方向。使用此命令时，用户指定旋转基点并输入旋转角度就可以转动图形实体。此外，用户也可以某个方位作为参照位置，然后选择一个新对象或输入一个新角度值来指明要旋转到的位置。

命令 启动 方法	• 菜单命令:【修改】/【旋转】。 • 工具栏:【修改】工具栏上的 ○ 按钮。 • 命令: ROTATE 或简写 RO。

【例6-7】　练习 ROTATE 命令。

打开文件 "6-5.dwg"，如图 6-19 左图所示。下面用 ROTATE 命令将左图修改为右图。

命令: _rotate

选择对象:　　　　　　　　　　　　　　　　　　 //选择线框 B，如图 6-19 左图所示

选择对象:　　　　　　　　　　　　　　　　　　 //按 Enter 键确认

指定基点: int 于　　　　　　　　　　　　　　 //捕捉 A 点作为旋转基点

指定旋转角度，或 [复制(C)/参照(R)] <0>: 75　 //输入旋转角度

结果如图 6-19 右图所示。

【命令选项】

- 指定旋转角度：指定旋转基点并输入绝对旋转角度来旋转实体。旋转角是基于当前用户坐标系测量的。如果输入负的旋转角，则选定的对象顺时针旋转。反之，被选择的对象将逆时针旋转。
- 复制(C)：旋转对象的同时复制对象。
- 参照(R)：指定某个方向作为起始参照角，然后选择一个新对象作为原对象要旋转到的位置，也可以输入新角度值来指明要旋转到的方位，如图 6-20 所示。

```
命令：_rotate
选择对象：指定对角点：找到 4 个          //选择要旋转的对象，如图 6-20 左图所示
选择对象：                              //按 Enter 键确认
指定基点：int 于                        //捕捉 A 点作为旋转基点
指定旋转角度，或 [复制(C)/参照(R)] <75>：r   //使用"参照(R)"选项
指定参照角 <0>：     int 于             //捕捉 A 点
指定第二点：end 于                      //捕捉 B 点
指定新角度或 [点(P)] <0>：end 于         //捕捉 C 点
```

结果如图 6-20 右图所示。

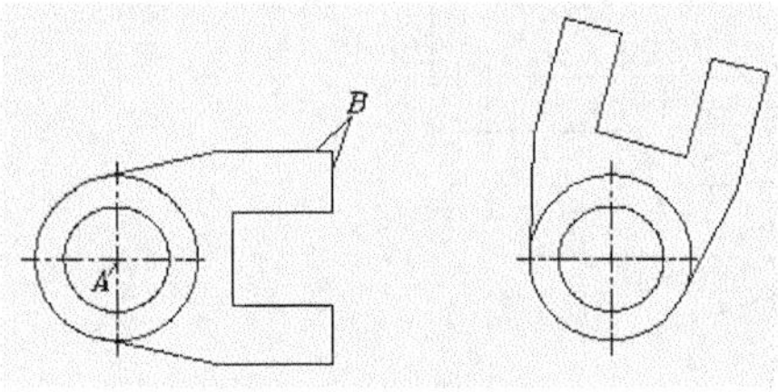

图6-19 旋转对象

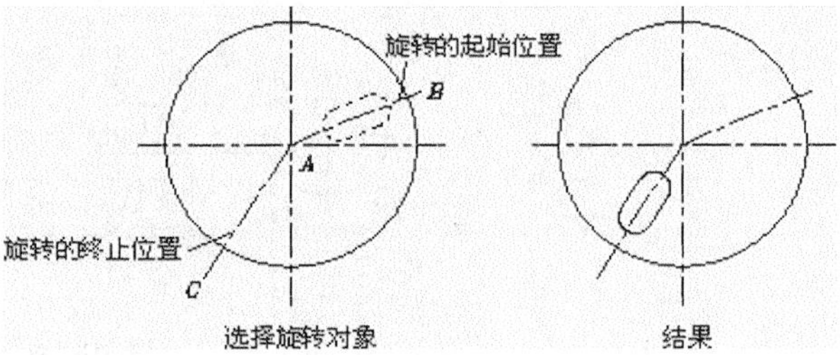

图6-20 使用"参照(R)"选项旋转图形

6.2.3 对齐实体

ALIGN 命令可以同时移动和旋转一个对象使之与另一对象对齐。例如，用户可以使图形对象中某点、某条直线或某一个面（三维实体中的面）与另一实体的点、线、面对齐。在操作过程中，用户只需按照 AutoCAD 提示指定源对象与目标对象的一点、两点或三点对齐就可以了。

命令启动方法	· 菜单命令：【修改】/【三维操作】/【对齐】。 · 命令：ALIGN 或简写 AL。

【例6-8】 练习 ALIGN 命令。

打开文件 "6-6.dwg"，如图 6-21 左图所示。下面用 ALIGN 命令将左图修改为右图。

```
命令：align
选择对象：指定对角点：找到 8 个          //选择源对象（右边的线框），如图 6-21 左图所示
选择对象：                              //按 Enter 键
指定第一个源点：                        //捕捉第一个源点 A
指定第一个目标点：                      //捕捉第一个目标点 B
指定第二个源点：                        //捕捉第二个源点 C
```

指定第二个目标点：   //捕捉第二个目标点 *D*

指定第三个源点或 <继续>：   //按 Enter 键

是否基于对齐点缩放对象？[是(Y)/否(N)] <否>：   //按 Enter 键不缩放源对象

结果如图 6-21 右图所示。

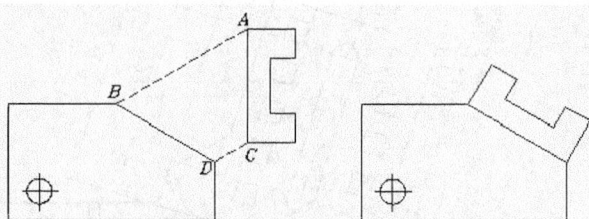

图6-21　对齐对象

使用 ALIGN 命令时，用户可按照指定 1 个端点、2 个端点或 3 个端点对齐实体。在二维平面绘图中，一般只需使源对象与目标对象按一个或两个端点进行对正。操作完成后源对象与目标对象的第一点将重合在一起，如果要使它们的第二个端点也重合，就需利用"基于对齐点缩放对象"选项缩放源对象。此时，第一目标点是缩放的基点，第一与第二源点间的距离是第一个参考长度，第一和第二目标点间的距离是新的参考长度，新的参考长度与第一个参考长度的比值就是缩放比例因子。

6.2.4　实战提高

【例6-9】 利用 LINE、CIRCLE 及 ROTATE 等命令绘制平面图形，如图 6-22 所示。

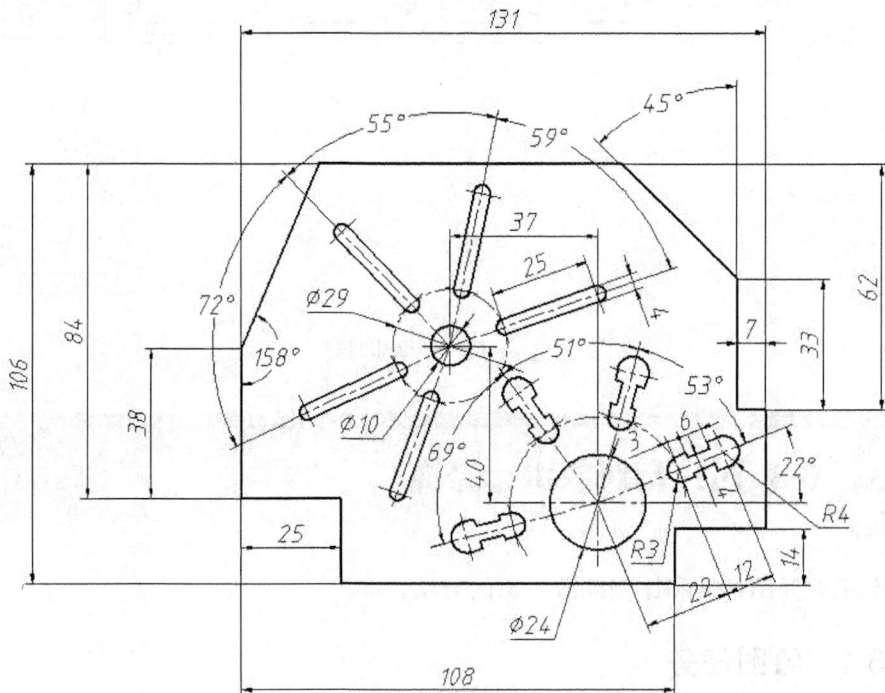

图6-22　利用 LINE、CIRCLE 及 ROTATE 等命令绘图

【例6-10】 利用 LINE、CIRCLE、ARRAY 及 ALIGN 等命令绘制平面图形，如图 6-23 所示。

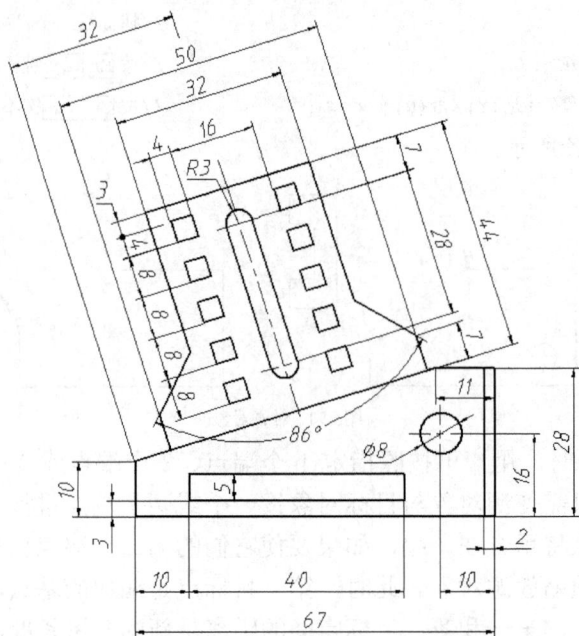

图6-23 利用 LINE、CIRCLE、ARRAY 及 ALIGN 等命令绘图

主要绘图过程如图 6-24 所示。

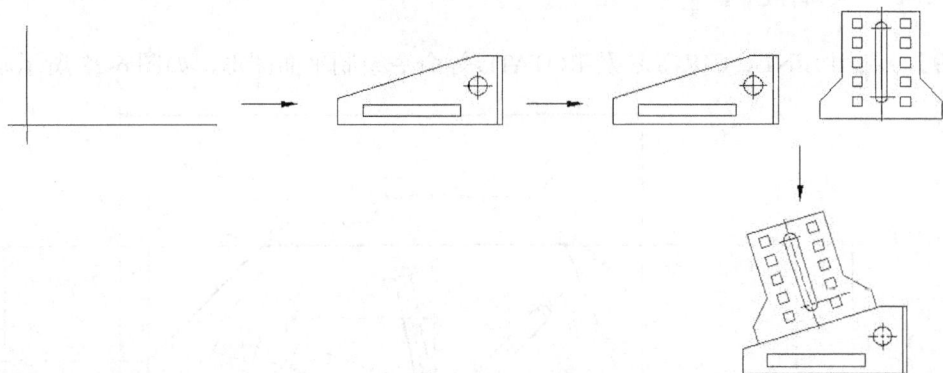

图6-24 绘图过程

6.3 对已有对象进行修饰

本节主要介绍拉伸和比例缩放对象的方法。

6.3.1 绘图任务

拉伸图形和按比例缩放图形。

【例6-11】 打开文件 "6-7.dwg"，如图 6-25 左图所示，请将左图修改为右图。

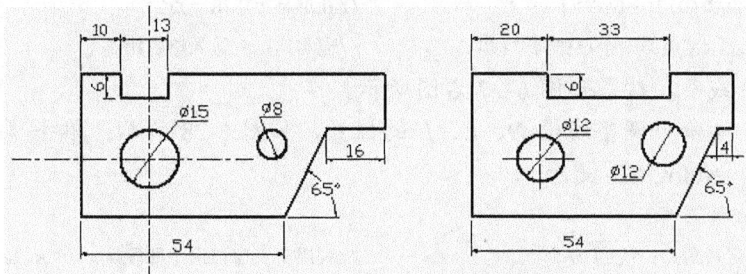

图6-25 用旋转及对齐命令绘图

(1) 打断直线，如图 6-26 所示。单击【修改】工具栏上的 ▭ 按钮，AutoCAD 提示：

命令： _break 选择对象： //在 A 点处选择直线，如图 6-26 左图所示

指定第二个打断点或 [第一点(F)]： //在 B 点处单击一点

命令： //重复命令

BREAK 选择对象： //在 C 点处选择直线

指定第二个打断点或 [第一点(F)]： //在 D 点处单击一点

命令： //重复命令

BREAK 选择对象： //在 E 点处选择直线

指定第二个打断点或 [第一点(F)]： //在 F 点处单击一点

命令： //重复命令

BREAK 选择对象： //在 G 点处选择直线

指定第二个打断点或 [第一点(F)]： //在 H 点处选择直线

结果如图 6-26 右图所示。

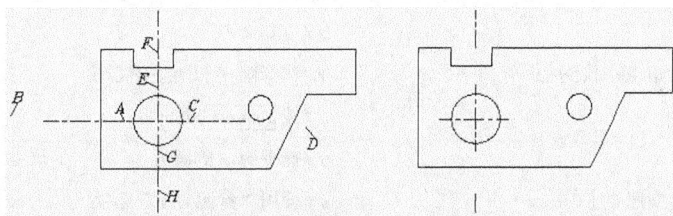

图6-26 打断直线

(2) 打开极轴追踪、对象捕捉及捕捉追踪功能。设置极轴追踪角度增量为 90°，设定对象捕捉方式为端点、圆心和交点，设置仅沿正交方向进行捕捉追踪。

(3) 拉伸对象，如图 6-27 所示。单击【修改】工具栏上的 ▧ 按钮，AutoCAD 提示：

命令： _stretch

选择对象：指定对角点：找到 3 个 //利用交叉窗口选中线段 A、B、C

选择对象： //按 Enter 键

指定基点或 [位移(D)] <位移>： //在屏幕上单击一点

指定第二个点或 <使用第一个点作为位移>：12 //向左追踪并输入追踪距离

命令：STRETCH //重复命令

选择对象：指定对角点：找到 3 个 //利用交叉窗口选中直线 A、D、E

选择对象： //按 Enter 键

指定基点或 [位移(D)] <位移>:　　　　　　　　//在屏幕上单击一点

指定第二个点或 <使用第一个点作为位移>: 20　　//向右追踪并输入追踪距离

再删除多余线条，结果如图 6-27 右图所示。

(4) 用 STRETCH 命令调整线段 *D*、*E*、*F* 的位置，如图 6-28 所示。单击【修改】工具栏上的 ▨ 按钮，AutoCAD 提示:

命令: _stretch

选择对象: 指定对角点: 找到 5 个　　　　　　//利用交叉窗口选中线段 *A*、*D*、*E*、*F*、*G*

选择对象:　　　　　　　　　　　　　　　　//按 Enter 键

指定基点或 [位移(D)] <位移>:　　　　　　　//在屏幕上单击一点

指定第二个点或 <使用第一个点作为位移>: 10　//向右追踪并输入追踪距离

结果如图 6-28 右图所示。

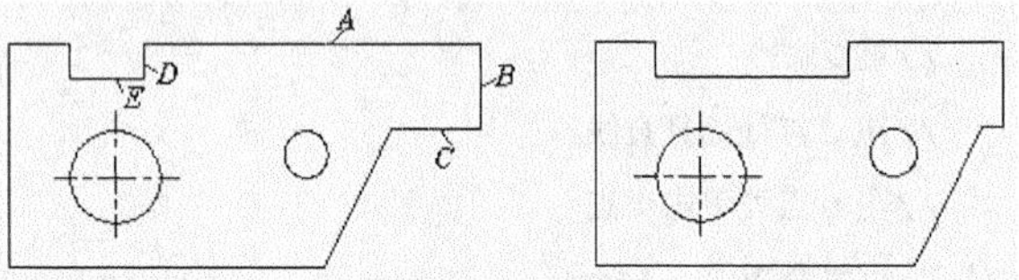

图6-27 拉伸对象 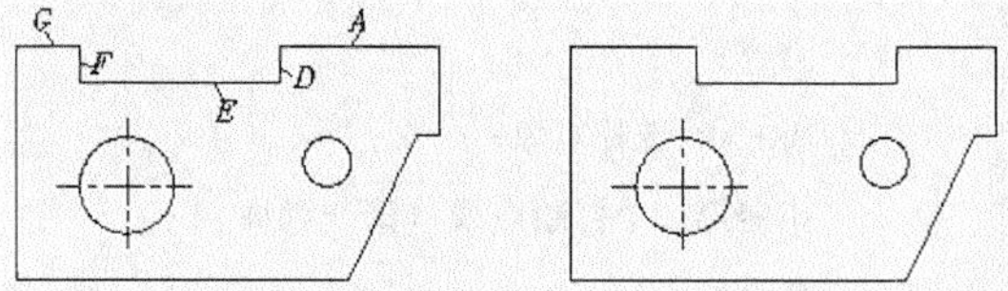　　　　　　　　　　　　　　　图6-28 拉伸对象

(5) 放大圆 *H*，缩小圆 *I*，如图 6-29 所示。单击【修改】工具栏上的 ▢ 按钮，AutoCAD 提示:

命令: _scale

选择对象: 找到 1 个　　　　　　　　　　　//选择圆 *H*

选择对象:　　　　　　　　　　　　　　　//按 Enter 键

指定基点:　　　　　　　　　　　　　　　//捕捉圆 *H* 的圆心

指定比例因子或 [参照(R)]: 1.5　　　　　　//输入缩放比例因子

命令:SCALE　　　　　　　　　　　　　　//重复命令

选择对象: 指定对角点: 找到 3 个　　　　　//选择圆 *I* 和两条中心线

选择对象:　　　　　　　　　　　　　　　//按 Enter 键

指定基点:　　　　　　　　　　　　　　　//捕捉圆 *I* 的圆心

指定比例因子或 [参照(R)]: r　　　　　　//使用"参照(R)"选项

指定参照长度 <1>: 15　　　　　　　　　//输入参考长度

指定新的长度: 12　　　　　　　　　　　//输入缩放后的新长度

结果如图 6-29 右图所示。

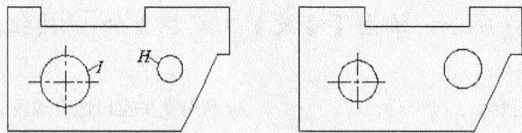

图6-29 缩放对象

6.3.2　拉伸对象

　　STRETCH 命令使用户可以拉伸、缩短及移动实体。该命令通过改变端点的位置来修改图形对象，编辑过程中除被伸长、缩短的对象外，其他图元的大小及相互间的几何关系将保持不变。

如果图样沿 X 或 Y 轴方向的尺寸有错误，或是想调整图形中某部分实体的位置，就可使用 STRETCH 命令。

命令 启动 方法	• 菜单命令：【修改】/【拉伸】。 • 工具栏：【修改】工具栏上的 按钮。 • 命令：STRETCH 或简写 S。

【例6-12】 练习 STRETCH 命令。

打开文件 "6-8.dwg"，如图 6-30 左图所示。下面用 STRETCH 命令将左图修改为右图。

命令：_stretch

	//以交叉窗口选择要拉伸的对象，如图 6-30 左图所示
选择对象：	//单击 A 点
指定对角点：找到 6 个	//单击 B 点
选择对象：	//按 Enter 键
指定基点或 [位移(D)] <位移>：	//在屏幕上单击一点
指定第二个点或 <使用第一个点作为位移>：@35,0	//输入第二点的相对坐标

结果如图 6-30 右图所示。

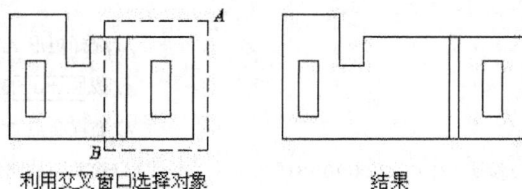

利用交叉窗口选择对象　　　　结果

图6-30 拉伸对象

使用 STRETCH 命令时，首先应利用交叉窗口选择对象，然后指定对象拉伸的距离和方向。凡在交叉窗口中的图元顶点都被移动，而与交叉窗口相交的图元将被延伸或缩短。设定拉伸距离和方向的方式如下。

• 在屏幕上指定两个点，这两点的距离和方向代表了拉伸实体的距离和方向。当系统提示 "指定基点:" 时，指定拉伸的基准点。当系统提示 "指定第二个点:" 时，捕捉第二点或输入第二点相对于基准点的相对直角坐标或极坐标。

• 以 "X,Y" 方式输入对象沿 X、Y 轴拉伸的距离，或用 "距离<角度" 方式输入拉伸的距离和方向。当系统提示 "指定基点:" 时，输入拉伸值。当系统提示 "指定第二个点:" 时，按 Enter 键确认，这样系统就以输入的拉伸值来拉伸对象。

• 打开正交或极轴追踪功能，就能方便地将实体只沿 X 或 Y 轴方向拉伸。当系统提示 "指定基点:" 时，单击一点并把实体向水平或竖直方向拉伸，然后输入拉伸值。

• 使用 "位移(D)" 选项。启动该选项后，系统提示 "指定位移:"。此时，以 "X,Y" 方式输入沿 X、Y 轴拉伸的距离，或以 "距离<角度" 方式输入拉伸的距离和方向。

6.3.3　按比例缩放对象

SCALE 命令可将对象按指定的比例因子相对于基点放大或缩小。使用此命令时，用户可以用下面两种方式缩放对象。

- 选择缩放对象的基点，然后输入缩放比例因子。在比例变换图形的过程中，缩放基点在屏幕上的位置将保持不变，它周围的图元以此点为中心按给定的比例因子放大或缩小。
- 输入一个数值或拾取两点来指定一个参考长度（第一个数值），然后再输入新的数值或拾取另外一点（第二个数值），则系统计算两个数值的比率并以此比率作为缩放比例因子。当用户想将某一对象放大到特定尺寸时，就可使用这种方法。

命令 启动 方法	● 菜单命令：【修改】/【缩放】。 ● 工具栏：【修改】工具栏上的□按钮。 ● 命令：SCALE 或简写 SC。

【例6-13】　练习 SCLAE 命令。

打开文件 "6-9.dwg"，如图 6-31 左图所示。下面用 SCALE 命令将左图修改为右图。

命令: _scale	
选择对象: 找到 1 个	//选择矩形 A，如图 6-31 左图所示
选择对象:	//按 Enter 键
指定基点: int 于	//捕捉交点 C
指定比例因子或[复制(C)/参照(R)] <1.0000>: 2	//输入缩放比例因子
命令: SCALE	//重复命令
选择对象: 找到 4 个	//选择线框 B
选择对象:	//按 Enter 键
指定基点: int 于	//捕捉交点 D
指定比例因子或或 [复制(C)/参照(R)] <2.0000>: r	//使用 "参照(R)" 选项
指定参照长度 <1.0000>: int 于	//捕捉交点 D
指定第二点: int 于	//捕捉交点 E
指定新长度或 [点(P)] <1.0000>:　int 于	//捕捉交点 F

结果如图 6-31 右图所示。

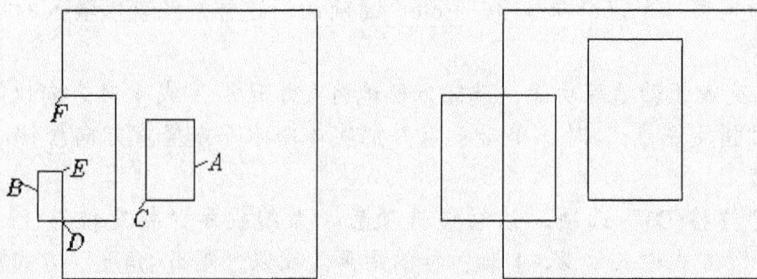

图6-31　缩放图形

【命令选项】

- 指定比例因子：直接输入缩放比例因子，系统根据此比例因子缩放图形。若比例因子小于 1，则缩小对象；若大于 1，则放大对象。
- 复制(C)：缩放对象的同时复制对象。
- 参照(R)：以参照方式缩放图形。用户输入参考长度及新长度，系统把新长度与参考长度的比值作为缩放比例因子进行缩放。
- 点(P)：使用两点来定义新的长度。

6.3.4 实战提高

【例6-14】 使用 OFFSET、COPY、ROTATE 及 STRETCH 等命令绘制图形，如图 6-32 所示。

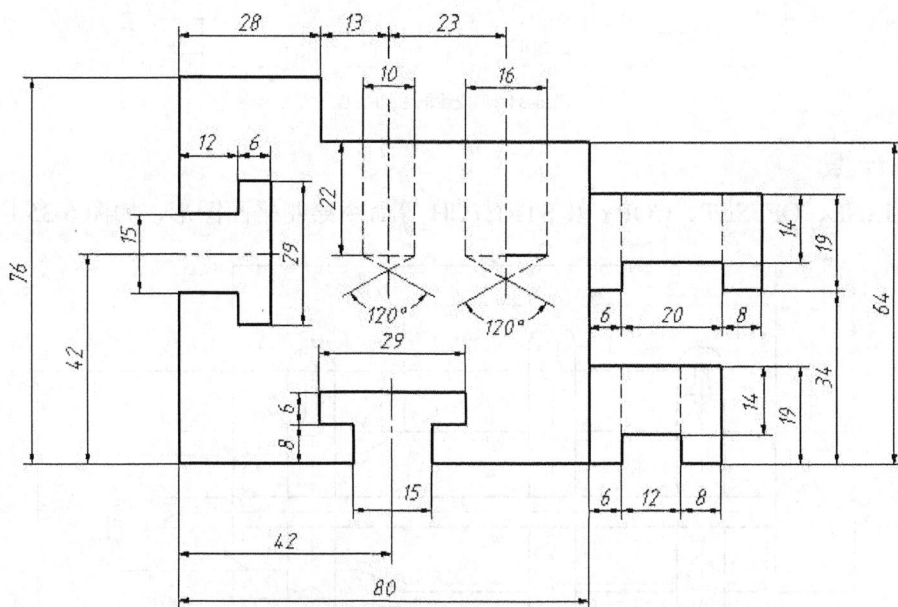

图6-32 利用 OFFSET、COPY、ROTATE 及 STRETCH 等命令绘图

(1) 创建 3 个图层。

名称	颜色	线型	线宽
轮廓线层	绿色	Continuous	0.5
中心线层	红色	Center	默认
虚线层	黄色	Dashed	默认

(2) 设定线型总体比例因子为 0.2。设定绘图区域大小为 150×150，单击【标准】工具栏 按钮使绘图区域充满整个图形窗口显示出来。

(3) 打开极轴追踪、对象捕捉及自动追踪功能。指定极轴追踪角度增量为 90°；设定对象捕捉方式为"端点"、"交点"。

(4) 切换到轮廓线层，绘制作图基准线 A、B，其长度为 110 左右，如图 6-33 左图所示。用 OFFSET 及 TRIM 命令形成线框 C，如图 6-33 右图所示。

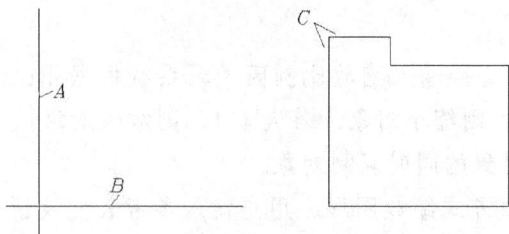

图6-33 绘制作图基准线及线框

(5) 绘制线框 *B*、*C*、*D*，如图 6-34 左图所示。用 COPY、ROTATE、SCALE 及 STRETCH 等命令形成线框 *E*、*F*、*G*，如图 6-34 右图所示。

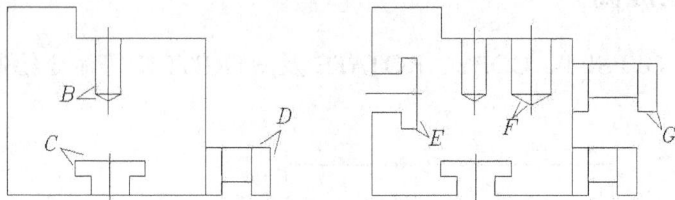

图6-34 形成线框 *E*、*F*、*G*

练一练

利用 LINE、OFFSET、COPY 及 STRETCH 等命令绘制平面图形，如图 6-35 所示。

图6-35 利用 LINE、OFFSET、COPY 及 STRETCH 等命令绘图

6.4 关键点编辑方式

关键点编辑方式是一种集成的编辑模式，该模式包含了 5 种编辑方法：拉伸，移动，旋转，比例缩放，镜像。

在默认情况下，系统的关键点编辑方式是开启的。当用户选择实体后，实体上将出现若干方框，这些方框被称为关键点。把十字光标靠近方框并单击鼠标左键，激活关键点编辑状态，此时系统自动进入"拉伸"编辑方式，连续按下 Enter 键，就可以在所有编辑方式间切换。此外，也可在激活关键点后，再单击鼠标右键，弹出快捷菜单，如图6-36所示，通过此菜单选择某种编辑方法。

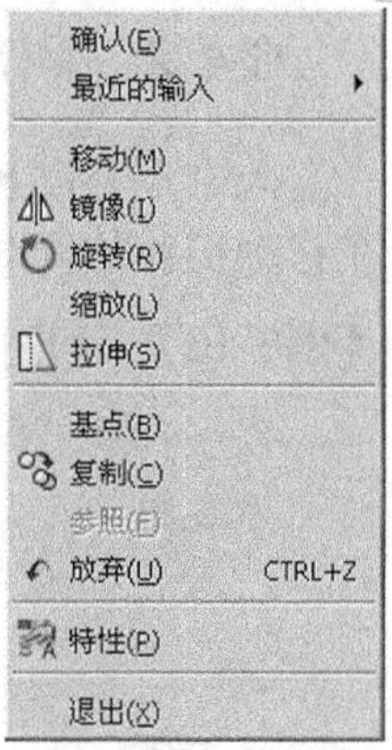

系统为每种编辑方法提供的选项基本相同，其中"基点(B)"、"复制(C)"选项是所有编辑方式所共有的。

图6-36 关键点编辑方式

- 基点(B)：该选项使用户可以拾取某一个点作为编辑过程的基点。例如，当进入了旋转编辑模式，并要指定一个点作为旋转中心时，就使用"基点(B)"选项。在默认情况下，编辑的基点是热关键点（选中的关键点）。

- 复制(C)：如果用户在编辑的同时还需复制对象，则选取此选项。

6.4.1 利用关键点拉伸对象

在拉伸编辑模式下，当热关键点是线条的端点时，将有效地拉伸或缩短对象。如果热关键点是线条的中点、圆或圆弧的圆心或者属于块、文字及尺寸数字等实体时，这种编辑方式就只移动对象。

【例6-15】 利用关键点拉伸线段。

(1) 打开文件"6-10.dwg"，如图 6-37 左图所示。下面利用关键点拉伸模式将左图修改为右图。

(2) 打开极轴追踪、对象捕捉及自动追踪功能。

命令:	//选择线段 A
命令:	//选中关键点 B
** 拉伸 **	//进入拉伸模式
指定拉伸点或 [基点(B)/复制(C)/放弃(U)/退出(X)]:	//向下移动光标并捕捉交点 C

结果如图 6-37 右图所示。

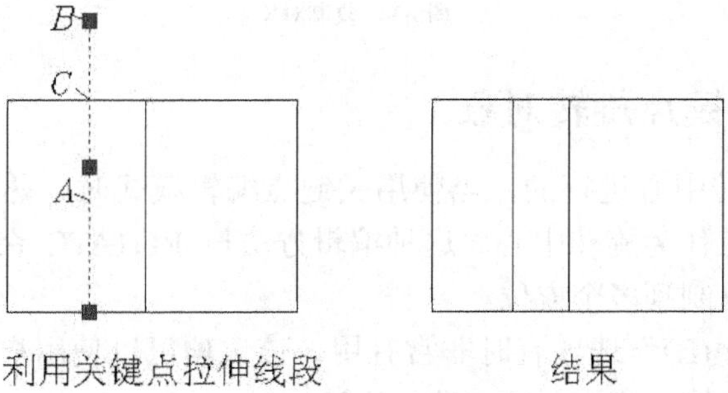

利用关键点拉伸线段　　　　　　　　　　结果

图6-37 拉伸线段

小技巧

打开正交状态后就可很方便地利用关键点拉伸方式改变水平或竖直线段的长度。

113

6.4.2 利用关键点移动和复制对象

关键点移动模式可以编辑单一对象或一组对象,在此方式下使用"复制(C)"选项就能在移动实体的同时进行复制。这种编辑模式的使用与普通的 MOVE 命令很相似。

【例6-16】 利用关键点复制对象。

打开文件"6-11.dwg",如图 6-38 左图所示。下面利用关键点移动模式将左图修改为右图。

命令:	//选择矩形 A
命令:	//选中关键点 B
** 拉伸 **	
指定拉伸点或 [基点(B)/复制(C)/放弃(U)/退出(X)]:	//进入拉伸模式
** 移动 **	
指定移动点或 [基点(B)/复制(C)/放弃(U)/退出(X)]:	//按 Enter 键进入移动模式
指定移动点或 [基点(B)/复制(C)/放弃(U)/退出(X)]: c	//选用选项"复制(C)"进行复制
** 移动 (多重) **	
指定移动点或 [基点(B)/复制(C)/放弃(U)/退出(X)]: b	//选用选项"基点(B)"
指定基点: int 于	//捕捉 C 点
** 移动 (多重) **	
指定移动点或 [基点(B)/复制(C)/放弃(U)/退出(X)]: int 于	//捕捉 D 点
** 移动 (多重) **	
指定移动点或 [基点(B)/复制(C)/放弃(U)/退出(X)]:	//按 Enter 键结束

结果如图 6-38 右图所示。

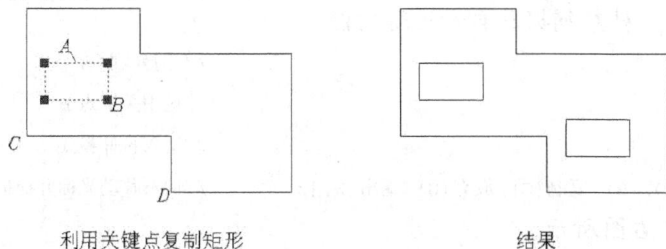

利用关键点复制矩形　　　　　　　　　　　结果

图6-38 复制对象

6.4.3 利用关键点旋转对象

旋转对象是绕旋转中心进行的,当使用关键点编辑模式时,热关键点就是旋转中心,用户也可以指定其他点作为旋转中心。这种编辑方法与 ROTATE 命令相似,它的优点在于一次可将对象旋转且复制到多个方位。

旋转操作中"参照(R)"选项有时非常有用,该选项可以使用户旋转图形实体使其与某个新位置对齐,下面的练习将演示此选项的用法。

【例6-17】 利用关键点旋转对象。

打开文件"6-12.dwg",如图 6-39 左图所示。下面利用关键点旋转模式将左图修改为右图。

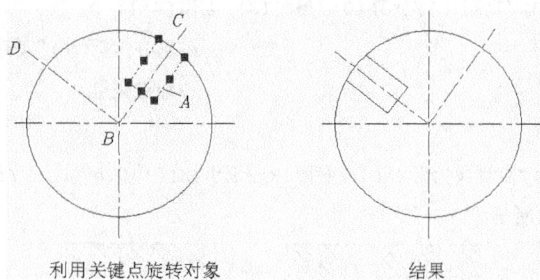

利用关键点旋转对象　　　　　　　　结果

图6-39　旋转图形

命令:	//选择线框 A，如图 6-39 左图所示
命令:	//选中任意一个关键点
** 拉伸 **	//进入拉伸模式
指定拉伸点或 [基点(B)/复制(C)/放弃(U)/退出(X)]:	//按 Enter 键进入移动模式
** 移动 **	
指定移动点或 [基点(B)/复制(C)/放弃(U)/退出(X)]:	//按 Enter 键进入旋转模式
** 旋转 **	
指定旋转角度或 [基点(B)/复制(C)/放弃(U)/参照(R)/退出(X)]: b	
	//使用"基点(B)"选项指定旋转中心
指定基点: int 于	//捕捉 B 点作为旋转中心
** 旋转 **	
指定旋转角度或 [基点(B)/复制(C)/放弃(U)/参照(R)/退出(X)]: r	
	//选用"参照(R)"选项
指定参照角 <0>: int 于	//捕捉 B 点
指定第二点: end 于	//捕捉端点 C
** 旋转 **	
指定新角度或 [基点(B)/复制(C)/放弃(U)/参照(R)/退出(X)]: end 于	//捕捉端点 D

结果如图 6-39 右图所示。

6.4.4　利用关键点缩放对象

关键点编辑方式也提供了缩放对象的功能，当切换到缩放模式时，当前激活的热关键点是缩放的基点。用户可以输入比例系数对实体进行放大或缩小，也可利用"参照(R)"选项将实体缩放到某一尺寸。

【例6-18】　利用关键点缩放模式缩放对象。

打开文件"6-13.dwg"，如图 6-40 左图所示。下面利用关键点缩放模式将左图修改为右图。

命令:	//选择线框 A，如图 6-40 左图所示
命令:	//选中任意一个关键点
** 拉伸 **	//进入拉伸模式
指定拉伸点或 [基点(B)/复制(C)/放弃(U)/退出(X)]:	//按 3 次 Enter 键进入比例缩放模式
** 比例缩放 **	

指定比例因子或 [基点(B)/复制(C)/放弃(U)/参照(R)/退出(X)]：b

                //选用"基点(B)"选项指定缩放基点

指定基点：int 于   //捕捉交点 B

** 比例缩放 **

指定比例因子或 [基点(B)/复制(C)/放弃(U)/参照(R)/退出(X)]：0.5   //输入缩放比例值

结果如图 6-40 右图所示。

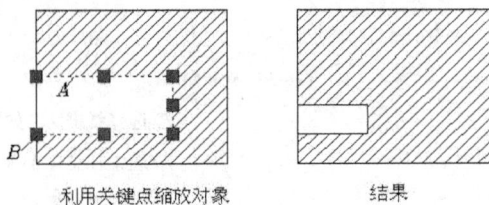

图6-40 缩放对象

6.4.5 利用关键点镜像对象

进入镜像模式后，系统直接提示"指定第二点"。默认情况下，热关键点是镜像线的第一点，在拾取第二点后，此点便与第一点一起形成镜像线。如果用户要重新设定镜像线的第一点，就选取"基点(B)"选项。

【例6-19】 利用关键点镜像对象。

打开文件"6-14.dwg"，如图 6-41 左图所示。下面利用关键点镜像模式将左图修改为右图。

命令：   //选择要镜像的对象，如图 6-41 左图所示

命令：   //选中关键点 A

** 拉伸 **   //进入拉伸模式

指定拉伸点或 [基点(B)/复制(C)/放弃(U)/退出(X)]：   //按 4 次 Enter 键进入镜像模式

** 镜像 **

指定第二点或 [基点(B)/复制(C)/放弃(U)/退出(X)]：c   //镜像并复制

** 镜像 (多重) **

指定第二点或 [基点(B)/复制(C)/放弃(U)/退出(X)]：int 于   //捕捉交点 B

** 镜像 (多重) **

指定第二点或 [基点(B)/复制(C)/放弃(U)/退出(X)]：   //按 Enter 键结束

结果如图 6-41 右图所示。

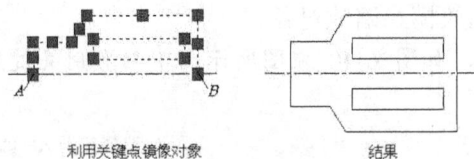

图6-41 镜像图形

> **小技巧** 激活关键点编辑模式后，可通过输入下列字母直接进入某种编辑方式：MI——镜像，MO——移动，RO——旋转，SC——缩放，ST——拉伸。

6.5 编辑图形元素属性

在 AutoCAD 中，对象属性是指系统赋予对象的颜色、线型、图层、高度及文字样式等特性。例如直线和曲线包含图层、线型及颜色等，而文本则具有图层、颜色、字体及字高等。改变对象属性一般可利用 PROPERTIES 命令，使用该命令时，系统打开【特性】对话框，该对话框列出了所选对象的所有属性，通过此对话框可以很方便地进行修改对象的属性。

改变对象属性的另一种方法是采用 MATCHPROP 命令，该命令可以使被编辑对象的属性与指定的源对象的某些属性完全相同，即把源对象属性传递给目标对象。

6.5.1 用 PROPERTIES 命令改变对象属性

命令 启动 方法	• 菜单命令：【修改】/【特性】。 • 工具栏：【标准】工具栏上的 按钮。 • 命令：PROPERTIES 或简写 PROPS。

下面通过修改非连续线当前线型比例因子的例子来说明 PROPERTIES 命令的用法。

【例6-20】 打开文件 "6-15.dwg"，如图 6-42 左图所示。用 PROPERTIES 命令将左图修改为右图。

(1) 选择要编辑的非连续线，如图 6-42 左图所示。

(2) 单击【标准】工具栏上的 按钮或输入 PROPERTIES 命令，打开【特性】对话框，如图 6-43 所示。

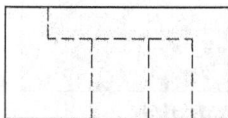

当前对象线性比例= 1   当前对象线性比例= 2

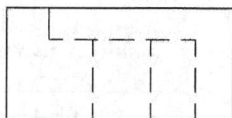

图6-42 选择对象

图6-43 【特性】对话框

根据所选对象不同，【特性】对话框中显示的属性项目也不同，但有一些属性项目几乎是所有对象所拥有的，如颜色、图层及线型等。当在绘图区中选择单个对象时，【特性】对话框就显示此对象的特性。若选择多个对象，【特性】对话框将显示它们所共有的特性。

(3) 用光标选取【线型比例】文本框，然后输入当前线型比例因子，该比例因子默认值是1，输入新数值 2，按 Enter 键，图形窗口中非连续线立即更新，显示修改后的结果，如图 6-42 右图所示。

6.5.2 对象特性匹配

MATCHPROP 命令是一个非常有用的编辑工具。用户可使用此命令将源对象的属性

（如颜色、线型、图层和线型比例等）传递给目标对象。操作时，用户要选择两个对象，第一个为源对象，第二个是目标对象。

命令启动方法	● 菜单命令：【修改】/【特性匹配】。 ● 工具栏：【标准】工具栏上的 ✎ 按钮。 ● 命令：MATCHPROP 或简写 MA。

【例6-21】 打开文件 "6-16.dwg"，如图 6-44 左图所示。用 MATCHPROP 命令将左图修改为右图。

(1) 单击【标准】工具栏上的 ✎ 按钮，或输入 MATCHPROP 命令，AutoCAD 提示：

命令：'_matchprop

选择源对象：   //选择源对象，如图 6-44 左图所示

选择目标对象或 [设置(S)]：   //选择第一个目标对象

选择目标对象或 [设置(S)]：   //选择第二个目标对象

选择目标对象或 [设置(S)]：   //按 Enter 键结束

选择源对象后，光标变成类似"刷子"形状，用此"刷子"来选取接受属性匹配的目标对象，结果如图 6-44 右图所示。

(2) 如果用户仅想使目标对象的部分属性与源对象相同，可在选择源对象后，输入"S"，打开【特性设置】对话框，如图 6-45 所示。在默认情况下，系统选中该对话框中所有源对象的属性进行复制，但也可指定其中部分属性传递给目标对象。

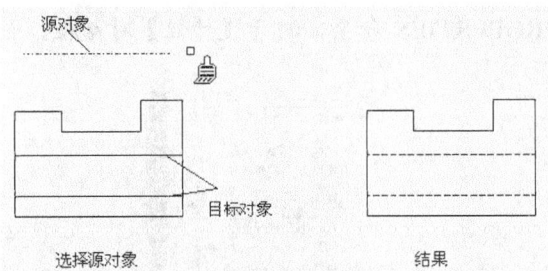

图6-44 特性匹配

图6-45 【特性设置】对话框

6.6 视图显示控制

系统提供了多种控制图形显示的方法，如实时平移、实时缩放、鹰眼窗口等，利用这些功能，用户可以灵活地观察图形的任何一个部分。

6.6.1 控制图形显示的命令按钮

实时平移、实时缩放及窗口缩放的工具分别是 🖐、🔍 和 🔍 按钮，它们的用法已经在第 2 章中介绍过了。【缩放】工具栏中包含了更多的控制图形显示的按钮，如图 6-46 所示，通

图6-46 【缩放】工具栏

过这些按钮用户可以很方便地放大图形局部区域或是观察图形全貌。按住【标准】工具栏上的 按钮也将弹出与【缩放】工具栏中相同的命令按钮。下面介绍这些按钮的功能。

1. 按钮——动态缩放

利用一个可平移并能改变其大小的矩形框缩放图形。用户可先调整矩形框的大小，然后将此矩形框移动到要缩放的位置，系统将当前矩形框中的图形布满整个视口。

【例6-22】 练习动态缩放。

(1) 打开文件 "6-17.dwg"。

(2) 启动动态缩放功能，将图形界限（即栅格的显示范围，用 LIMITS 命令设定）及全部图形都显示在图形窗口中，并提供给用户一个缩放矩形框，该框表示当前视口的大小，框中包含一个 "×"，表明处于平移状态，如图 6-47 所示。此时，移动鼠标，矩形框将跟随移动。

图6-47 动态缩放

(3) 单击鼠标左键，矩形框中的 "×" 变成一个水平箭头，表明处于缩放状态，再向左或向右移动鼠标，就减小或增大矩形框。若向上或向下移动鼠标，矩形框就随着鼠标沿竖直方向移动。请注意，此时矩形框左端竖直线在水平方向的位置是不变的。

(4) 调整完矩形框的大小后，若再想移动矩形框，可再单击鼠标左键切换回平移状态，此时矩形框中又出现 "×"。

(5) 将矩形框的大小及位置都确定后，如图 6-47 所示，按 Enter 键，则系统在整个绘图窗口中显示矩形框中的图形。

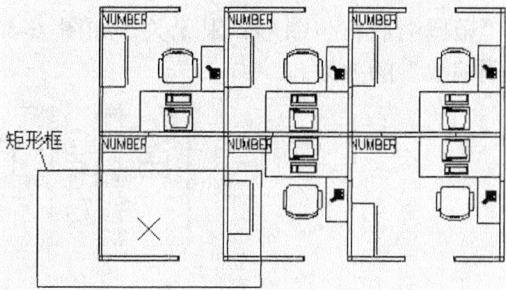

2. 按钮——比例缩放

以输入的比例值缩放视图，输入缩放比例的方式有以下 3 种。

- 直接输入缩放比例数值，此时系统并不以当前视图为准来缩放图形，而是放大或缩小图形界限，从而使当前视图的显示比例发生变化。
- 如果要相对于当前视图进行缩放，则需在比例因子的后面加入字母 "X"。例如，"$0.5X$" 表示将当前视图缩小一倍。
- 若要相对于图纸空间缩放图形，则需在比例因子后面加上字母 "XP"。

3. 按钮——中心缩放

启动中心缩放方式后，AutoCAD 提示：

指定中心点：   //指定缩放中心点

输入比例或高度 <200.1670>：   //输入缩放比例或图形窗口的高度值

系统将以指定点为显示中心，并根据缩放比例因子或图形窗口的高度值显示一个新视图。缩放比例因子的输入方式是 "nX"，n 表示放大倍数。

4. 按钮——缩放对象

把选择的一个或多个对象充满整个图形窗口显示出来，并使其位于绘图窗口的中心位置。

5. 按钮

系统将当前视图放大一倍。

6. 按钮

系统将当前视图缩小一倍。

7. 按钮——全部缩放

单击此按钮，系统将全部图形及图形界限显示在图形窗口中。

8. 按钮——范围缩放

单击此按钮，系统将尽可能大地将整个图形显示在图形窗口中。与"全部缩放"相比，"范围缩放"与图形界限无关，如图 6-48 所示，左图是"全部缩放"的效果，右图是"范围缩放"的效果。

图6-48 全部缩放及范围缩放

6.6.2 鹰眼窗口

鹰眼窗口和图形窗口是分离的，它提供了观察图形的另一个区域，当打开它时，窗口中显示整幅图形。如果绘制的图形很大并且又有很多细节时，利用鹰眼窗口平移或缩放图形就极为方便了。

在鹰眼窗口中建立矩形框来观察图样，如果要放大图样，就使矩形框缩小一些，否则让矩形框变大一些。当矩形框放置在图样的某一位置时，在图形窗口中就显示这个位置处的实时缩放视图。

【例6-23】 利用鹰眼窗口观察图形。

(1) 打开文件 "6-18.dwg"。

(2) 选取菜单命令【视图】/【鸟瞰视图】，打开鹰眼窗口，该窗口中显示了整幅图样。单击此窗口的图形区域将它激活，与此同时在鹰眼窗口中出现一个可随光标移动的矩形框，该框表示当前图形窗口的大小，框中包含一个"×"号，表明处于平移状态，如图 6-49 所示。此时，移动鼠标，矩形框将跟随移动。

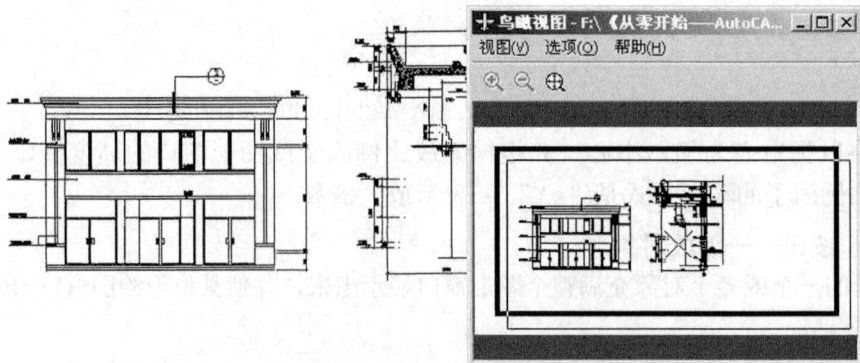

图6-49 鹰眼窗口

(3) 单击鼠标左键，矩形框中随即出现一个水平箭头，表明处于缩放状态。向左或向右移动鼠标，矩形框就减小或增大，而在系统绘图窗口中将立即显示出新的缩放图形。

(4) 调整好矩形框大小后，再次单击鼠标左键，又切换到平移状态，移动矩形框到要观察的部位，按 Enter 键确认，结果如图 6-50 所示。

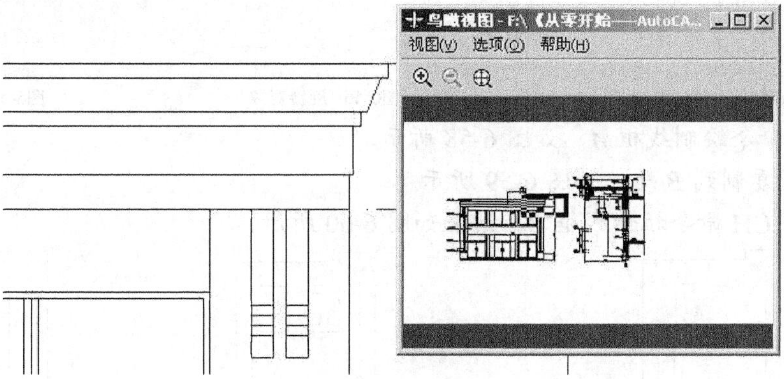

图6-50 用鹰眼窗口缩放

6.7 综合练习——利用已有图形生成新图形

【例6-24】 绘制图 6-51 所示的图形。

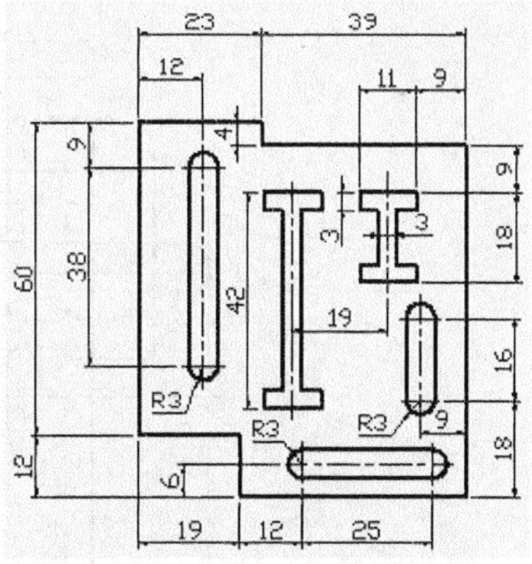

(1) 打开极轴追踪、对象捕捉及捕捉追踪功能。设置极轴追踪角度增量为 90°，设定对象捕捉方式为端点、圆心和交点，设置仅沿正交方向进行捕捉追踪。

(2) 绘制两条绘图基准线 A、B，线段 A 的长度约为 80，线段 B 的长度约为 90，如图 6-52 所示。

(3) 用 OFFSET、TRIM 等命令绘制线框 C，如图 6-53 所示。

(4) 用 LINE、CIRCLE 等命令绘制线框 D，如图 6-54 所示。

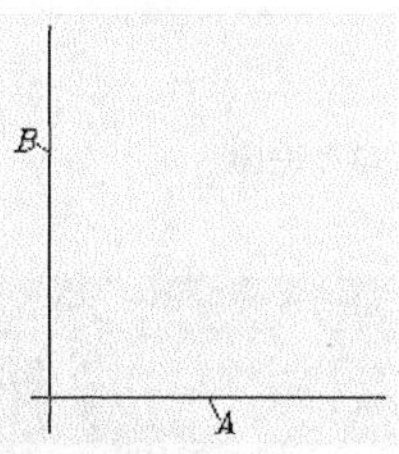

图6-51 绘制具有均布特征的图形

图6-52 绘制线段 A、B

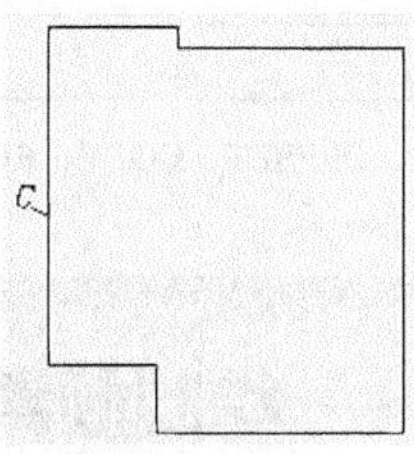

图6-53 绘制线框 C

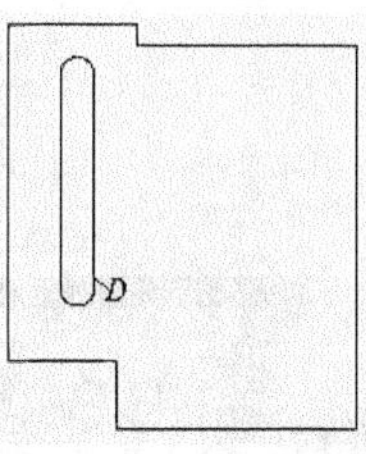

图6-54 绘制线框 D

(5) 把线框 D 复制到 E、F 处，如图 6-55 所示。

(6) 把线框 E 绕 G 点旋转-90°，结果如图 6-56 所示。

(7) 用 STRETCH 命令改变线框 E、F 的长度，结果如图 6-57 所示。

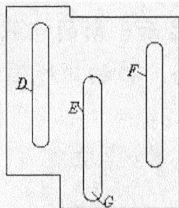

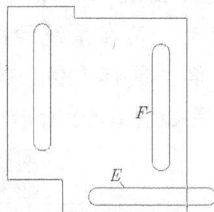

图6-55 复制对象   图6-56 旋转对象   图6-57 拉伸对象

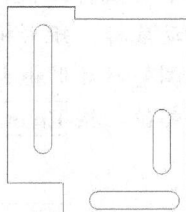

(8) 用 LINE 命令绘制线框 A，如图 6-58 所示。

(9) 把线框 A 复制到 B 处，如图 6-59 所示。

(10) 用 STRETCH 命令拉伸线框 B，结果如图 6-60 所示。

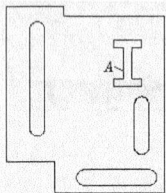

图6-58 绘制线框 A   图6-59 复制对象   图6-60 拉伸对象

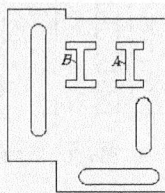

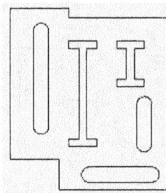

练一练

利用 LINE、OFFSET、COPY、ROTATE 及 STRETCH 等命令绘制平面图形，如图 6-61 所示。

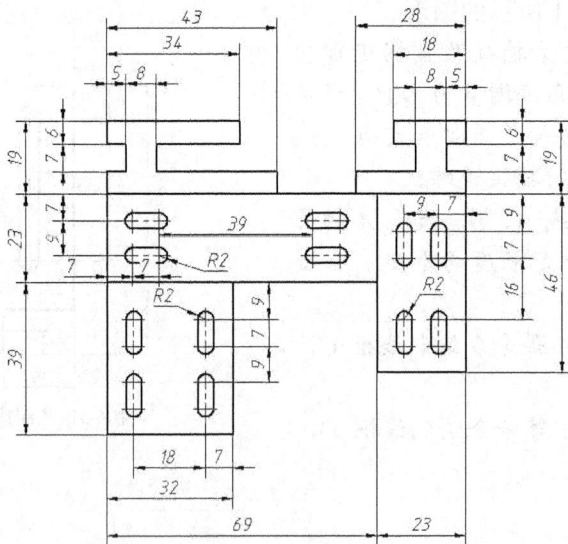

图6-61 利用 LINE、OFFSET、COPY、ROTATE 及 STRETCH 等命令绘图

6.8 综合练习——绘制倾斜方向的图形

【例6-25】 绘制图 6-62 所示的图形。

(1) 打开极轴追踪、对象捕捉及捕捉追踪功能。设置极轴追踪角度增量为 90°，设定对象捕捉方式为端点、交点，设置仅沿正交方向进行捕捉追踪。

(2) 用 LINE 命令绘制线框 A，如图 6-63 所示。

(3) 用 XLINE 及 TRIM 命令绘制斜线 B、C，如图 6-64 所示。

(4) 用 CIRCLE 命令绘制圆 D，用 OFFSET、TRIM 等命令绘制线框 E，如图 6-65 所示。

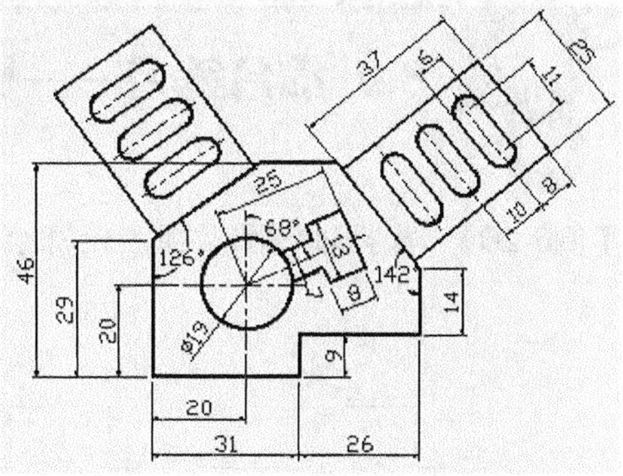

图6-62 绘制具有倾斜方向特征的图形

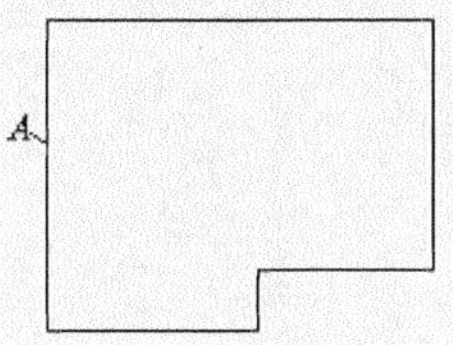

图6-63 绘制线框 A

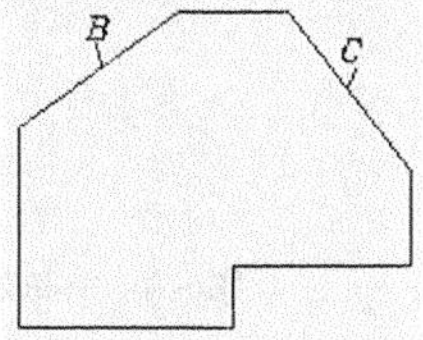

图6-64 绘制斜线 B、C

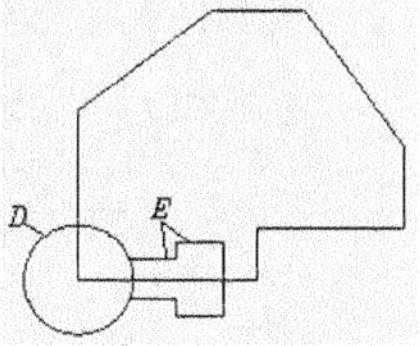

图6-65 绘制图形 D、E

(5) 把圆 D 及线框 E 移动到正确位置，再将线框绕圆 D 的圆心旋转 22°，结果如图 6-66 所示。

(6) 绘制平面图形 F，如图 6-67 所示。

(7) 复制平面图形 F，并将其定位到正确的位置，如图 6-68 所示。

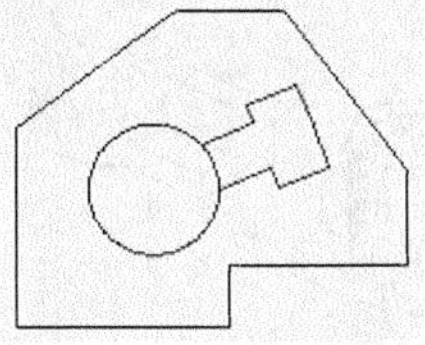

图6-66 移动及旋转对象

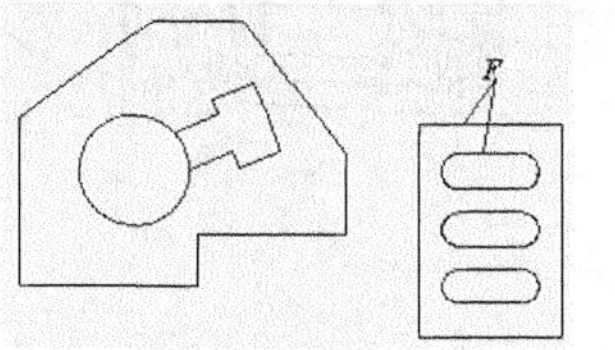

图6-67 绘制图形 F

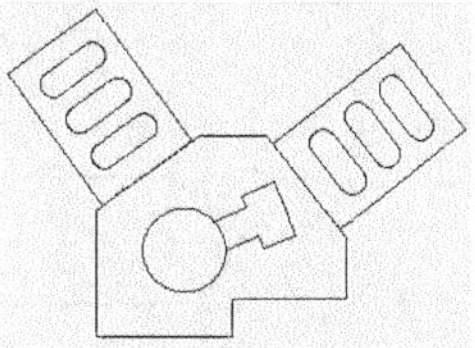

图6-68 复制图形 F

练一练

用 OFFSET、COPY、ROTATE 及 ALIGN 等命令绘制图 6-69 所示的图形。

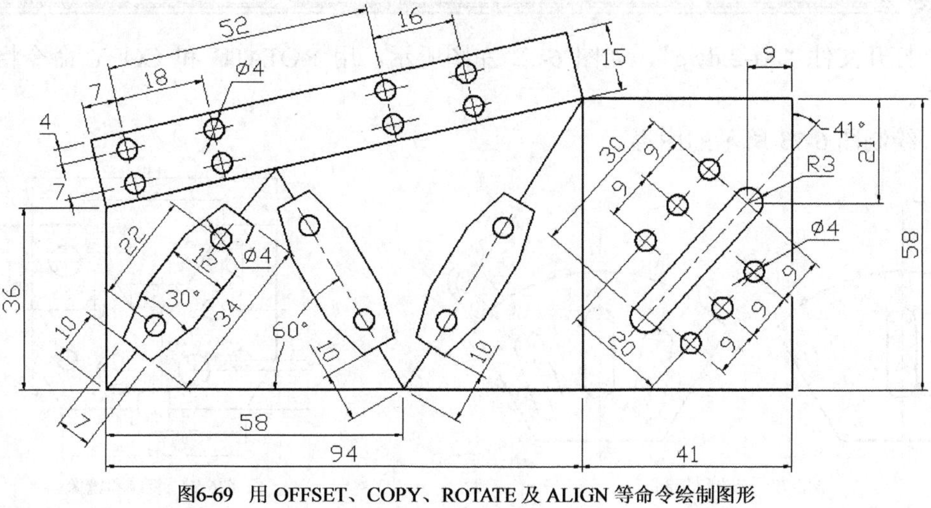

图6-69 用 OFFSET、COPY、ROTATE 及 ALIGN 等命令绘制图形

6.9 综合练习——根据轴测图绘制平面视图

【例6-26】 根据轴测图及视图轮廓绘制三视图，如图 6-70 所示。

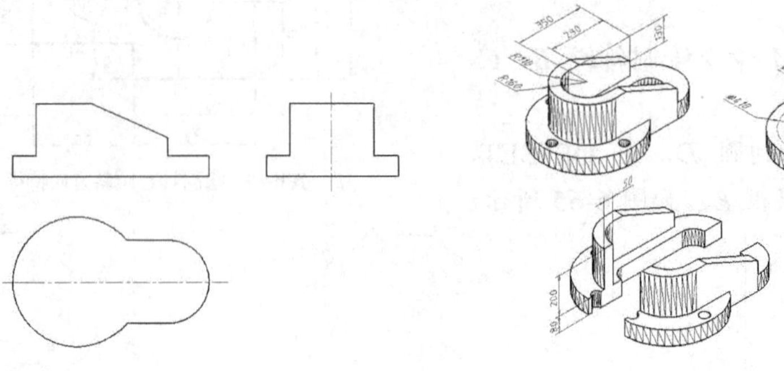

图6-70 绘制三视图

【例6-27】 根据轴测图及视图轮廓绘制视图及剖视图，如图 6-71 所示。主视图采用旋转剖方式绘制。

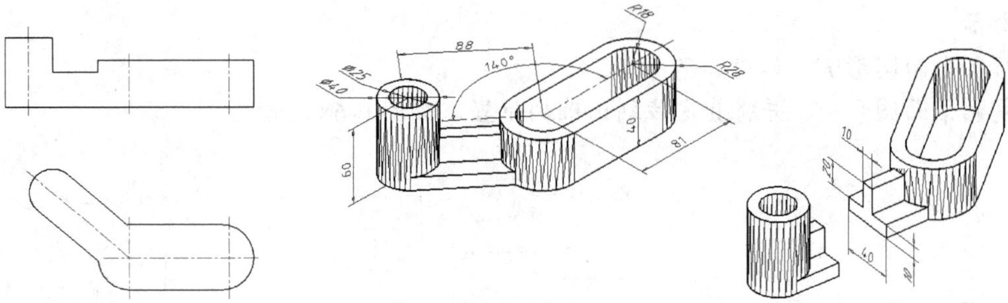

图6-71 绘制视图及剖视图（1）

习题

1. 打开文件"Xt-2.dwg"，如图 6-72 左图所示。用 ROTATE 和 COPY 命令将左图修改为右图。

2. 绘制图 6-73 所示的图形。

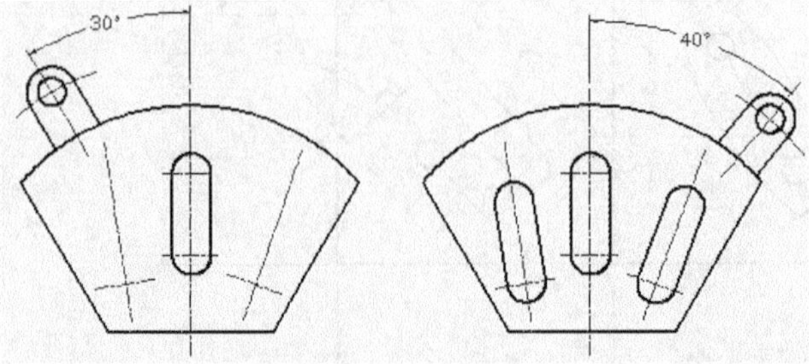

图6-72 旋转和复制

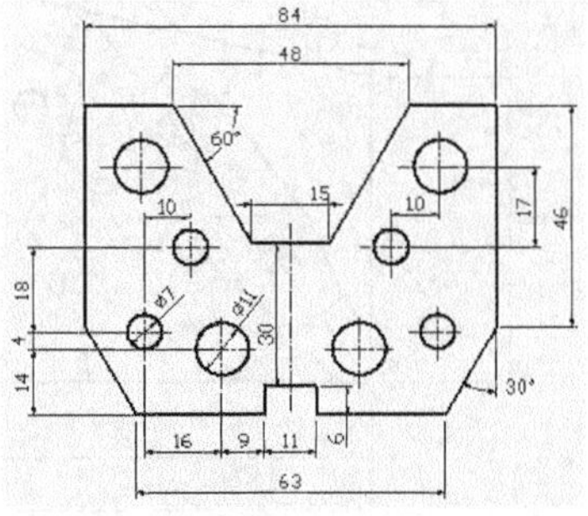

图6-73 复制和镜像

3. 绘制图 6-74 所示的图形。

4. 绘制图 6-75 所示的图形。

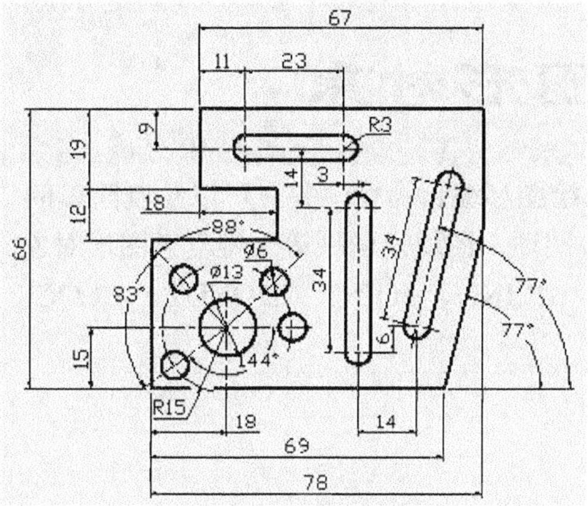

图6-74 旋转和复制

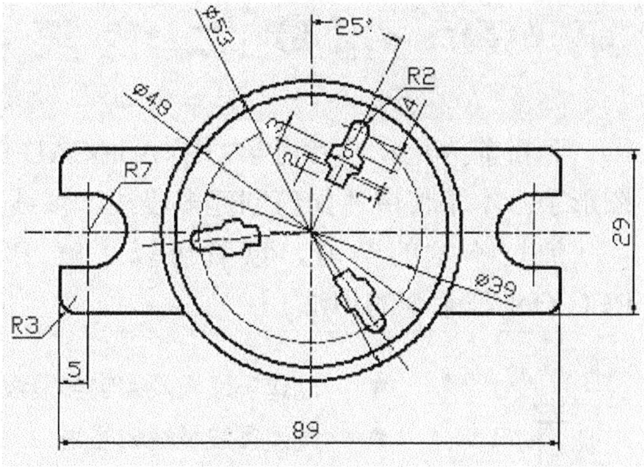

图6-75 用 ALIGN 命令定位图形

5. 绘制图 6-76 所示的图形。

6. 绘制图 6-77 所示的图形。

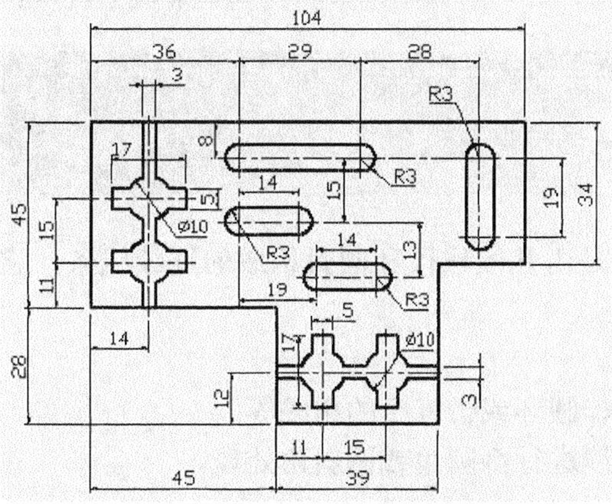

图6-76 用 COPY、ROTATE 等命令绘图

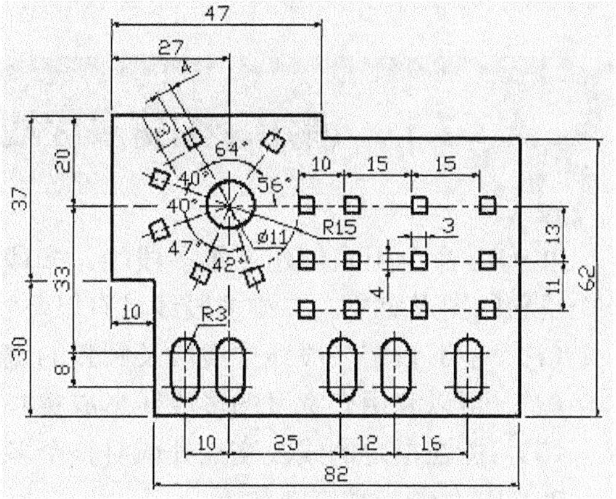

图6-77 利用关键点编辑模式绘图

7. 绘制图 6-78 所示的图形。

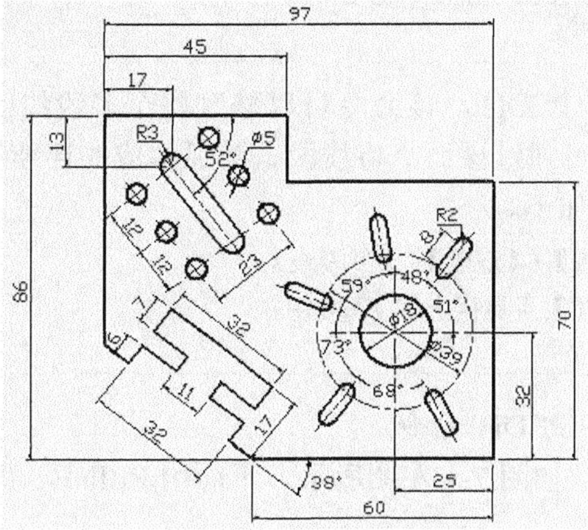

图6-78 用 ROTATE、ALIGN 等命令绘图

第7章 创建二维复杂图形对象

到目前为止，读者已学习了 AutoCAD 的基本绘图和编辑命令，并且可以绘制简单的二维图形了。本章将讲述如何创建多段线、多线、实心圆环、图块及面域等二维复杂图形对象。

通过本章的学习，读者可以了解 PLINE、MLINE、POINT、DONUT、BLOCK 及 REGION 等命令的用法。

<table>
<tr><td rowspan="5">学习目标</td><td>● 创建多段线及编辑多段线。</td></tr>
<tr><td>● 创建多线及编辑多线。</td></tr>
<tr><td>● 生成点对象和圆环。</td></tr>
<tr><td>● 使用图块及属性。</td></tr>
<tr><td>● 创建面域及面域间的布尔运算。</td></tr>
</table>

7.1 创建及编辑多段线

PLINE 命令用来创建二维多段线。多段线是由几段线段和圆弧构成的连续线条，它是一个单独的图形对象。二维多段线具有以下特点。

（1） 能够设定多段线中线段及圆弧的宽度。

（2） 可以利用有宽度的多段线形成实心圆、圆环或带锥度的粗线等。

（3） 能在指定的线段交点处或对整个多段线进行倒圆角或倒斜角处理。

PLINE 命令启动方法如下。

<table>
<tr><td>命令
启动
方法</td><td>● 菜单命令：【绘图】/【多段线】。
● 工具栏：【绘图】工具栏上的 ◢ 按钮。
● 命令：PLINE。</td></tr>
</table>

编辑多段线的命令是 PEDIT，该命令可以修改整个多段线的宽度值或是分别控制各段的宽度值。此外，用户还可通过该命令将线段、圆弧构成的连续线编辑成一条多段线。

PEDIT 命令启动方法如下。

<table>
<tr><td>命令
启动
方法</td><td>● 菜单命令：【修改】/【对象】/【多段线】。
● 工具栏：【修改Ⅱ】工具栏上的 ◢ 按钮。
● 命令：PEDIT。</td></tr>
</table>

【例7-1】 练习 PLINE 和 PEDIT 命令。

打开文件"7-1.dwg"，如图 7-1 左图所示。下面用 PLINE、PEDIT 及 OFFSET 命令将左图修改为右图。

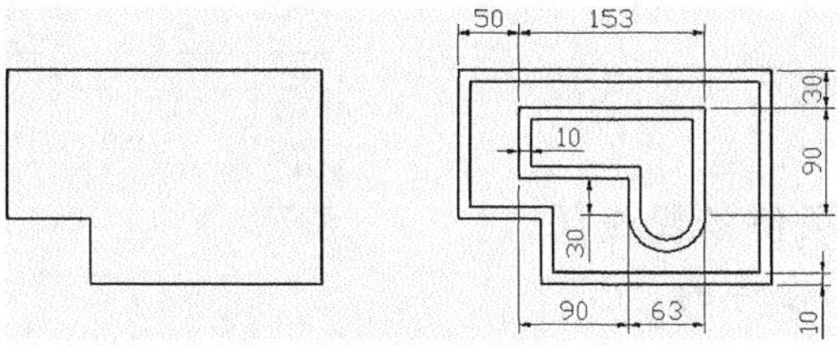

图7-1 画多段线及编辑多段线

(1) 打开极轴追踪、对象捕捉及自动追踪功能，设定对象捕捉方式为"端点"、"交点"。

命令: _pline

指定起点: from   //使用正交偏移捕捉

基点: //捕捉 A 点，如图 7-2 左图所示

<偏移>: @50,-30   //输入 B 点的相对坐标

指定下一个点或 [圆弧(A)/半宽(H)/长度(L)/放弃(U)/宽度(W)]: 153

                                //从 B 点向右追踪并输入追踪距离

指定下一点或 [圆弧(A)/闭合(C)/半宽(H)/长度(L)/放弃(U)/宽度(W)]: 90

                                //从 C 点向下追踪并输入追踪距离

指定下一点或 [圆弧(A)/闭合(C)/半宽(H)/长度(L)/放弃(U)/宽度(W)]: a

                                //选用"圆弧(A)"选项画圆弧

指定圆弧的端点或[角度(A)/圆心(CE)/闭合(CL)/方向(D)/半宽(H)/直线(L)/半径(R)/第二个点(S)/

放弃(U)/宽度(W)]: 63   //从 D 点向左追踪并输入追踪距离

指定圆弧的端点或[角度(A)/圆心(CE)/闭合(CL)/方向(D)/半宽(H)/直线(L)/半径(R)/第二个点(S)/

放弃(U)/宽度(W)]: l   //选用"直线(L)"选项切换到画直线模式

指定下一点或 [圆弧(A)/闭合(C)/半宽(H)/长度(L)/放弃(U)/宽度(W)]: 30

                                //从 E 点向上追踪并输入追踪距离

指定下一点或 [圆弧(A)/闭合(C)/半宽(H)/长度(L)/放弃(U)/宽度(W)]:

                                //从 F 点向左追踪，再以 B 点为追踪参考点确定 G 点

指定下一点或 [圆弧(A)/闭合(C)/半宽(H)/长度(L)/放弃(U)/宽度(W)]:

                                //捕捉 B 点

指定下一点或 [圆弧(A)/闭合(C)/半宽(H)/长度(L)/放弃(U)/宽度(W)]:

                                //按 Enter 键结束

命令: pedit

选择多段线或 [多条(M)]:   //选择线段 M，如图 7-2 左图所示

是否将其转换为多段线? <Y>   //按 Enter 键将线段 M 转换为多段线

输入选项 [闭合(C)/合并(J)/宽度(W)/编辑顶点(E)/拟合(F)/样条曲线(S)/非曲线化(D)/线型生成

(L)/放弃(U)]: j   //选用"合并(J)"选项

选择对象: 指定对角点:总计 5 个   //选择线段 H、I、J、K 和 L

选择对象: //按 Enter 键

输入选项 [闭合(C)/合并(J)/宽度(W)/编辑顶点(E)/拟合(F)/样条曲线(S)/非曲线化(D)/线型生成

(L)/放弃(U)]:   //按 Enter 键结束

(2) 用 OFFSET 命令将两个闭合线框向内偏移，偏移距离为 10，结果如图 7-2 右图所示。

【PLINE 命令选项】

- 圆弧(A)：使用此选项可以画圆弧。
- 闭合(C)：此选项使多段线闭合，它与 LINE 命令的 "C" 选项作用相同。

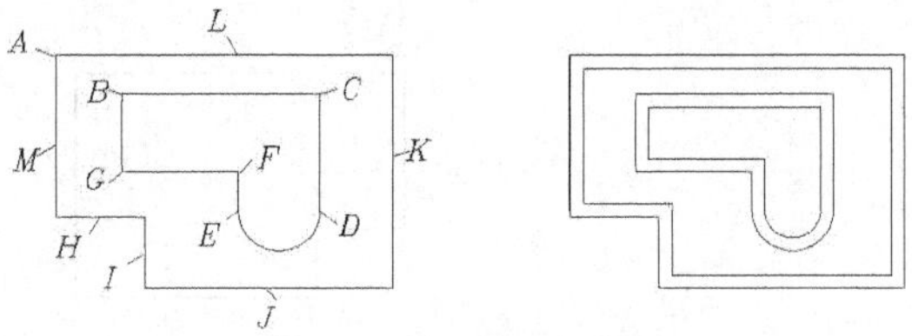

图7-2 创建及编辑多段线

- 半宽(H)：该选项用于指定本段多段线的半宽度，即线宽的一半。
- 长度(L)：指定本段多段线的长度，其方向与上一条直线段相同或是沿上一段圆弧的切线方向。
- 放弃(U)：删除多段线中最后一次绘制的直线段或圆弧段。
- 宽度(W)：设置多段线的宽度，此时系统将提示 "指定起点宽度" 和 "指定端点宽度"，用户可输入不同的起始宽度和终点宽度值来绘制一条宽度逐渐变化的多段线。

【PEDIT 命令选项】

- 合并(J)：将线段、圆弧或多段线与所编辑的多段线连接以形成一条新的多段线。
- 宽度(W)：修改整条多段线的宽度。

7.2 创建多线

MLINE 命令用于创建多线。多线是由多条平行直线组成的对象，其最多可包含 16 条平行线，线间的距离、线的数量、线条颜色及线型等都可以调整。该对象常用于绘制墙体、公路或管道等。

命令启动方法	• 菜单命令：【绘图】/【多线】。 • 命令：MLINE。

【例7-2】 练习 MLINE 命令。

打开文件 "7-2.dwg"，如图 7-3 左图所示。下面用 MLINE 命令将左图修改为右图。

```
命令: _mline
指定起点或 [对正(J)/比例(S)/样式(ST)]: j          //选用 "对正(J)" 选项
输入对正类型 [上(T)/无(Z)/下(B)] <上>: z           //设定对正方式为 "无"
指定起点或 [对正(J)/比例(S)/样式(ST)]: int          //捕捉 A 点，如图 7-3 左图所示
指定下一点: int 于                                  //捕捉 B 点
指定下一点或 [放弃(U)]:                              //捕捉 C 点
指定下一点或 [闭合(C)/放弃(U)]:    int 于            //捕捉 D 点
指定下一点或 [闭合(C)/放弃(U)]:    int 于            //捕捉 E 点
指定下一点或 [闭合(C)/放弃(U)]:    int 于            //捕捉 F 点
指定下一点或 [闭合(C)/放弃(U)]:    int 于            //捕捉 G 点
```

指定下一点或 [闭合(C)/放弃(U)]:   int 于   //捕捉 H 点

指定下一点或 [闭合(C)/放弃(U)]:int 于   //捕捉 I 点

指定下一点或 [闭合(C)/放弃(U)]:int 于   //捕捉 J 点

指定下一点或 [闭合(C)/放弃(U)]:int 于   //捕捉 K 点

指定下一点或 [闭合(C)/放弃(U)]: c   //使多线闭合

结果如图 7-3 右图所示。

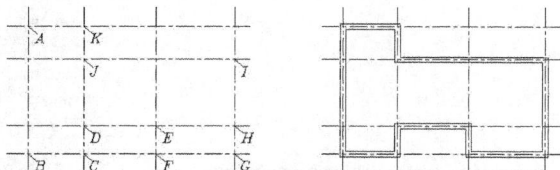

图7-3　画多线

【命令选项】

- 对正(J): 设定多线对正方式, 即多线中哪条线段的端点与光标重合并随光标移动, 该选项有 3 个子选项。

  上(T): 若从左往右绘制多线, 则对正点将在最顶端线段的端点处。

  无(Z): 对正点位于多线中偏移量为 0 的位置处。多线中线条的偏移量可在多线样式中设定。

  下(B): 若从左往右绘制多线, 则对正点将在最底端线段的端点处。

- 比例(S): 指定多线宽度相对于定义宽度 (在多线样式中定义) 的比例因子, 该比例不影响线型比例。

- 样式(ST): 该选项使用户可以选择多线样式, 默认样式是 "STANDARD"。

7.3　多线样式

多线的外观由多线样式决定, 在多线样式中用户可以设定多线中线条的数量、每条线的颜色和线型、线间的距离等, 还能指定多线两个端头的形式, 如弧形端头、平直端头等。

命令 启动 方法	- 菜单命令: 【格式】/【多线样式】。 - 命令: MLSTYLE。

【例7-3】　创建新多线样式。

(1) 启动 MLSTYLE 命令, 系统弹出【多线样式】对话框, 如图 7-4 所示。

(2) 单击 新建(N)... 按钮, 弹出【创建新的多线样式】对话框, 如图 7-5 所示。在【新样式名】文本框中输入新样式的名称 "样式—240", 在【基础样式】下拉列表中选择 "STANDARD", 该样式将成为新样式的样板样式。

(3) 单击 继续 按钮, 弹出【新建多线样式: 样式—240】对话框, 如图 7-6 所示。在该对话框中完成以下任务。

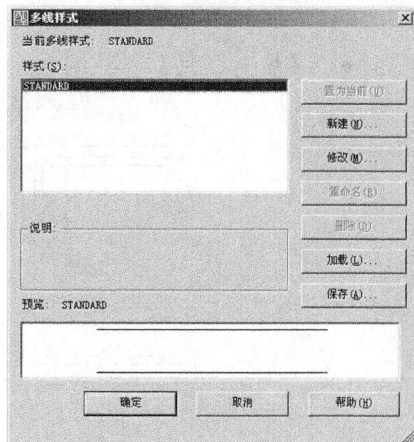

图7-4　【多线样式】对话框

- 在【说明】文本框中输入关于多线样式的说明文字。
- 在【元素】列表框中选中"0.5",然后在【偏移】文本框中输入数值120。
- 在【元素】列表框中选中"–0.5",然后在【偏移】文本框中输入数值–120。

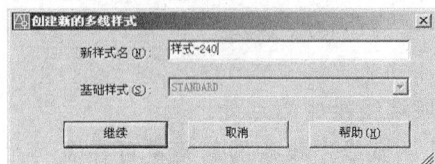

图7-5 【创建新的多线样式】对话框   图7-6 【新建多线样式:样式—240】对话框

(4) 单击 ___确定___ 按钮,返回【多线样式】对话框,单击 _置为当前(U)_ 按钮,使新样式成为当前样式。

【新建多线样式】对话框中常用选项的功能如下。

- __添加(A)__ 按钮:单击此按钮,系统在多线中添加一条新线,该线的偏移量可在【偏移】文本框中输入。
- __删除(D)__ 按钮:删除【元素】列表框中选定的线元素。
- 【颜色】下拉列表:通过此列表修改【元素】列表框中选定线元素的颜色。
- __线型(Y)...__ 按钮:指定【元素】列表框中选定线元素的线型。
- 【显示连接】:选中该选项,则系统在多线拐角处显示连接线,如图 7-7 左图所示。
- 【直线】:在多线的两端产生直线封口形式,如图 7-7 右图所示。
- 【外弧】:在多线的两端产生外圆弧封口形式,如图 7-7 右图所示。
- 【内弧】:在多线的两端产生内圆弧封口形式,如图 7-7 右图所示。
- 【角度】:该角度是指多线某一端的端口连线与多线的夹角,如图 7-7 右图所示。
- 【填充颜色】下拉列表:通过此列表设置多线的填充色。

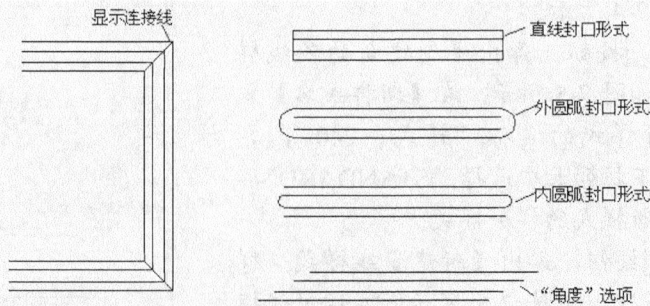

图7-7 多线的各种特性

7.4 编辑多线

MLEDIT 命令用于编辑多线，其主要功能如下。

（1） 改变两条多线的相交形式，例如使它们相交成"十"字形或"T"字形。

（2） 在多线中加入控制顶点或删除顶点。

（3） 将多线中的线条切断或接合。

命令启动方法	● 菜单命令：【修改】/【对象】/【多线】。 ● 命令：MLEDIT。

【例7-4】 练习 MLEDIT 命令。

(1) 打开文件"7-4.dwg"，如图 7-8 左图所示。下面用 MLEDIT 命令将左图修改为右图。

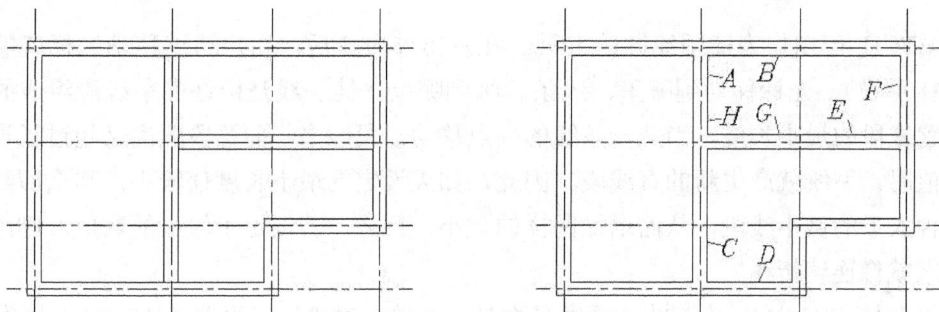

图7-8 编辑多线

(2) 启动 MLEDIT 命令，打开【多线编辑工具】对话框，如图 7-9 所示。该对话框中的小型图片形象地说明了各项编辑功能。

(3) 选择【T 形合并】，AutoCAD 提示：

命令：_mledit

选择第一条多线： //在 A 点处选择多线，如图 7-8 右图所示

选择第二条多线： //在 B 点处选择多线

选择第一条多线 或 [放弃(U)]://在 C 点处选择多线

选择第二条多线： //在 D 点处选择多线

选择第一条多线 或 [放弃(U)]://在 E 点处选择多线

选择第二条多线： //在 F 点处选择多线

选择第一条多线 或 [放弃(U)]://在 G 点处选择多线

选择第二条多线： //在 H 点处选择多线

选择第一条多线 或 [放弃(U)]://按 Enter 键结束

结果如图 7-8 右图所示。

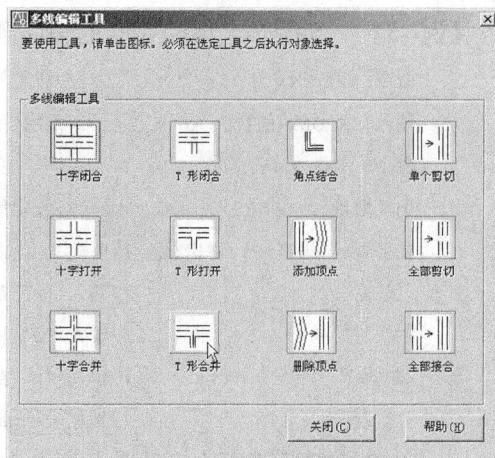

图7-9 【多线编辑工具】对话框

7.5 分解多线及多段线

EXPLODE 命令（简写 X）可将多线、多段线、块、标注及面域等复杂对象分解成 AutoCAD 基本图形对象。例如，连续的多段线是一个单独对象，用 EXPLODE 命令"炸开"后，多段线的每一段都是独立对象。

输入 EXPLODE 命令或单击【修改】工具栏上的 按钮，系统提示"选择对象"，用户选择图形对象后，AutoCAD 进行分解。

7.6 徒手画线

SKETCH 可以作为徒手绘图的工具。在发出该命令后，用户通过移动光标就能绘制出曲线（徒手线），光标移动到哪里，线条就画到哪里。徒手线是由许多小线段组成的，用户可以设置线段的最小长度。当从一条线的端点移动一段距离，而这段距离又超过了设定的最小长度值时，系统就产生新的直线段。因此，如果设定的最小长度值较小，那么所绘曲线中就会包含大量的微小线段，从而增加图样的大小；反之，若设定了较大的数值，则绘制的曲线看起来就像连续折线。

系统变量 SKPOLY 控制徒手画线是否是一个单一对象，当设置 SKPOLY 为"1"时，用 SKETCH 命令绘制的曲线是一条单独的多段线。

【例7-5】 绘制一个半径 R50 的辅助圆，然后在圆内用 SKETCH 命令绘制树木。

命令: skpoly	//设置系统变量
输入 SKPOLY 的新值 <0>: 1	//使徒手画成为多段线
命令: sketch	
记录增量 <1.0000>: 1.5	//设定线段的最小长度
徒手画. 画笔(P)/退出(X)/结束(Q)/记录(R)/删除(E)/连接(C)	
<笔 落>	//输入"P"落下画笔，然后移动鼠标画曲线
<笔 提>	//输入"P"抬起画笔，移动鼠标到要画线的位置
<笔 落>	//输入"P"落下画笔，继续画曲线
<笔 提>	//按 Enter 键结束

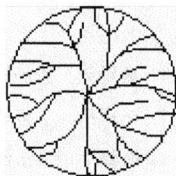

图7-10 徒手画线

继续绘制其他线条，结果如图 7-10 所示。

小技巧 单击鼠标左键，也可改变系统的抬笔或落笔状态。

7.7 实战提高

【例7-6】 利用 LINE、PLINE 及 PEDIT 等命令绘制如图 7-11 所示的图形。

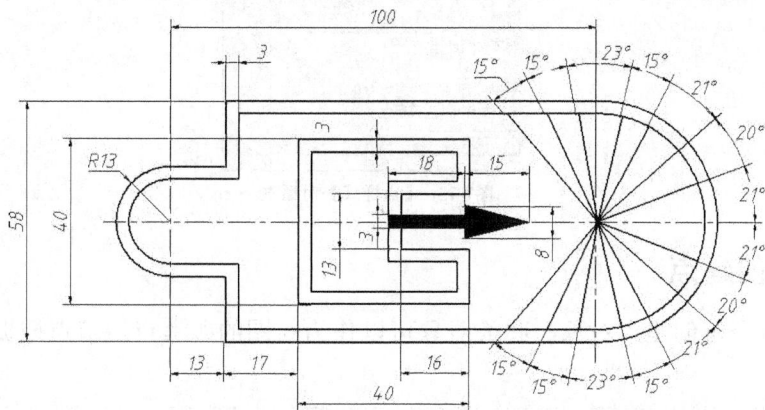

图7-11 用 LINE、PLINE 及 RAY 等命令绘图

【例7-7】 利用 MLINE、EXPLODE 及 TRIM 等命令绘制平面图形，如图 7-12 所示。

图7-12 利用 MLINE、EXPLODE 及 TRIM 等命令绘图

7.8 点对象

在系统中可创建单独的点对象，点的外观由点样式控制。一般在创建点之前要先设置点的样式，但也可先绘制点，再设置点样式。

7.8.1 设置点样式

选择菜单命令【格式】/【点样式】，打开【点样式】对话框，如图 7-13 所示。该对话框提供了多种样式的点，用户可根据需要进行选择。此外，用户还能通过【点大小】文本框指定点的大小。点的大小既可相对于屏幕大小来设置，又可直接输入点的绝对尺寸。

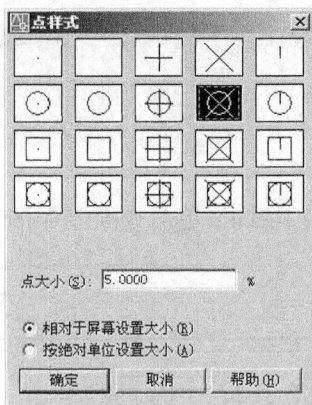

图7-13 【点样式】对话框

7.8.2 创建点

POINT 命令可创建点对象，此类对象可以作为绘图的参考点。节点捕捉"NOD"可以拾取该对象。

命令 启动 方法	● 菜单命令：【绘图】/【点】/【多点】。 ● 工具栏：绘图工具栏上的 ▪ 按钮。 ● 命令：POINT 或简写 PO。

【例7-8】 练习 POINT 命令。

命令：_point

指定点：   //输入点的坐标或在屏幕上拾取点，系统在指定位置创建点对象，如图 7-14 所示

取消   //按 Esc 键结束

图7-14 创建点对象

> 要点提示　　若将点的尺寸设置成绝对数值，则缩放图形后将引起点的大小发生变化。而相对于屏幕大小设置点尺寸时，则不会出现这种情况（要用 REGEN 命令重新生成图形）。

7.8.3 画测量点

MEASURE 命令用于在图形对象上按指定的距离放置点对象（POINE 对象），这些点可用"NOD"进行捕捉。对于不同类型的图形元素，测量距离的起始点是不同的。若是直线或非闭合的多段线，起点是离选择点最近的端点。若是闭合多段线，起点是多段线的起点。如果是圆，则以捕捉角度的方向线与圆的交点为起点开始测量。捕捉角度可在【草图设置】对话框的【捕捉和栅格】选项卡中设定。

命令 启动 方法	● 菜单命令：【绘图】/【点】/【定距等分】。 ● 命令：MEASURE 或简写 ME。

【例7-9】 练习 MEASURE 命令。

打开文件 "7-7.dwg"，用 MEASURE 命令创建两个测量点 *C*、*D*，如图 7-15 所示。

命令：_measure

选择要定距等分的对象：   //在 *A* 端附近选择对象，如图 7-15 所示

指定线段长度或 [块(B)]：160   //输入测量长度

命令：

MEASURE   //重复命令

选择要定距等分的对象：   //在 *B* 端附近选择对象

指定线段长度或 [块(B)]：160   //输入测量长度

结果如图 7-15 所示。

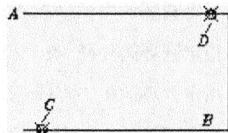

图7-15 创建测量点

【命令选项】

• 块(B)：按指定的测量长度在对象上插入图块（在 7.11 节中介绍图块）。

7.8.4 画等分点

利用 DIVIDE 命令根据等分数目在图形对象上放置等分点，这些点并不分割对象，只是标明等分的位置。可等分的图形元素包括直线、圆、圆弧、样条线及多段线等。对于圆，等分的起始点位于捕捉角度的方向线与圆的交点处。该角度值可在【草图设置】对话框的【捕捉和栅格】选项卡中设定。

命令 启动 方法	• 菜单命令：【绘图】/【点】/【定数等分】。 • 命令：DIVIDE 或简写 DIV。

【例7-10】 练习 DIVIDE 命令。

打开文件 "7-8.dwg"，用 DIVIDE 命令创建等分点，结果如图 7-16 所示。

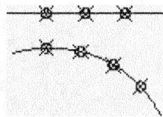

命令：DIVIDE

选择要定数等分的对象：   //选择线段，如图 7-16 所示

输入线段数目或 [块(B)]：4   //输入等分的数目

命令：DIVIDE   //重复命令

选择要定数等分的对象：   //选择圆弧

输入线段数目或 [块(B)]：5   //输入等分数目

结果如图 7-16 所示。

图7-16 等分对象

【命令选项】

• 块(B)：在等分处插入图块。

7.9 画圆环及圆点

利用 DONUT 命令可创建填充圆环或圆点。启动该命令后，用户依次输入圆环内径、外径及圆心，AutoCAD 就生成圆环。若要画圆点，则指定内径为 "0" 即可。

<table>
<tr>
<td rowspan="2">命令
启动
方法</td>
<td>● 菜单命令：【绘图】/【圆环】。</td>
</tr>
<tr>
<td>● 命令：DONUT。</td>
</tr>
</table>

【例7-11】 练习 DONUT 命令。

命令：_donut

指定圆环的内径 <2.0000>: 3   //输入圆环内径

指定圆环的外径 <5.0000>: 6   //输入圆环外径

指定圆环的中心点或<退出>:   //指定圆心

指定圆环的中心点或<退出>:   //按 Enter 键结束

图7-17 画圆环

结果如图 7-17 所示。

DONUT 命令生成的圆环实际上是具有宽度的多段线，用户可用 PEDIT 命令编辑该对象。此外，用户还可以设定是否对圆环进行填充，当把变量 FILLMODE 设置为"1"时，系统将填充圆环；否则，不填充。

7.10 实战提高

【例7-12】 利用 LINE、PLINE 及 DONUT 等命令绘制平面图形，如图 7-18 所示。图中箭头及实心矩形用 PLINE 命令绘制。

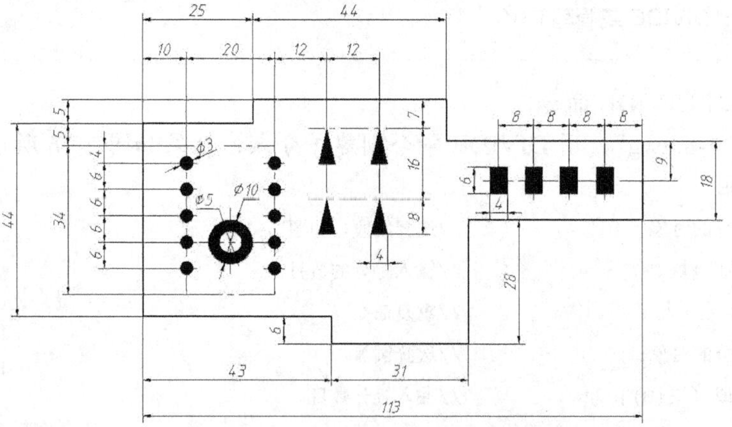

图7-18 利用 LINE、PLINE 及 DONUT 等命令绘图

7.11 使用图块

图块是由多个对象组成的单一整体，在需要时可将其作为单独对象插入图形中使用。在建筑图中有许多反复使用的图形，若事先将这些图形创建成块，则使用时只需插入块即可，这样就避免了重复劳动，提高了设计效率。

7.11.1 创建图块

用 BLOCK 命令可以将图形的一部分或整个图形创建成图块，用户可以给图块起名，并可定义插入基点。

命令启动方法	• 菜单命令：【绘图】/【块】/【创建】。 • 工具栏：【绘图】工具栏上的 ⊡ 按钮。 • 命令：BLOCK 或简写 B。

【例7-13】 创建图块。

(1) 打开文件 "7-10.dwg"。

(2) 单击【绘图】工具栏上的 ⊡ 按钮，打开【块定义】对话框，如图 7-19 所示。在【名称】文本框中输入新建图块的名称 "Block-1"。

(3) 选择构成块的图形元素。单击 ⊞ 按钮（选择对象），返回绘图窗口，并提示 "选择对象"，选择图形 A，如图 7-20 所示。

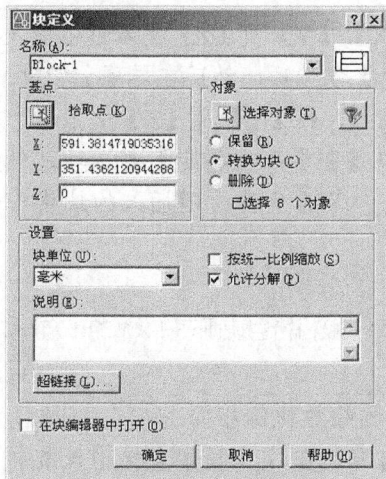

图7-19 【块定义】对话框   图7-20 创建图块

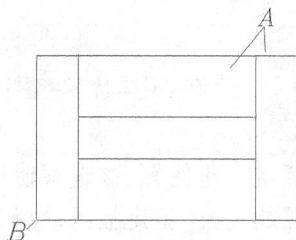

(4) 指定块的插入基点。单击 ⊞ 按钮（拾取点），系统返回绘图窗口，并提示 "指定插入基点"，拾取点 B，如图 7-20 所示。

(5) 单击 确定 按钮，生成图块。

7.11.2 插入图块或外部文件

用户可以使用 INSERT 命令在当前图形中插入块或图形文件，无论块或被插入的图形多么复杂，系统都将它们作为一个单独的对象。如果用户需编辑其中的单个图形元素，就必须用 EXPLODE 命令分解图块或文件块。

命令启动方法	• 菜单命令：【插入】/【块】。 • 工具栏：【绘图】工具栏上的 ⊡ 按钮。 • 命令：INSERT 或简写 I。

启动 INSERT 命令，打开【插入】对话框，如图 7-21 所示。通过此对话框用户可以将图形文件中的图块插入图形中，也可将另一图形文件插入图形中。

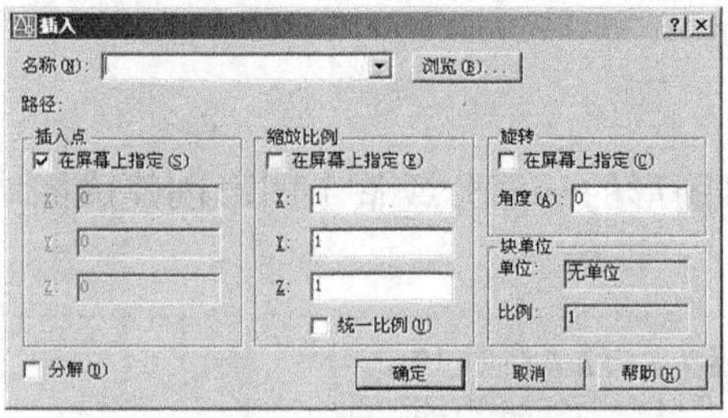

图7-21 【插入】对话框

> **要点提示**
>
> 当把一个图形文件插入到当前图形中时，被插入图样的图层、线型、图块及字体样式等也将加入到当前图形中。如果二者中有重名的对象，那么当前图中的定义优先于被插入的图样。

【插入】对话框中常用选项的功能如下。

* 【名称】：该下拉列表罗列了图样中的所有图块，用户可以通过这个列表选择要插入的块。如果要将 ".dwg" 文件插入到当前图形中，就单击 浏览(B)... 按钮选择要插入的文件。

* 【插入点】：确定图块的插入点。可直接在【X】、【Y】及【Z】文本框中输入插入点的绝对坐标值，或是选中【在屏幕上指定】复选项，然后在屏幕上指定。

* 【缩放比例】：确定块的缩放比例。可直接在【X】、【Y】及【Z】文本框中输入沿这 3 个方向的缩放比例因子，也可选中【在屏幕上指定】复选项，然后在屏幕上指定。块的缩放比例因子可正可负，若为负值，则插入的块将作镜像变换。

> **要点提示**
>
> 为了在使用中比较容易地确定块的缩放比例值，一般将符号块画在 1×1 的正方形中。

* 【统一比例】：该选项使块沿 X、Y 及 Z 方向的缩放比例相同。
* 【旋转】：指定插入块时的旋转角度。可在【角度】文本框中直接输入旋转角度值，或是通过【在屏幕上指定】复选项在屏幕上指定。
* 【分解】：若用户选择该选项，则系统在插入块的同时分解块对象。

7.11.3 创建及使用块属性

在 AutoCAD 中，可以使块附带属性。属性类似于商品的标签，包含了图块所不能表达的一些文字信息，如材料、型号及制造者等，存储在属性中的信息一般称为属性值。当用 BLOCK 命令创建块时，将已定义的属性与图形一起生成块，这样块中就包含属性了。当然，用户也能只将属性本身创建成一个块。

属性有助于用户快速产生关于设计项目的信息报表，或者作为一些符号块的可变文字对象。其次，属性也常用来预定义文本位置、内容或提供文本默认值等，例如把标题栏中的一些文字项目定制成属性对象，就能方便地填写或修改。

命令 启动 方法	• 菜单命令：【绘图】/【块】/【定义属性】。 • 命令：ATTDEF 或简写 ATT。

【例7-14】 在下面的练习中，将演示定义属性及使用属性的具体过程。

(1) 打开文件 "7-11.dwg"。

(2) 输入 ATTDEF 命令，打开【属性定义】对话框，如图 7-22 所示。在【属性】区域中输入下列内容：

【标记】: 姓名及号码

【提示】: 请输入您的姓名及电话号码

【值】: 李燕 2660732

(3) 在【文字样式】下拉列表中选择"样式-1"（在第 8.1.2 小节介绍文字样式），在【高度】文本框中输入数值"3"。单击 确定 按钮，AutoCAD 提示"指定起点:"，在电话机的下边拾取 A 点，结果如图 7-23 所示。

(4) 将属性与图形一起创建成图块。单击【绘图】工具栏上的 按钮，AutoCAD 打开【块定义】对话框，如图 7-24 所示。

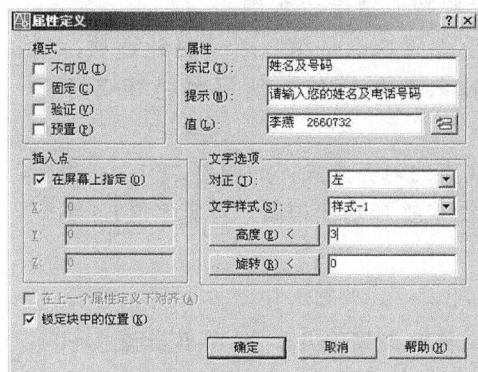

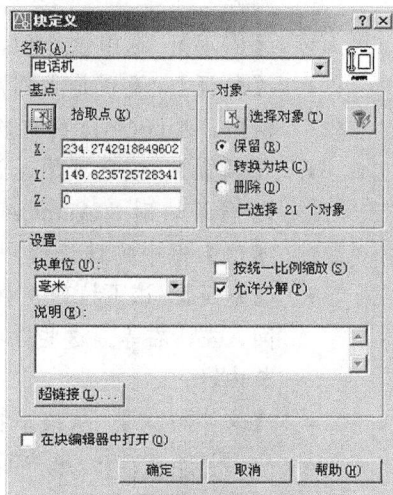

图7-22 【属性定义】对话框 　图7-23 定义属性 　图7-24 【块定义】对话框

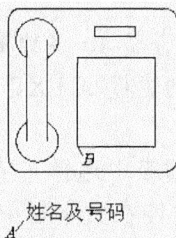

(5) 在【名称】栏中输入新建图块的名称"电话机"，在【对象】区域中选择【保留】选项，如图 7-24 所示。

(6) 单击 按钮（选择对象），AutoCAD 返回绘图窗口，并提示"选择对象"，选择电话机及属性。

(7) 指定块的插入基点。单击 按钮（拾取点），AutoCAD 返回绘图窗口，并提示"指定插入基点"，拾取点 B，如图 7-23 所示。

(8) 单击 确定 按钮，AutoCAD 生成图块。

(9) 插入带属性的块。单击【绘图】工具栏上的 按钮，AutoCAD 打开【插入】对话框，在【名称】下拉列表中选择"电话机"，如图 7-25 所示。

(10) 单击 确定 按钮，AutoCAD 提示：

指定插入点或 [基点(B)/预览旋转(PR)]:　　　　　　　　　//在屏幕的适当位置指定插入点

请输入您的姓名及电话号码 <李燕 2660732>: 张涛 5895926　　//输入属性值

结果如图 7-26 所示。

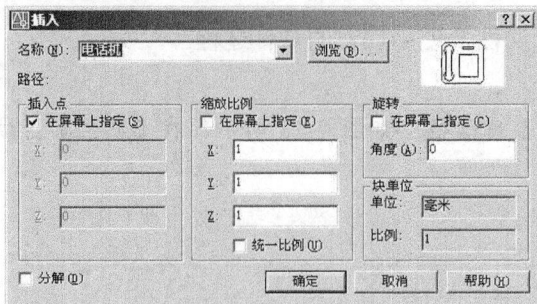

图7-25 【插入】对话框

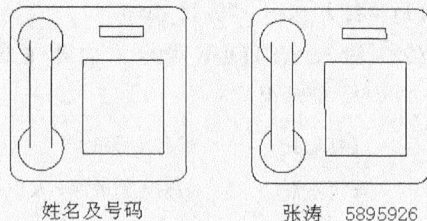

姓名及号码　　　　　张涛　5895926

图7-26 插入附带属性的图块

【属性定义】对话框（见图7-22）中的常用选项功能如下所示。

- 【不可见】：控制属性值在图形中的可见性。如果想使图中包含属性信息，但又不想使其在图形中显示出来，就选中这个选项。有一些文字信息如零部件的成本、产地、存放仓库等，常不必在图样中显示出来，就可设定为不可见属性。

- 【固定】：选中该选项，属性值将为常量。

- 【验证】：设置是否对属性值进行校验。若选择此选项，则插入块并输入属性值后，AutoCAD 将再次给出提示，让用户校验输入值是否正确。

- 【预置】：该选项用于设定是否将实际属性值设置成默认值。若选中此选项，则插入块时，AutoCAD 将不再提示用户输入新属性值，实际属性值等于【值】框中的默认值。

- 【对正】：该下拉列表中包含了 10 多种属性文字的对齐方式，如调整、中心、中间、左、右等。这些选项功能与 DTEXT 命令对应选项功能相同，参见第 8.1.5 小节内容。

- 【文字样式】：从该下拉列表中选择文字样式。

- 高度(H) ＜ ：用户可直接在文本框中输入属性文字高度，也可单击该按钮切换到绘图窗口，在绘图区域中拾取两点以指定高度。

- 旋转(R) ＜ ：设定属性文字的旋转角度。

7.11.4 编辑块属性

若属性已被创建成为块，则用户可用 EATTEDIT 命令来编辑属性值及属性的其他特性。

命令 启动 方法	• 菜单命令：【修改】/【对象】/【属性】/【单个】。 • 工具栏：【修改II】工具栏上的 按钮。 • 命令：EATTEDIT。

【例7-15】 练习 EATTEDIT 命令。

启动 EATTEDIT 命令，AutoCAD 提示"选择块"，用户选择要编辑的图块后，系统打开【增强属性编辑器】对话框，如图 7-27 所示，在此对话框中用户可对块属性进行编辑。

【增强属性编辑器】对话框中有【属性】、【文字选项】和【特性】等 3 个选项卡，它们的功能如下。

（1）【属性】选项卡

该选项卡列出了所选块对象中属性的标记、提示及值，如图 7-27 所示。用户可在【值】文本框中修改属性的值。

（2）【文字选项】选项卡

该选项卡用于修改属性文字的一些特性，如文字样式、字高等，如图 7-28 所示。选项卡中各选项的含义与【文字样式】对话框中同名选项含义相同，请参见第 8.1.2 小节内容。

图7-27 【增强属性编辑器】对话框

（3）【特性】选项卡

该选项卡用于修改属性文字的图层、线型及颜色等，如图 7-29 所示。

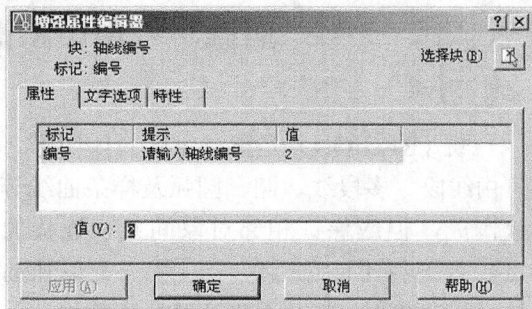

图7-28 【文字选项】选项卡

图7-29 【特性】选项卡

7.11.5 实战提高

【例7-16】 打开素材文件"7-18.dwg"，如图 7-30 所示。将"计算机"与属性一起创建成图块，然后在图样中插入新生成的图块，并输入属性值。

属性定义如下。

- 标记：姓名及编号。
- 提示：请输入你的姓名及编号。
- 默认：李燕 0001。

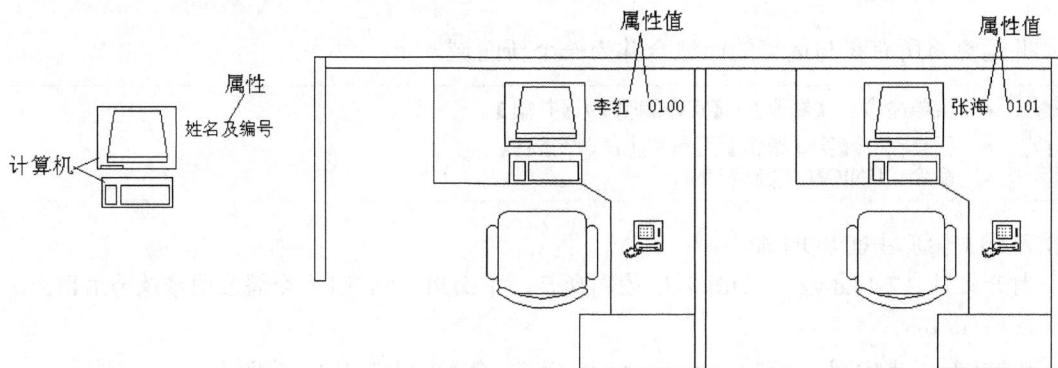

图7-30 使用图块及属性

7.12 面域对象及布尔操作

域（REGION）是指二维的封闭图形，它可由线段、多段线、圆、圆弧及样条曲线等对象围成，但应保证相邻对象间共享连接的端点，否则将不能创建域。域是一个单独的实体，具有面积、周长及形心等几何特性。使用域绘图与传统的绘图方法是截然不同的，此时可采用"并"、"交"及"差"等布尔运算来构造不同形状的图形，图 7-31 显示了 3 种布尔运算的结果。

图7-31 布尔运算

7.12.1 创建面域

命令 启动 方法	● 菜单命令：【绘图】/【面域】。 ● 工具栏：【绘图】工具栏上的 ▣ 按钮。 ● 命令：REGION 或简写 REG。

【例7-17】 练习 REGION 命令。

打开文件 "7-13.dwg"，如图 7-32 所示。下面用 REGION 命令将该图创建成面域。

命令: _region

选择对象：指定对角点：找到 3 个   //选择矩形及两个圆，如图 7-32 所示

选择对象：   //按 Enter 键结束

图 7-32 中包含了 3 个闭合区域，因而可创建 3 个面域。

面域是以线框的形式显示出来，用户可以对面域进行移动及复制等操作，还可用 EXPLODE 命令分解面域，使其还原为原始图形对象。

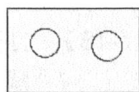

图7-32 创建面域

7.12.2 并运算

并运算将所有参与运算的面域合并为一个新面域。

命令 启动 方法	● 菜单命令：【修改】/【实体编辑】/【并集】。 ● 工具栏：【实体编辑】工具栏上的 ⬭ 按钮。 ● 命令：UNION 或简写 UNI。

【例7-18】 练习 UNION 命令。

打开文件 "7-14.dwg"，如图 7-33 左图所示。下面用 UNION 命令将左图修改为右图。

命令: union

选择对象：指定对角点：找到 5 个   //选择 5 个面域，如图 7-33 左图所示

选择对象：   //按 Enter 键结束

结果如图 7-33 右图所示。

图7-33 执行并运算

7.12.3 差运算

可利用差运算从一个面域中去掉一个或多个面域，从而形成一个新面域。

命令 启动 方法	• 菜单命令：【修改】/【实体编辑】/【差集】。 • 工具栏：【实体编辑】工具栏上的◎按钮。 • 命令：SUBTRACT 或简写 SU。

【例7-19】 练习 SUBTRACT 命令。

打开文件 "7-15.dwg"，如图 7-34 左图所示。下面用 SUBTRACT 命令将左图修改为右图。

命令：subtract

选择对象：找到 1 个   //选择大圆面域，如图 7-34 左图所示

选择对象：   //按 Enter 键

选择对象：总计 4 个   //选择 4 个小矩形面域

选择对象：   //按 Enter 键结束

结果如图 7-34 右图所示。

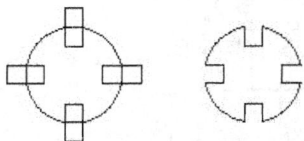

图7-34 执行差运算

7.12.4 交运算

交运算可以求出各个相交面域的公共部分。

命令 启动 方法	• 菜单命令：【修改】/【实体编辑】/【交集】。 • 工具栏：【实体编辑】工具栏上的◎按钮。 • 命令：INTERSECT 或简写 IN。

【例7-20】 练习 INTERSECT 命令。

打开文件 "7-16.dwg"，如图 7-35 左图所示。下面用 INTERSECT 命令将左图修改为右图。

命令：intersect

选择对象：指定对角点：找到 2 个   //选择圆面域及另一面域，如图 7-37 左图所示

选择对象：   //按 Enter 键结束

结果如图 7-35 右图所示。

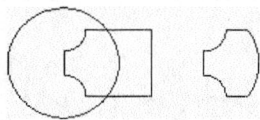

图7-35 执行交运算

7.12.5 实战提高

面域造型的特点是通过面域对象的并、交或差运算来创建图形，当图形边界比较复杂时，这种绘图法的效率是很高的。用户如果采用这种方法绘图，首先必须对图形进行分析，以确定应生成哪些面域对象，然后考虑如何进行布尔运算形成最终的图形。

【例7-21】 绘制如图 7-36 所示的图形。

(1) 设定绘图区域大小为 10000 × 10000。

(2) 打开极轴追踪、对象捕捉及自动追踪功能。指定极轴追踪角度增量为 90°，设定对象捕捉方式为端点、交点，设置仅沿正交方向自动追踪。

(3) 绘制两条绘图辅助线 A、B，用 OFFSET、TRIM 及 CIRCLE 命令形成两个正方形、一个矩形和两个圆，再用 REGION 命令将它们创建成面域，如图 7-37 所示。

图7-36 面域造型

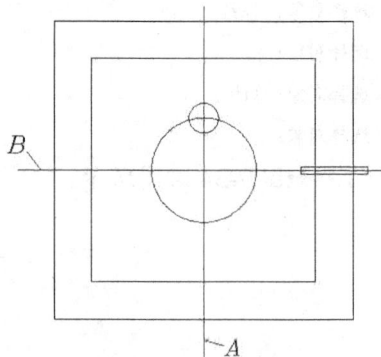

图7-37 创建面域

(4) 用大正方形面域"减去"小正方形面域，形成一个方框面域。

(5) 用 ARRAY、MIRROR 及 ROTATE 等命令形成图形 C、D 及 E 等，如图 7-38 所示。

(6) 将所有的圆面域合并在一起，再将方框面域与所有矩形面域合并在一起，然后删除辅助线，结果如图 7-39 所示。

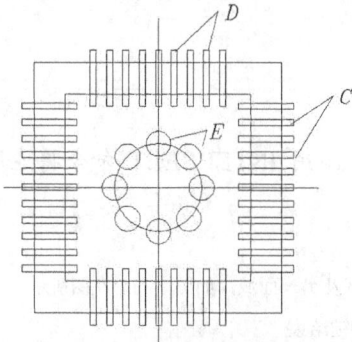

图7-38 形成图形 C、D 等

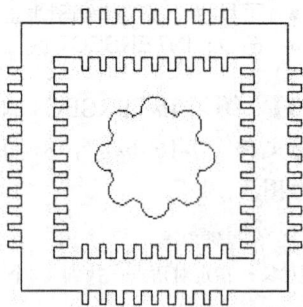

图7-39 合并面域

利用面域造型法绘制如图 7-40 所示的图形。

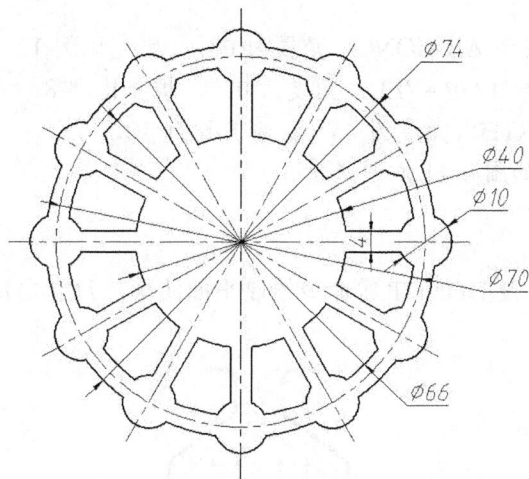

图7-40　面域及布尔运算

7.13　综合练习——画多段线、圆环及圆点等

【例7-22】　打开文件"7-17.dwg"，如图 7-41 左图所示。用 PLINE、SPLINE、BHATCH 及 SKETCH 等命令将左图修改为右图。

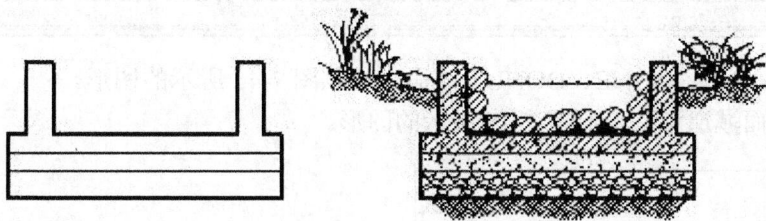

图7-41　画植物及填充图案

(1)　用 PLINE、SPLINE 及 SKETCH 等命令绘制植物、石块及水面等，如图 7-42 所示。

(2)　用 PLINE 命令绘制辅助线 A、B、C，然后填充剖面图案，如图 7-43 所示。

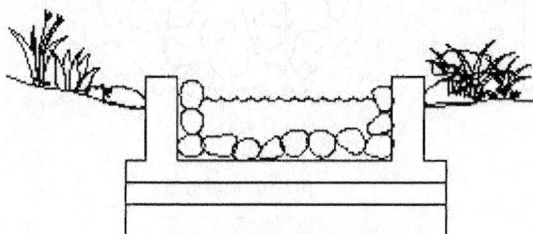

图7-42　绘制植物、石块及水平面

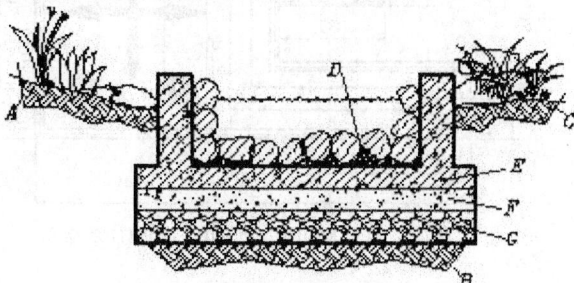

图7-43　填充剖面图案

- 石块的剖面图案为 ANSI33，角度为 0°，填充比例 16。
- 区域 D 中的图案为 AR-SAND，角度为 0°，填充比例 0.5。
- 区域 E 中有两种图案，分别为 ANSI31 和 AR-CONC，角度都为 0°，填充比例 16 和 1。
- 区域 F 中的图案为 AR-CONC，角度为 0°，填充比例 1。
- 区域 G 中的图案为 GRAVEL，角度为 0°，填充比例 8。
- 其余图案为 EARTH，角度为 45°，填充比例 12。

(3) 删除辅助线，结果如图 4-41 右图所示。

练一练

利用 LINE、PLINE 及 DONUT 等命令绘制平面图形，尺寸自定，如图 7-44 所示。图形轮廓及箭头都是多段线。

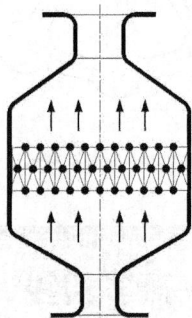

图7-44 利用 LINE、PLINE 及 DONUT 等命令绘图

习题

1. 用 MLINE、PLINE、DONUT 等命令绘制图 7-45 所示的图形。
2. 利用面域造型法绘制图 7-46 所示的图形。

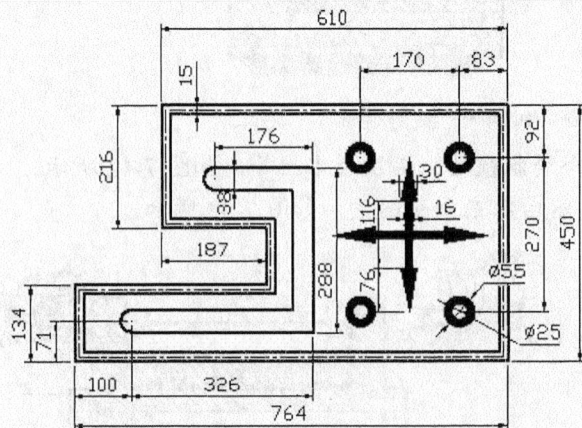

图7-45 练习 MLINE、PLINE、DONUT 等命令

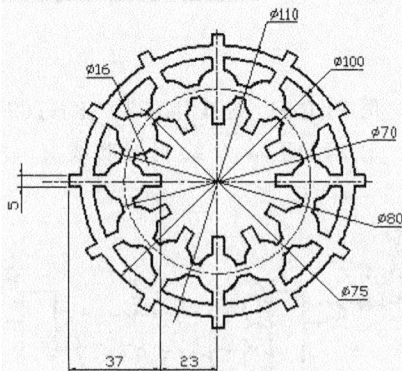

图7-46 面域造型

第8章 书写文字和标注尺寸

在工程图中，设计人员常利用文字进行说明或提供扼要的注释。完备且布局适当的说明文字，不仅能使图样更好地表达设计思想，并且还会使图纸本身显得整洁清晰。

尺寸是工程图中的另一项重要内容，它描述设计对象各组成部分的大小和相对位置关系，是实际生产的重要依据。标注尺寸在图纸设计中是一个关键环节，正确的尺寸标注可使生产顺利完成，而错误的尺寸标注将导致生产次品甚至废品，给企业带来严重的经济损失。

通过本章的学习，读者可以了解文字样式和尺寸样式的基本概念，学会如何创建单行文字和多行文字，并掌握标注各类尺寸的方法等。

学习目标
- 创建文字样式。
- 书写单行和多行文字。
- 编辑文字内容和属性。
- 创建标注样式。
- 标注直线型、角度型、直径及半径型尺寸等。
- 标注尺寸公差和形位公差。
- 编辑尺寸文字和调整标注位置

8.1 书写文字的方法

在 AutoCAD 中有两类文字对象，一类是单行文字，另一类是多行文字，它们分别由 DTEXT 和 MTEXT 命令来创建。一般来讲，比较简短的文字项目，如标题栏信息、尺寸标注说明等，常常采用单行文字，而对带有段落格式的信息，如工艺流程、技术条件等，则常采用多行文字。

AutoCAD 生成的文字对象，其外观由与它关联的文字样式决定。默认情况下 Standard 文字样式是当前样式，用户也可根据需要创建新的文字样式。

8.1.1 书写文字范例

创建文字样式及书写文字。

【例8-1】 按以下操作步骤，在表格中填写单行和多行文字，如图 8-1 所示。

(1) 打开文件 "8-1.dwg"。

(2) 创建文字样式。选择菜单命令【格式】/【文字样式】，打开【文字样式】对话框。再单击 新建(N)... 按钮，打开【新建文字样式】对话框，在【样式名】文本框中输入文字样式的名称 "文字样式"，如图 8-2 所示。

图8-1 书写单行及多行文字

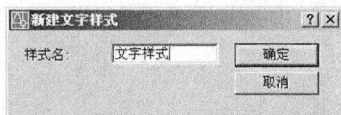

图8-2 【新建文字样式】对话框

(3) 单击 确定 按钮，返回【文字样式】对话框，在【字体名】下拉列表中选择"楷体"，单击 应用(A) 按钮完成设置，如图 8-3 所示。

(4) 将系统变量 DTEXTED 设置为 1，然后书写单行文字。

命令: dtexted	
输入 DTEXTED 的新值 <0>: 1	//输入系统变量的新值
命令: _dtext	//选取菜单命令【绘图】/【文字】/【单行文字】
指定文字的起点或 [对正(J)/样式(S)]:	//单击 A 点，如图 8-4 所示
指定高度 <2.5000>: 3.5	//输入文字高度
指定文字的旋转角度 <0>:	//按 Enter 键
输入文字: 单行文字	//输入文字
输入文字: 多行文字	//单击 B 点，输入文字
输入文字: 文字样式	//单击 C 点，输入文字
输入文字:	//按 Enter 键结束

结果如图 8-4 所示。

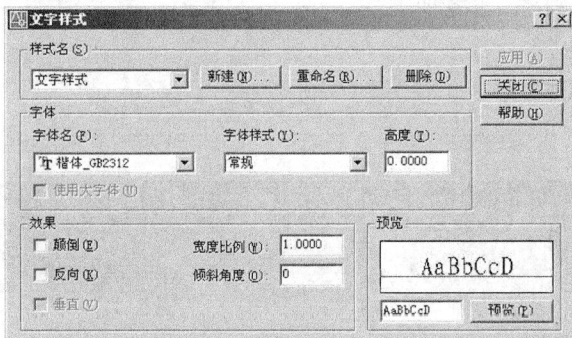

图8-3 【文字样式】对话框

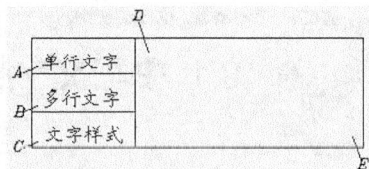

图8-4 输入文字

(5) 书写多行文字。单击【绘图】工具栏上的 A 按钮，或输入 MTEXT 命令，AutoCAD 提示:

指定第一角点:	//在 D 点处单击一点，如图 8-4 所示
指定对角点:	//在 E 点处单击一点

(6) 系统弹出【文字格式】工具栏及顶部带标尺的文字输入框，这两部分组成了【多行文字编辑器】。在【字体】下拉列表中选择"楷体"，在【字体高度】下拉列表中输入数值 "5"，然后输入文字，如图 8-5 所示。

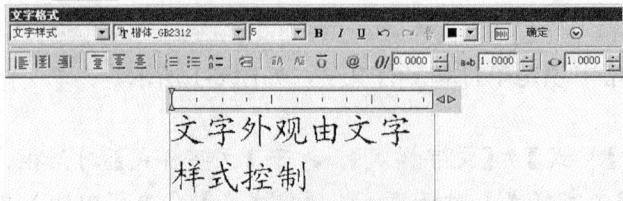

(7) 单击 确定 按钮，结果如图 8-6 所示。

图8-5 输入文字

图8-6 创建多行文字

8.1.2 创建文字样式

文字样式主要是控制与文本连接的字体文件、字符宽度、文字倾斜角度及高度等项目。另外，用户还可通过它设计出相反的、颠倒的以及竖直方向的文本。用户可以针对每一种不同风格的文字创建对应的文字样式，这样在输入文本时就可用相应的文字样式来控制文本的外观。例如，用户可建立专门用于控制尺寸标注文字和设计说明文字外观的文本样式。

【例8-2】 创建文字样式。

(1) 选择菜单命令【格式】/【文字样式】，或输入 STYLE 命令，打开【文字样式】对话框，如图 8-7 所示。

(2) 单击 新建(N)... 按钮，打开【新建文字样式】对话框，在【样式名】文本框中输入文字样式的名称"文字样式"，如图 8-8 所示。

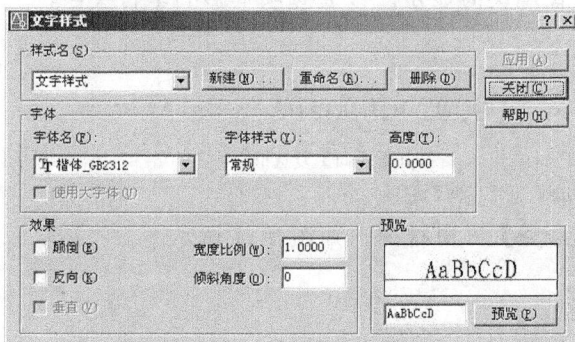

图8-7 【文字样式】对话框　　　　　　图8-8 【新建文字样式】对话框

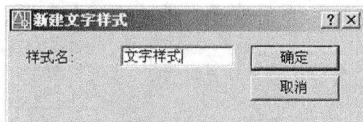

(3) 单击 确定 按钮，返回【文字样式】对话框，在【字体名】下拉列表中选择"楷体"，如图 8-7 所示。

(4) 单击 应用(A) 按钮完成。

设置字体、字高与特殊效果等外部特征以及修改、删除文字样式等操作是在【文字样式】对话框中进行的，该对话框的常用选项如下。

- 【样式名】：该下拉列表显示图样中所有文字样式的名称，用户可从中选择一个，使其成为当前样式。

- 新建(N)... 按钮：单击此按钮，就可以创建新文字样式。

- 重命名(R)... 按钮：在【样式名】下拉列表中选择要重命名的文字样式，然后单击此按钮修改文字样式名称。

- 删除(D) 按钮：在【样式名】下拉列表中选择一个文字样式，再单击此按钮就可以将该文字样式删除。当前样式和正在使用的文字样式不能被删除。

- 【字体名】：在此下拉列表中罗列了所有的字体。带有双"T"标志的字体是 Windows 系统提供的"TrueType"字体，其他字体是 AutoCAD 自己的字体（*.shx），其中"gbenor.shx"和"gbeitc.shx"（斜体西文）字体是符合国标的工程字体。

- 【使用大字体】：大字体是指专为亚洲国家设计的文字字体。其中"gbcbig.shx"字体是符合国标的工程汉字字体，该字体文件还包含一些常用的特殊符号。由于"gbcbig.shx"中不包含西文字体定义，因而使用时可将其

与 "gbenor.shx" 和 "gbeitc.shx" 字体配合使用。

- 【字体样式】: 如果用户选择的字体支持不同的样式,如粗体或斜体等,就可在【字体样式】下拉列表中选择一个。
- 【高度】: 输入字体的高度。如果用户在该文本框中指定了文本高度,则当使用 DTEXT (单行文字) 命令时,系统将不再提示 "指定高度"。
- 【颠倒】: 选中此复选框,文字将上下颠倒显示。该复选项仅影响单行文字,如图 8-9 所示。

AutoCAD 2000   ΛΩοϹΑꓦ 2000

关闭【颠倒】复选框   打开【颠倒】复选框

图8-9 关闭或打开【颠倒】选项

- 【反向】: 选中该复选框,文字将首尾反向显示。该复选项仅影响单行文字,如图 8-10 所示。

AutoCAD 2000   0002 ꓷΑϽοτυΑ

关闭【反向】复选框   打开【反向】复选框

图8-10 关闭或打开【反向】选项

- 【垂直】: 选中该复选框,文字将沿竖直方向排列,如图 8-11 所示。

AutoCAD

A
u
t
o
C
A
D

关闭【垂直】复选框   打开【垂直】复选框

图8-11 关闭或打开【垂直】复选项

- 【宽度比例】: 默认的宽度因子为 1。若输入小于 1 的数值,则文本将变窄;否则,文本变宽,如图 8-12 所示。

AutoCAD 2000   AutoCAD 2000

宽度比例因子为 1.0   宽度比例因子为 0.7

图8-12 调整宽度比例因子

- 【倾斜角度】: 该文本框用于指定文本的倾斜角度,角度值为正时向右倾斜,为负时向左倾斜,如图 8-13 所示。

AutoCAD 2000   AutoCAD 2000

倾斜角度为 30°   倾斜角度为−30°

图8-13 设置文字倾斜角度

8.1.3 修改文字样式

修改文字样式也是在【文字样式】对话框中进行的,其过程与创建文字样式相似,这里不再重复。

修改文字样式时,用户应注意以下几点。

- 修改完成后，单击【文字样式】对话框中的 应用(A) 按钮，则修改生效，系统立即更新图样中与此文字样式关联的文字。
- 当改变文字样式连接的字体文件时，系统改变所有文字外观。
- 当修改文字的"颠倒"、"反向"及"垂直"特性时，系统将改变单行文字外观。而修改文字高度、宽度比例及倾斜角时，则不会引起已有单行文字外观的改变，但将影响此后创建的文字对象。
- 对于多行文字，只有【垂直】、【宽度比例】及【倾斜角度】选项才影响其外观。

要点提示   如果发现图形中的文本没有正确地显示出来，多数情况是由于文字样式所连接的字体不合适。

8.1.4 创建单行文字

用 DTEXT 命令可以非常灵活地创建文字项目。发出此命令后，用户不仅可以设定文本的对齐方式和文字的倾斜角度，而且还能用十字光标在不同的地方选取点以定位文本的位置（系统变量 DTEXTED 等于 1），该特性使用户只发出一次命令就能在图形的多个区域放置文本。另外，DTEXT 命令还提供了屏幕预演的功能，即在输入文字的同时该文字也将在屏幕上显示出来，这样就能很容易地发现文本输入的错误，以便及时修改。

默认情况下，单行文字关联的文字样式是"Standard"，采用的字体是"txt.shx"。如果用户要输入中文，则应修改当前文字样式，使其与中文字体相关联。此外，用户也可创建一个采用中文字体的新文字样式。

命令启动方法
- 菜单命令：【绘图】/【文字】/【单行文字】。
- 命令：DTEXT 或 DT。

【例8-3】 设置系统变量 DTEXTED 为 1，再启动 DTEXT 命令书写单行文字。

```
命令: dtexted
输入 DTEXTED 的新值 <0>: 1    //设置系统变量 DTEXTED 为 1，否则只能一次在一个位置输入文字
命令: dtext
指定文字的起点或 [对正(J)/样式(S)]:  //拾取 A 点作为单行文字的起始位置，如图 8-14 所示
指定高度 <2.5000>:          //输入文字的高度值或按 Enter 键接受默认值
指定文字的旋转角度 <0>:       //输入文字的倾斜角或按 Enter 键接受默认值
输入文字: AutoCAD 单行文字    //输入一行文字
输入文字:                   //可移动光标到图形的其他区域并单击一点以指定文本的位置
                          //按 Enter 键结束
```

结果如图 8-14 所示。

AutoCAD单行文字

图8-14 创建单行文字

【命令选项】
- 对正(J)：设定文字的对齐方式，详见 8.1.5 节。
- 样式(S)：指定当前文字样式。

用 DTEXT 命令可连续输入多行文字，每行按 Enter 键结束，但用户不能控制各行的间距。DTEXT 命令的优点是文字对象的每一行都是一个单独的实体，因而对每行进行重新定位或编辑都很容易。

8.1.5　单行文字的对齐方式

发出 DTEXT 命令后，系统提示用户输入文本的插入点，此点和实际字符的位置关系由对齐方式（对正(J)）所决定。对于单行文字，系统提供了十多种对正选项，默认情况下，文本是左对齐的，即指定的插入点是文字的左基线点，如图 8-15 所示。

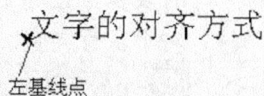

图8-15　左对齐方式

如果要改变单行文字的对齐方式，就使用"对正(J)"选项。在"指定文字的起点或[对正(J)/样式(S)]:"提示下，输入"j"，则系统提示：

[对齐(A)/调整(F)/中心(C)/中间(M)/右(R)/左上(TL)/中上(TC)/右上(TR)/左中(ML)/正中(MC)/右中(MR)/左下(BL)/中下(BC)/右下(BR)]:

下面对以上选项给出的详细说明。

- 对齐(A): 使用这个选项时，系统提示指定文本分布的起始点和结束点。当用户选定两点并输入文本后，系统把文字压缩或扩展使其充满指定的宽度范围，而文字的高度则按适当比例进行变化以使文本不致于被扭曲。

- 调整(F): 与选项"对齐(A)"相比，利用此选项时，系统增加了"指定高度:"提示。"调整(F)"也将压缩或扩展文字使其充满指定的宽度范围，但保持文字的高度值等于指定的数值。

分别利用"对齐(A)"和"调整(F)"选项在矩形框中填写文字，结果如图 8-16 所示。

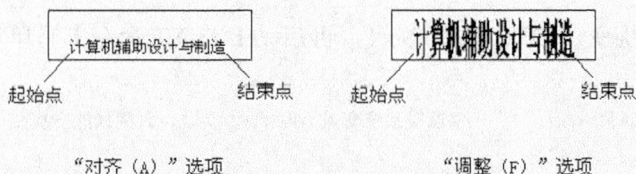

图8-16　利用"对齐(A)"和"调整(F)"选项

- 中心(C)/中间(M)/右(R)/左上(TL)/中上(TC)/右上(TR)/左中(ML)/正中(MC)/右中(MR)/左下(BL)/中下(BC)/右下(BR): 通过这些选项设置文字的插入点，各插入点位置如图 8-17 所示。

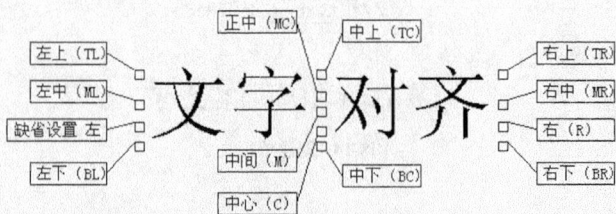

图8-17　设置插入点

8.1.6 在单行文字中加入特殊符号

工程图中用到的许多符号都不能通过标准键盘直接输入，如文字的下划线、直径代号等。当用户利用 DTEXT 命令创建文字注释时，必须输入特殊的代码来产生特定的字符，这些代码及对应的特殊符号如表 8-1 所示。

表 8-1 特殊字符的代码

代码	字符
%%o	文字的上画线
%%u	文字的下画线
%%d	角度的度符号
%%p	表示"±"
%%c	直径代号

使用表中代码生成特殊字符的样例如图 8-18 所示。

添加%%u特殊%%u字符　　　添加特殊字符

%%c100　　　　　φ100

%%p0.010　　　　±0.010

图8-18 创建特殊字符

8.1.7 创建多行文字

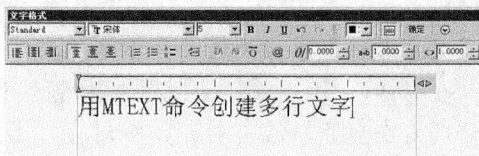

MTEXT 命令可以创建复杂的文字说明。用 MTEXT 命令生成的文字段落称为多行文字，它可由任意数目的文字行组成，所有的文字构成一个单独的实体。使用 MTEXT 命令时，用户可以指定文本分布的宽度，但文字沿竖直方向可无限延伸。另外，用户还能设置多行文字中单个字符或某一部分文字的属性（包括文本的字体、倾斜角度和高度等）。

命令 启动 方法	● 菜单命令：【绘图】/【文字】/【多行文字】。 ● 工具栏：【绘图】工具栏上的 A 按钮。 ● 命令：MTEXT 或简写 MT。

【例8-4】 用 MTEXT 命令创建多行文字，文字内容如图 8-19 所示。

(1) 单击【绘图】工具栏上的 A 按钮，或输入 MTEXT 命令，AutoCAD 提示：

指定第一角点：　　　　　　　//在 A 点处单击一点，如图 8-19 所示

指定对角点：　　　　　　　　//在 B 点处单击一点

(2) 系统弹出【文字格式】工具栏及顶部带标尺的文字输入框，如图 8-20 所示。在【字体】下拉列表中选择"宋体"，在【字体高度】下拉列表中输入数值5，然后输入文字。

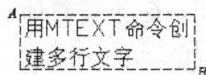

用MTEXT命令创建多行文字

图8-19 创建多行文字 图8-20 输入文字

(3) 单击 确定 按钮，结果如图 8-19 所示。

　　启动 MTEXT 命令并建立文本边框后，系统弹出【文字格式】工具栏及顶部带标尺的文字输入框，这两部分组成了【多行文字编辑器】对话框，如图 8-21 所示。利用此编辑器可方便地创建文字并设置文字样式、对齐方式、字体及字高等。

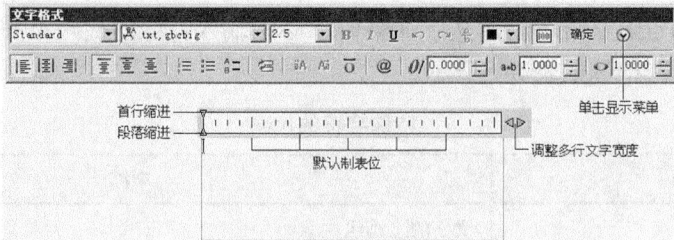

图8-21　【多行文字编辑器】对话框

　　用户在文字输入框中输入文本，当文本到达定义边框的右边界时，按 Shift + Enter 键换行（若按 Enter 键换行，则表示已输入的文字构成一个段落）。默认情况下，文字输入框是透明的，可以观察到输入文字与其他对象是否重叠。若要关闭透明特性，可单击【文字格式】工具栏上的 ⊙ 按钮，然后选择【不透明背景】选项。

　　下面对【多行文字编辑器】对话框中的主要功能做出说明。

1.　【文字格式】工具栏

- 【样式】下拉列表：设置多行文字的文字样式。若将一个新样式与现有多行文字相关联，将不会影响文字的某些特殊格式，如粗体、斜体和堆叠等。

- 【字体】下拉列表：从这个下拉列表中选择需要的字体。多行文字对象中可以包含不同字体的字符。

- 【字体高度】文本框：用户从这个下拉列表中选择或输入文字高度。多行文字对象中可以包含不同高度的字符。

- B 按钮：如果所用字体支持粗体，就可通过此按钮将文本修改为粗体形式，按下按钮为打开状态。

- I 按钮：如果所用字体支持斜体，就可通过此按钮将文本修改为斜体形式，按下按钮为打开状态。

- U 按钮：可利用此按钮将文字修改为下划线形式。

- ᵇ∕ₐ 按钮：单击此按钮就使可层叠的文字堆叠起来，如图 8-22 所示，这对创建分数及公差形式的文字很有用。系统通过特殊字符"/"、"^" 及 "#" 表明多行文字是可层叠的。输入层叠文字的方式为"左边文字+特殊字符+右边文字"，堆叠后左边文字被放在右边文字的上面。

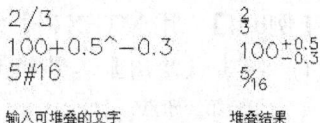

图8-22　堆叠文字

> **小技巧**　通过堆叠文字的方法也可创建文字的上标或下标，输入方式为"上标^"、"^下标"。例如，输入"53^"，选中"3^"，单击 ᵇ∕ₐ 按钮，结果为"5³"。

- 【文字颜色】下拉列表：为输入的文字设定颜色或修改已选定文字的颜色。

- ▤、▤、▤、▤、▤ 及 ▤ 按钮：设定文字的对齐方式，6 个按钮的功能分别为左对齐、居中对齐、右对齐、上对齐、中央对齐及下对齐。

- ▤、▤ 及 ▤ 按钮：3 个按钮的功能分别为给段落文字添加数字编号、添加项目符号及添加大写字母形式的编号。

- 🔠、🔡 按钮：两个按钮的功能分别为将选定文字更改为大写或小写。
- 🔲 按钮：给选定的文字添加上画线。
- @ 按钮：单击此按钮，弹出菜单，该菜单包含了许多常用符号。
- 【倾斜角度】文本框：设定文字的倾斜角度。
- 【追踪】文本框：控制字符间的距离。若输入大于 1 的值，则增大字符间距，否则，缩小字符间距。
- 【宽度比例】文本框：设定文字的宽度因子。若输入小于 1 的数值，则文本将变窄，否则，文本变宽。

2. 文字输入框

（1）标尺：设置首行文字及段落文字的缩进，还可设置制表位，操作方法如下。

- 拖动标尺上第一行的缩进滑块可改变所选段落第一行的缩进位置。
- 拖动标尺上第二行的缩进滑块可改变所选段落其余行的缩进位置。
- 标尺上显示了默认的制表位，如图 8-21 所示。要设置新的制表位，可用光标单击标尺。要删除创建的制表位，可用光标按住制表位，将其拖出标尺。

（2）快捷菜单：在文本输入框中单击鼠标右键，弹出快捷菜单，该菜单中包含了一些标准编辑选项和多行文字特有的选项，如图 8-23 所示（只显示了部分选项）。

- 【符号】：该选项包含以下常用子选项。

  【度数】：在光标定位处插入特殊字符 "%%d"，它表示度数符号 "°"。

  【正/负】：在光标定位处插入特殊字符 "%%p"，它表示加、减符号 "±"。

图8-23 快捷菜单

  【直径】：在光标定位处插入特殊字符 "%%c"，它表示直径符号 "⌀"。

  【几乎相等】：在光标定位处插入符号 "≈"。

  【下标 2】：在光标定位处插入下标 "2"。

  【平方】：在光标定位处插入上标 "2"。

  【立方】：在光标定位处插入上标 "3"。

  【其他】：选择该选项，系统打开【字符映射表】对话框，在此对话框的【字体】下拉列表中选取字体，则对话框显示所选字体包含的各种字符，如图 8-24 所示。若要插入一个字符，请选择它并单击 选定(S) 按钮，此时 AutoCAD 将选取的字符放在【复制字符】文本框中，按这种方法选取所有要插入的字符，然后单击 复制(C) 按钮。关闭【字符映射表】对话框，返回【多行文字编辑器】，在要插入字符的地方单击鼠标左键，再按鼠标右键，弹出快捷菜单，从菜单中选择【粘贴】，这样就将字符插入多行文字中了。

图8-24 【字符映射表】对话框

- 【项目符号和列表】: 给段落文字添加编号和项目符号。
- 【背景遮罩】: 在文字后设置背景。
- 【对正】: 设置多行文字的对齐方式。多行文字的对齐是以文本输入框的左、右边界及上、下边界为准的。

8.1.8 添加特殊字符

以下通过练习来演示如何在多行文字中加入特殊字符，文字内容如下：

安装 ϕ40 的钢质套管，管道管径 DN≤32 采用螺纹连接。

【例8-5】 添加特殊字符。

(1) 单击【绘图】工具栏上的 A 按钮，再指定文字分布宽度，打开多行文字编辑器，在【字体】下拉列表中选择"宋体"，在【字体高度】文本框中输入数值 5，然后输入文字，如图 8-25 所示。

(2) 在要插入直径符号的地方单击鼠标左键，再指定当前字体为 "txt"。然后单击鼠标右键，弹出快捷菜单，选择菜单命令【符号】/【直径】，结果如图 8-26 所示。

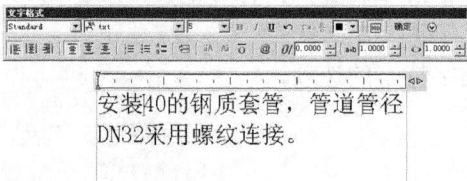

图8-25 书写多行文字　　　　　　　　图8-26 插入直径符号

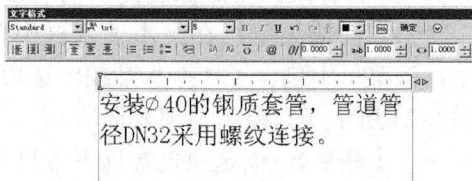

(3) 在文本输入窗口中单击鼠标右键，弹出快捷菜单，选择菜单命令【符号】/【其他】，打开【字符映射表】对话框，如图 8-27 所示。

(4) 在对话框的【字体】下拉列表中选择"宋体"，然后选取需要的字符"≤"，如图 8-27 所示。

(5) 单击 选定(S) 按钮，单击 复制(C) 按钮。

(6) 返回多行文字编辑器，在需要插入"≤"符号的地方单击鼠标左键，然后单击鼠标右键，弹出快捷菜单，选择【粘贴】选项。再作必要的编辑，结果如图 8-28 所示。

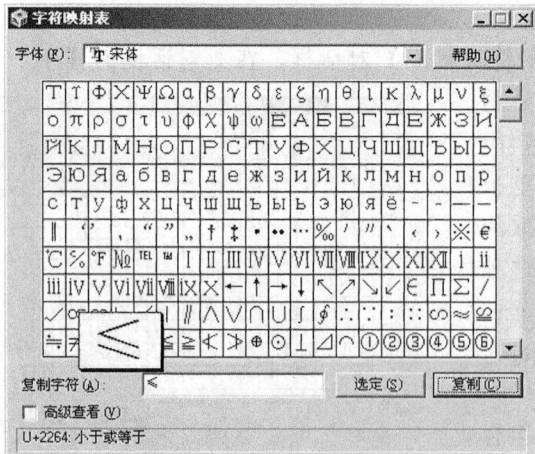

图8-27 【字符映射表】对话框　　　　　　　図8-28 插入"≤"符号

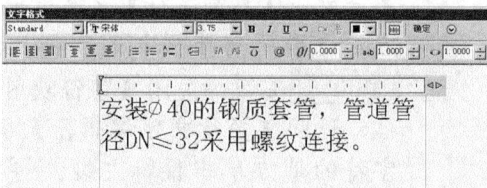

(7) 单击 确定 按钮完成。

8.1.9 编辑文字

编辑文字的常用方法有以下两种。

（1） 使用 DDEDIT 命令编辑单行或多行文字。选择的对象不同，系统将打开不同的对话框。对于单行或多行文字，系统分别打开【编辑文字】对话框和【多行文字编辑器】对话框。用 DDEDIT 命令编辑文本的优点是：此命令连续地提示用户选择要编辑的对象，因而只要发出 DDEDIT 命令就能一次修改许多文字对象。

（2） 用 PROPERTIES 命令修改文本。选择要修改的文字后，再启动 PROPERTIES 命令，打开【特性】对话框，在这个对话框中，用户不仅能修改文本的内容，还能编辑文本的其他许多属性，如倾斜角度、对齐方式、高度和文字样式等。

命令 启动 方法	• 菜单命令：【修改】/【对象】/【文字】/【编辑】。 • 工具栏：【文字】工具栏上的 A 按钮。 • 命令：DDEDIT 或简写 ED。

8.1.10 实战提高

【例8-6】　打开文件 "8-7.dwg"，请在图中添加多行文字，如图 8-29 所示。图中文字特性如下。

- "弹簧总圈数……" 及 "加载到……"：文字字高 5，中文字体采用 "gbcbig.shx"，西文字体采用 "gbeitc.shx"。
- "检验项目"：文字字高 4，字体采用 "黑体"。
- "检验弹簧……"：文字字高 3.5，字体采用 "楷体"。

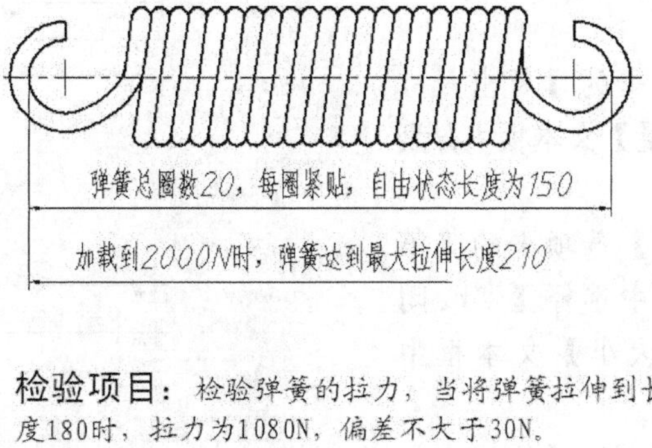

弹簧总圈数20，每圈紧贴，自由状态长度为150

加载到2000N时，弹簧达到最大拉伸长度210

检验项目：检验弹簧的拉力，当将弹簧拉伸到长度180时，拉力为1080N，偏差不大于30N。

图8-29　创建多行文字

8.2 标注尺寸的方法

AutoCAD 的尺寸标注命令很丰富，可以轻松地创建出各种类型的尺寸。所有尺寸与尺寸样式关联，通过调整尺寸样式，就能控制与该样式关联的尺寸标注的外观。下面介绍创建尺寸样式的方法和 AutoCAD 的尺寸标注命令。

8.2.1 标注尺寸范例

创建标注样式及标注尺寸。

【例8-7】 按以下操作步骤，标注图 8-30 所示的图形。

(1) 打开文件 "8-6.dwg"。

(2) 创建一个名为 "标注层" 的图层，并将其设置为当前层。

(3) 新建一个标注样式。单击【标注】工具栏上的 🔧 按钮，打开【标注样式管理器】对话框，再单击此对话框中的 新建(N)... 按钮，打开【创建新标注样式】对话框，在该对话框的【新样式名】文本框中输入新的样式名称 "标注样式"，如图 8-31 所示。

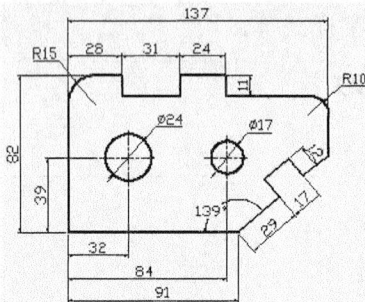

图8-30 标注尺寸

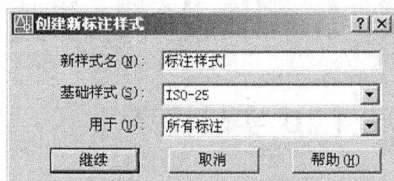

图8-31 【创建新标注样式】对话框

(4) 单击 继续 按钮，打开【新建标注样式】对话框，如图 8-32 所示。在该对话框中进行以下设置。

- 在【文字】选项卡的【文字高度】、【从尺寸线偏移】文本框中分别输入 2.5 和 0.8。

- 在【直线】选项卡的【超出尺寸线】、【起点偏移量】文本框中分别输入 1.6 和 0.8。

- 在【符号和箭头】选项卡的【第一项】下拉列表中选择【实心闭合】，在【箭头大小】文本框中输入 2。

- 在【调整】选项卡的【使用全局比例】文本框中输入 1.5（绘图比例的倒数）。

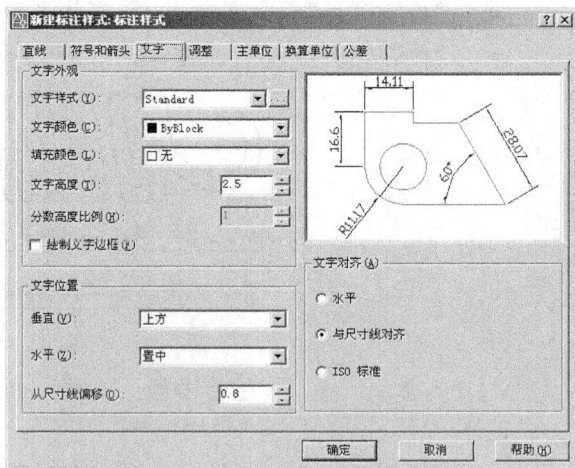

图8-32 【新建标注样式】对话框

- 在【主单位】选项卡的【单位格式】、【精度】和【小数分隔符】下拉列表中分别选择 "小数"、"0.00" 和 "句点"。

(5) 单击 确定 按钮就得到一个新的尺寸样式，再单击 置为当前(U) 按钮使新样式成为当前样式。

(6) 打开自动捕捉功能，设置捕捉类型为端点、交点。

(7) 标注直线型尺寸，如图 8-35 所示。单击【标注】工具栏上的 ⊢ 按钮，AutoCAD 提示:

命令: _dimlinear

指定第一条尺寸界线原点或 <选择对象>:	//捕捉交点 A，如图 8-33 所示
指定第二条尺寸界线原点:	//捕捉交点 B
指定尺寸线位置:	//移动鼠标指定尺寸线的位置
标注文字 =28	

继续标注尺寸 "137"、"39"、"32"、"82"、"11"，结果如图 8-33 所示。

(8) 创建连续标注，如图 8-34 所示。单击【标注】工具栏上的 ⊢⊣ 按钮，AutoCAD 提示：

命令: _dimcontinue	//建立连续标注
指定第二条尺寸线原点或 [放弃(U)/选择(S)]<选择>:	//按 Enter 键
选择连续标注:	//选择尺寸界线 D，如图 8-33 所示
指定第二条尺寸线原点或 [放弃(U)/选择(S)]<选择>:	//捕捉交点 E
标注文字 =31	
指定第二条尺寸线原点或 [放弃(U)/选择(S)]<选择>:	//捕捉交点 F
标注文字 =24	
指定第二条尺寸线原点或 [放弃(U)/选择(S)] <选择>:	//按 Enter 键
选择连续标注:	//按 Enter 键结束

结果如图 8-34 所示。

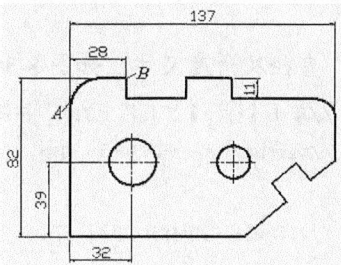

图8-33 标注尺寸 "28"、"137" 等   图8-34 连续标注

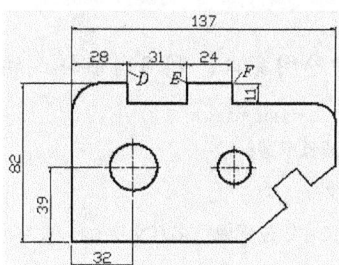

(9) 创建基线标注，如图 8-35 所示。单击【标注】工具栏上的 ⊢⊣ 按钮，AutoCAD 提示：

命令: _dimbaseline	//建立基线标注
指定第二条尺寸线原点或 [放弃(U)/选择(S)] <选择>:	//按 Enter 键
选择基准标注:	//选择尺寸界线 A
指定第二条尺寸线原点或 [放弃(U)/选择(S)] <选择>:	//捕捉端点 B
标注文字 =84	
指定第二条尺寸线原点或 [放弃(U)/选择(S)] <选择>:	//捕捉端点 C
标注文字 =91	
指定第二条尺寸线原点或 [放弃(U)/选择(S)] <选择>:	//按 Enter 键
选择基准标注:	//按 Enter 键结束

结果如图 8-35 所示。

(10) 激活尺寸 "84"、"91" 的关键点，利用关键点拉伸模式调整尺寸线位置，结果如图 8-36 所示。

(11) 创建对齐尺寸 "29"、"17"、"12"，如图 8-37 所示。单击【标注】工具栏上的 ↖ 按钮，AutoCAD 提示：

命令: _dimaligned

指定第一条尺寸界线原点或 <选择对象>： //捕捉交点 D，如图 8-37 所示

指定第二条尺寸界线原点： //捕捉交点 E

指定尺寸线位置或[多行文字(M)/文字(T)/角度(A)]： //移动鼠标指定尺寸线的位置

标注文字 =29

继续标注尺寸 "17"、"12"，结果如图 8-37 所示。

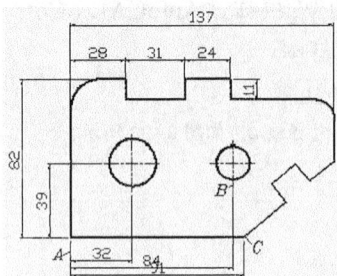

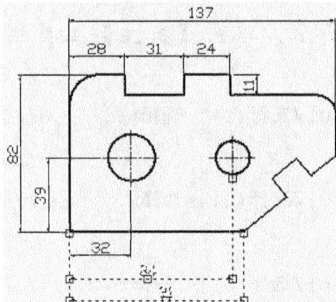

图8-35 基线标注　　　　图8-36 调整尺寸线位置　　　　图8-37 创建对齐尺寸

(12) 建立尺寸样式的覆盖方式。单击 ▙ 按钮，打开【标注样式管理器】对话框，再单击 替代(O)... 按钮（注意不要使用 修改(M)... 按钮），打开【替代当前样式】对话框。进入【文字】选项卡，在该选项卡的【文字对齐】区域中选择【水平】单选项，如图 8-38 所示。

(13) 返回绘图窗口，利用当前样式的覆盖方式标注半径、直径及角度尺寸，如图 8-39 所示。

命令：_dimradius //单击【标注】工具栏上的 ⊙ 按钮

选择圆弧或圆： //选择圆弧 A，如图 8-39 所示

标注文字 =10

指定尺寸线位置或 [多行文字(M)/文字(T)/角度(A)]： //移动鼠标指定标注文字位置

命令：DIMRADIUS //重复命令

选择圆弧或圆： //选择圆弧 B

标注文字 =15

指定尺寸线位置或 [多行文字(M)/文字(T)/角度(A)]： //移动鼠标指定标注文字位置

命令：_dimdiameter //单击【标注】工具栏上的 ⊙ 按钮

选择圆弧或圆： //选择圆 C

标注文字 =24

指定尺寸线位置或 [多行文字(M)/文字(T)/角度(A)]： //移动鼠标指定标注文字位置

命令：DIMDIAMETER //重复命令

选择圆弧或圆： //选择圆 D

标注文字 =17

指定尺寸线位置或 [多行文字(M)/文字(T)/角度(A)]： //移动鼠标指定标注文字位置

命令：_dimangular //单击【标注】工具栏上的 ⊿ 按钮

选择圆弧、圆、直线或 <指定顶点>： //选择直线 E

选择第二条直线： //选择直线 F

指定标注弧线位置或 [多行文字(M)/文字(T)/角度(A)]： //移动鼠标指定标注文字位置

标注文字 =139

结果如图 8-39 所示。

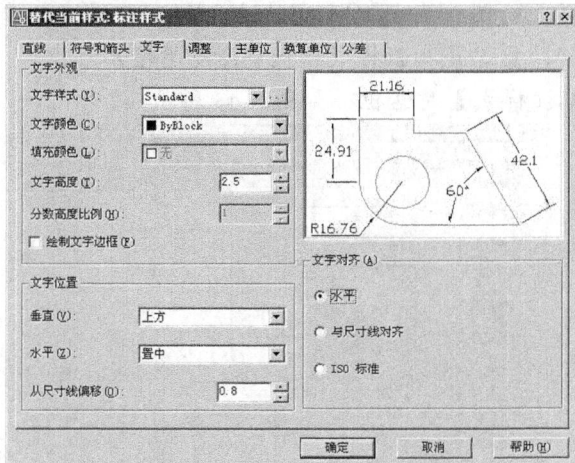

图8-38 【替代当前样式】对话框

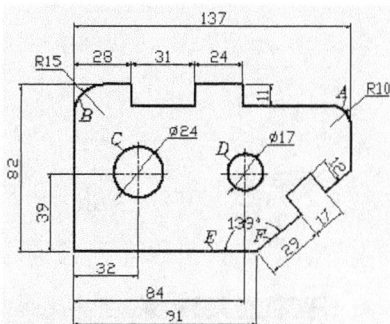

图8-39 标注半径、直径及角度尺寸

8.2.2 创建国标尺寸样式

尺寸标注是一个复合体，它以块的形式存储在图形中，其组成部分包括尺寸线、尺寸线两端起止符号（箭头、斜线等）、尺寸界线及标注文字等，如图 8-40 所示，所有这些组成部分的格式都由尺寸样式来控制。

在标注尺寸前，用户一般都要创建尺寸样式，否则，AutoCAD 将使用默认样式 ISO-25生成尺寸标注。AutoCAD 中可以定义多种不同的标注样式并为之命名，标注时，用户只需指定某个样式为当前样式，就能创建相应的标注形式。

【例8-8】 建立符合国标规定的尺寸样式。

(1) 创建一个新文件。

(2) 建立新文字样式，样式名为"标注文字"。与该样式相关联的字体文件是"gbeitc.shx"（或"gbenor.shx"）和"gbcbig.shx"。

(3) 单击【标注】工具栏上的 ◢ 按钮，或选择菜单命令【格式】/【标注样式】，打开【标注样式管理器】对话框，如图 8-41 所示。通过这个对话框可以命名新的尺寸样式或修改样式中的尺寸变量。

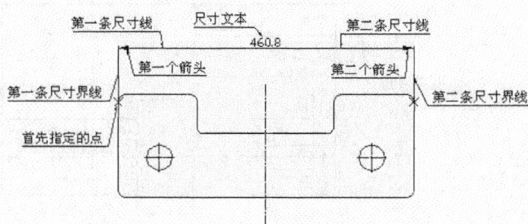

图8-40 标注组成

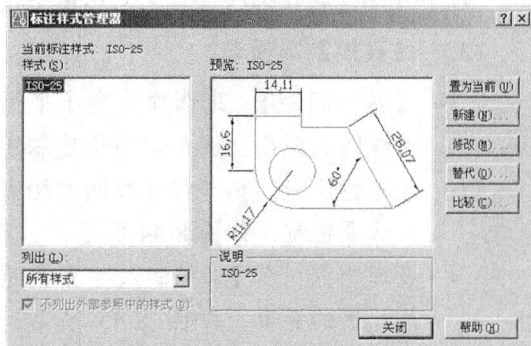

图8-41 【标注样式管理器】对话框

(4) 单击 新建(N)... 按钮，打开【创建新标注样式】对话框，如图 8-42 所示。在该对话框的【新样式名】文本框中输入新的样式名称"国标标注"。在【基础样式】下拉列表中指定某个尺寸样式作为新样式的副本，则新样式将包含副本样式的所有设置。此外，还可在【用于】下拉列表中设定新样式对某一种类尺寸的特殊控制。默认情况下，【用于】下拉列表的选项是"所有标注"，意思是指新样式将控制所有类型尺寸。

(5) 单击 继续 按钮，打开【新建标注样式】对话框，如图8-43所示。

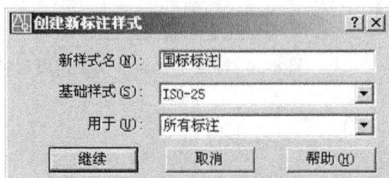

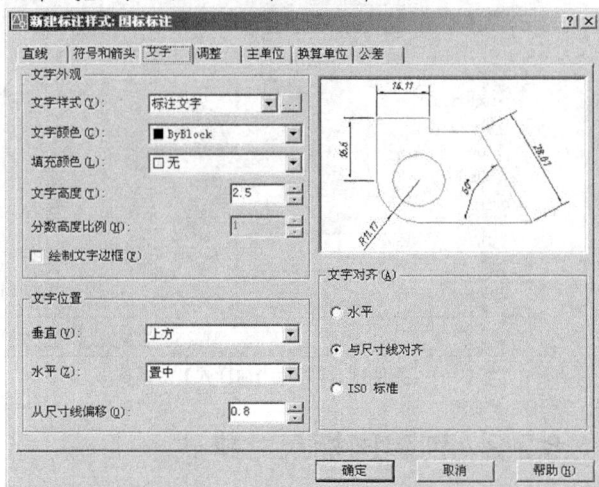

图8-42 【创建新标注样式】对话框　　　　　图8-43 【新建标注样式】对话框

该对话框有7个选项卡，在这些选项卡中进行以下设置。

- 在【文字】选项卡的【文字样式】下拉列表中选择"标注文字"，在【文字高度】、【从尺寸线偏移】文本框中分别输入2.5和0.8。
- 在【直线】选项卡的【基线间距】、【超出尺寸线】和【起点偏移量】文本框中分别输入8、1.8和0.8。
- 在【符号和箭头】选项卡的【第一项】下拉列表中选择【实心闭合】，在【箭头大小】文本框中输入2。
- 在【调整】选项卡的【使用全局比例】文本框中输入2（绘图比例的倒数）。
- 在【主单位】选项卡的【单位格式】、【精度】和【小数分隔符】下拉列表中分别选择"小数"、"0.00"和"句点"选项。

(6) 单击 确定 按钮得到一个新的尺寸样式，再单击 置为当前(U) 按钮使新样式成为当前样式。

以下介绍【新建标注样式】对话框中常用选项的功能。

1. 【直线】选项卡

- 【基线间距】：此选项决定了平行尺寸线间的距离，例如，当创建基线型尺寸标注时，相邻尺寸线间的距离由该选项控制，如图8-44所示。
- 【超出尺寸线】：控制尺寸界线超出尺寸线的距离，如图8-45所示。国标中规定，尺寸界线一般超出尺寸线2mm～3mm，如果准备使用1:1比例出图则延伸值要设定为2和3之间的值。

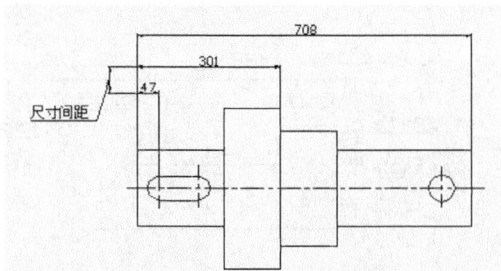

图8-44 控制尺寸线间的距离

- **【起点偏移量】**：控制尺寸界线起点与标注对象端点间的距离，如图 8-46 所示。通常应使尺寸界线与标注对象不发生接触，这样才能较容易地区分尺寸标注和被标注的对象。

图8-45 延伸尺寸界线

图8-46 控制尺寸界线起点与标注对象间的距离

2. 【符号和箭头】选项卡

- **【第一项】和【第二个】**：这两个下拉列表用于选择尺寸线两端起止符号的形式。
- **【引线】**：通过此下拉列表设置引线标注的起止符号形式。
- **【箭头大小】**：利用此选项设定起止符号大小。
- **【标记】**：利用【标注】工具栏上的⊕按钮创建圆心标记。圆心标记是指标明圆或圆弧圆心位置的小十字线，如图 8-47 所示。
- **【直线】**：利用【标注】工具栏上的⊕按钮创建中心线。中心线是指过圆心并延伸至圆周的水平及竖直直线，如图 8-47 所示。

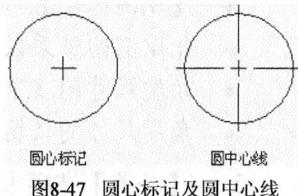

图8-47 圆心标记及圆中心线

- **【大小】**：利用该选项设定圆心标记或圆中心线大小。

3. 【文字】选项卡

- **【文字样式】**：在这个下拉列表中选择文字样式或单击其右边的 按钮，打开【文字样式】对话框，创建新的文字样式。
- **【文字高度】**：在此文本框中指定文字的高度。若在文本样式中已设定了文字高度，则此框中设置的文本高度将是无效的。
- **【绘制文字边框】**：通过此复选框用户可以给标注文本添加一个矩形边框，如图 8-48 所示。
- **【从尺寸线偏移】**：该项用于设定标注文字与尺寸线间的距离，如图 8-49 所示。若标注文本在尺寸线的中间（尺寸线断开），则其值表示断开处尺寸线端点与尺寸文字的间距。另外，该值也用来控制文本边框与其中文本的距离。

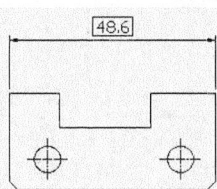

图8-48 给标注文字添加矩形框

图8-49 控制文字相对于尺寸线的偏移量

4. 【调整】选项卡

- 【使用全局比例】：全局比例值将影响尺寸标注所有组成元素的大小，如标注文字和尺寸箭头等，如图 8-50 所示。当用户欲以 1:2 的比例将图样打印在标准幅面的图纸上时，为保证尺寸外观合适，应设定标注的全局比例为打印比例的倒数，即 2。

全局比例为 1.0 　　　　全局比例为 2.0

图8-50　全局比例对尺寸标注的影响

5. 【主单位】选项卡

- 线性尺寸的【单位格式】：在此下拉列表中选择所需的长度单位类型。
- 线性尺寸的【精度】：设定长度型尺寸数字的精度（小数点后显示的位数）。
- 【小数分隔符】：若单位类型是小数，则可在此下拉列表中选择小数分隔符的形式。系统共提供了 3 种分隔符：逗点、句点和空格。
- 【比例因子】：可输入尺寸数字的缩放比例因子。当标注尺寸时，AutoCAD 用此比例因子乘以真实的测量数值，然后将结果作为标注数值。
- 角度尺寸的【单位格式】：在此下拉列表中选择角度的单位类型。
- 角度尺寸的【精度】：设置角度型尺寸数字的精度（小数点后显示的位数）。

6. 【公差】选项卡

（1） 【方式】下拉列表中包含 5 个选项。

- 无：只显示基本尺寸。
- 对称：如果选择"对称"选项，则只能在【上偏差】文本框中输入数值，标注时 AutoCAD 自动加入"±"符号，结果如图 8-53 所示。
- 极限偏差：利用此选项可以在【上偏差】和【下偏差】文本框中分别输入尺寸的上、下偏差值。默认情况下，AutoCAD 将自动在上偏差前面添加"+"号，在下偏差前面添加"–"号。若在输入偏差值时加上"+"或"–"号，则最终显示的符号将是默认符号与输入符号相乘的结果。输入值正、负号与标注效果的对应关系如图 8-51 所示。

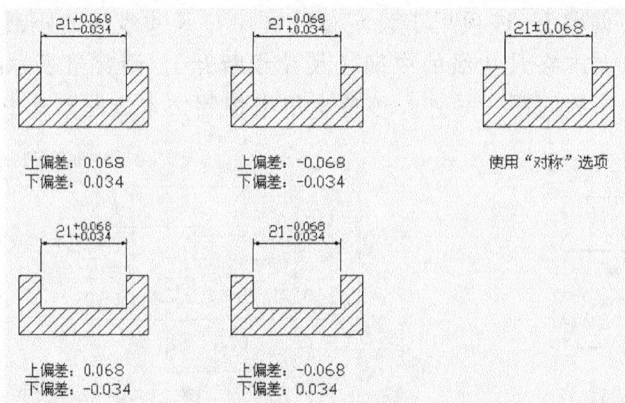

图8-51　尺寸公差标注结果

- 极限尺寸：同时显示最大极限尺寸和最小极限尺寸。
- 基本尺寸：将尺寸标注值放置在一个长方形的框中（理想尺寸标注形式）。

（2）【精度】：设置上、下偏差值的精度（小数点后显示的位数）。

（3）【上偏差】：在此文本框中输入上偏差数值。

（4）【下偏差】：在此文本框中输入下偏差数值。

（5）【高度比例】：该选项能让用户调整偏差文本相对于尺寸文本的高度，默认值是1，此时偏差文本与尺寸文本高度相同。在标注机械图时，建议将此数值设定为 0.7 左右，但若使用"对称"选项，则【高度比例】值仍选为1。

（6）【垂直位置】：在此下拉列表中可指定偏差文字相对于基本尺寸的位置关系。当标注机械图时，建议选择"中"选项。

（7）【前导】：隐藏偏差数字中前面的0。

（8）【后续】：隐藏偏差数字中后面的0。

8.2.3 删除和重命名尺寸样式

删除和重命名尺寸样式是在【标注样式管理器】对话框中进行的。

【例8-9】 删除和重命名尺寸样式。

(1) 在【标注样式管理器】对话框的样式列表中选择要进行操作的样式名。

(2) 单击鼠标右键弹出快捷菜单，选择【删除】选项，删除尺寸样式，如图 8-52 所示。

(3) 若要重命名样式，则选择【重命名】选项，然后输入新名称，如图 8-52 所示。

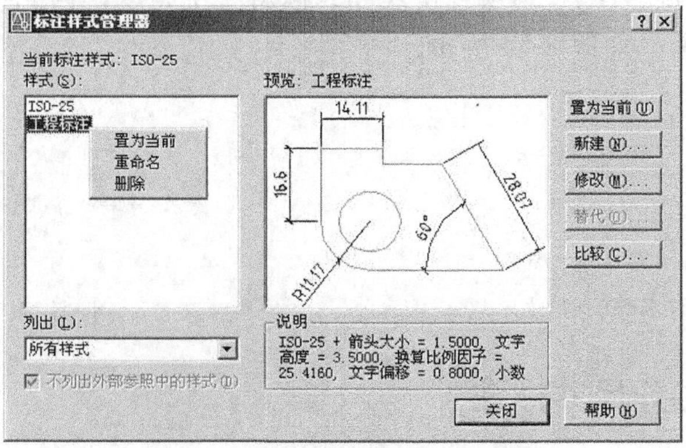

图8-52 【标注样式管理器】对话框

需要注意的是，当前样式及正被使用的尺寸样式不能被删除。此外，用户也不能删除样式列表中仅有的一个标注样式。

8.2.4 标注水平、竖直及倾斜方向尺寸

DIMLINEAR 命令可以标注水平、竖直及倾斜方向尺寸。标注时，若要使尺寸线倾斜，则输入"R"选项，然后输入尺寸线倾角即可。

命令启动方法	· 菜单命令：【标注】/【线性】。 · 工具栏：【标注】工具栏上的┌按钮。 · 命令：DIMLINEAR 或简写 DIMLIN。

【例8-10】 DIMLINEAR 命令。

打开文件 "8-9.dwg",用 DIMLINEAR 命令创建尺寸标注,如图 8-53 所示。

命令: _dimlinear

指定第一条尺寸界线原点或 <选择对象>:

//指定第一条尺寸界线的起始点 A,或按 Enter 键,选择要标注的对象,如图 8-53 所示

指定第二条尺寸界线原点: //选取第二条尺寸界线的起始点 B

指定尺寸线位置或[多行文字(M)/文字(T)/角度(A)/水平(H)/垂直(V)/旋转(R)]:

//拖动光标将尺寸线放置在适当位置

【命令选项】

- 多行文字(M): 使用该选项则打开多行文字编辑器,利用此编辑器用户可输入新的标注文字。

> **要点提示** 若修改了系统自动标注的文字,就会失去尺寸标注的关联性,即尺寸数字不随标注对象的改变而改变。

- 文字(T): 此选项使用户可以在命令行上输入新的尺寸文字。
- 角度(A): 通过该选项设置文字的放置角度。
- 水平(H)/垂直(V): 创建水平或垂直型尺寸。用户也可通过移动光标指定创建何种类型尺寸。若左右移动光标,将生成垂直尺寸;上下移动光标,则生成水平尺寸。
- 旋转(R): 使用 DIMLINEAR 命令时,AutoCAD 自动将尺寸线调整成水平或竖直方向的。"旋转(R)"选项可使尺寸线倾斜一个角度,因此可利用这个选项标注倾斜的对象,如图 8-54 所示。

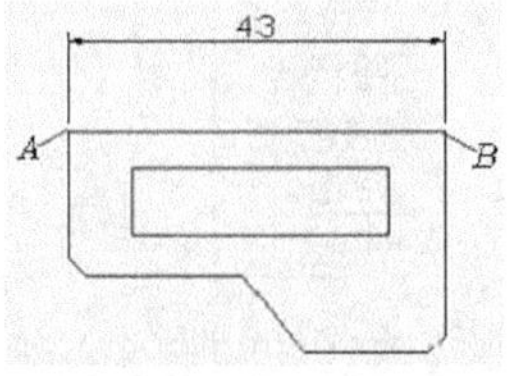

图8-53 标注水平方向尺寸

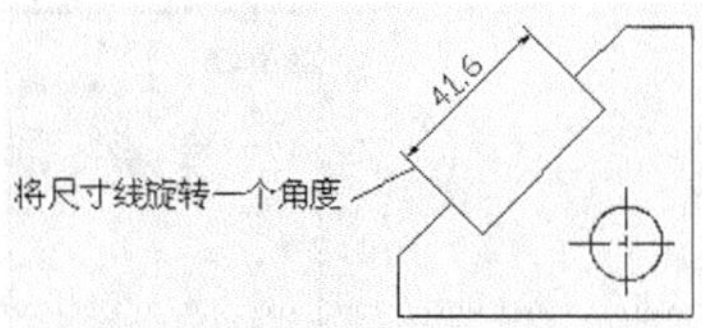

图8-54 标注倾斜对象

8.2.5 创建对齐尺寸标注

要标注倾斜对象的真实长度可使用对齐尺寸,对齐尺寸的尺寸线平行于倾斜的标注对象。如果用户是选择两个点来创建对齐尺寸,则尺寸线与两点的连线平行。

命令启动方法	• 菜单命令:【标注】/【对齐】。 • 工具栏:【标注】工具栏上的 ↖ 按钮。 • 命令: DIMALIGNED 或简写 DIMALI。

【例8-11】 DIMALIGNED 命令。

打开文件 "8-10.dwg",用 DIMALIGNED 命令创建尺寸标注,如图 8-55 所示。

命令: _dimaligned

指定第一条尺寸界线原点或 <选择对象>:   //捕捉交点 A,或按回车键选择要标注的对象,如图 8-55 所示

指定第二条尺寸界线原点: //捕捉交点 B

指定尺寸线位置或[多行文字(M)/文字(T)/角度(A)]:   //移动光标指定尺寸线的位置

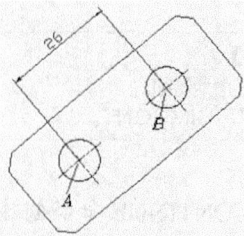

图8-55 标注对齐尺寸

DIMALIGNED 命令各选项功能请参见 8.2.4 节。

8.2.6 创建连续型和基线型尺寸标注

连续型尺寸标注是一系列首尾相连的标注形式，而基线型尺寸是指所有的尺寸都从同一点开始标注，即公用一条尺寸界线。连续型和基线型尺寸的标注方法是类似的，在创建这两种形式的尺寸时，首先应建立一个尺寸标注，然后发出标注命令，当 AutoCAD 提示 "指定第二条尺寸界线原点或[放弃(U)/选择(S)] <选择>:" 时，用户可采取下面的某种操作方式。

- 直接拾取对象上的点。由于用户已事先建立了一个尺寸，因此 AutoCAD 将以该尺寸的第一条尺寸界线为基准线生成基线型尺寸，或者以该尺寸的第二条尺寸界线为基准线建立连续型尺寸。

- 若不想在前一个尺寸的基础上生成连续型或基线型尺寸，就按 Enter 键，AutoCAD 提示 "选择连续标注:" 或 "选择基准标注:"。此时，选择某条尺寸界线作为建立新尺寸的基准线。

1. 基线标注

命令 启动 方法	● 菜单命令：【标注】/【基线】。 ● 工具栏：【标注】工具栏上的 ⊟ 按钮。 ● 命令：DIMBASELINE 或简写 DIMBASE。

【例8-12】 DIMBASELINE 命令。

打开文件 "8-11.dwg"，用 DIMBASELINE 命令创建尺寸标注，如图 8-56 所示。

命令: _dimbaseline

选择基准标注: //指定 A 点处的尺寸界线为基准线，如图 8-56 所示

指定第二条尺寸界线原点或 [放弃(U)/选择(S)] <选择>:   //指定基线标注第二点 B

指定第二条尺寸界线原点或 [放弃(U)/选择(S)] <选择>:   //指定基线标注第三点 C

指定第二条尺寸界线原点或 [放弃(U)/选择(S)] <选择>:   //按 Enter 键

选择基准标注: //按 Enter 键结束

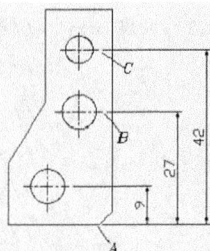

图8-56 基线标注

2. 连续标注

命令 启动 方法	● 菜单命令：【标注】/【连续】。 ● 工具栏：【标注】工具栏上的 ⊞⊞ 按钮。 ● 命令：DIMCONTINUE 或简写 DIMCONT。

【例8-13】 DIMCONTINUE 命令。

打开文件 "8-12.dwg"，用 DIMCONTINUE 命令创建尺寸标注，如图 8-57 所示。

```
命令：_dimcontinue
选择连续标注：                              //指定 A 点处的尺寸界线为基准线，如图 8-57 所示
指定第二条尺寸界线原点或 [放弃(U)/选择(S)] <选择>：    //指定连续标注第二点 B
指定第二条尺寸界线原点或 [放弃(U)/选择(S)] <选择>：    //指定连续标注第三点 C
指定第二条尺寸界线原点或 [放弃(U)/选择(S)] <选择>：    //按 Enter 键
选择连续标注：                              //按 Enter 键结束
```

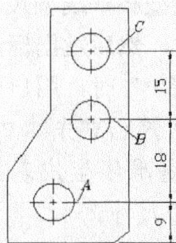

图8-57 连续标注

> **要点提示**
> 可以对角度型尺寸使用 DIMBASELINE 和 DIMCONTINUE 命令。

8.2.7 创建角度尺寸

标注角度时，用户可以通过拾取两条边线、3 个点或一段圆弧来创建角度尺寸。

命令 启动 方法	● 菜单命令：【标注】/【角度】。 ● 工具栏：【标注】工具栏上的 ⚞ 按钮。 ● 命令：DIMANGULAR 或简写 DIMANG。

【例8-14】 DIMANGULAR 命令。

打开文件 "8-13.dwg"，用 DIMANGULAR 命令创建尺寸标注，如图 8-58 所示。

```
命令：_dimangular
选择圆弧、圆、直线或 <指定顶点>：                //选择角的第一条边 A，如图 8-58 所示
选择第二条直线：                              //选择角的第二条边 B
指定标注弧线位置或 [多行文字(M)/文字(T)/角度(A)]：  //移动光标指定尺寸线的位置
命令：DIMANGULAR                             //重复命令
选择圆弧、圆、直线或 <指定顶点>：                //按 Enter 键
指定角的顶点：                                //捕捉 C 点
指定角的第一个端点：                           //捕捉 D 点
指定角的第二个端点：                           //捕捉 E 点
指定标注弧线位置或 [多行文字(M)/文字(T)/角度(A)]：  //移动光标指定尺寸线的位置
```

结果如图 8-58 所示。

选择圆弧时，系统直接标注圆弧所对应的圆心角，移动光标到圆心的不同侧时标注数值不同。

选择圆时，第一个选择点是角度起始点，再单击一点是角度的终止点，系统标出这两点间圆弧所对应的圆心角。当移动光标到圆心的不同侧时，标注数值不同。

DIMANGULAR 命令各选项功能参见 8.2.4 节。

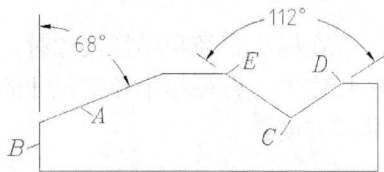

图8-58 标注角度

> **小技巧** 可以使用角度尺寸或长度尺寸的标注命令来查询角度值和长度值。当发出命令并选择对象后，就能看到标注文本，此时按 Esc 键取消正在执行的命令就不会将尺寸标注出来。

8.2.8 将角度数值水平放置

国标中对于角度标注有规定，如图 8-59 所示。角度数字一律水平书写，一般注写在尺寸线的中断处，必要时可注写在尺寸线上方或外面，也可画引线标注。显然角度文本的注写方式与线性尺寸文本是不同的。

为使角度数字的放置形式符合国标规定，用户可采用当前样式覆盖方式标注角度。

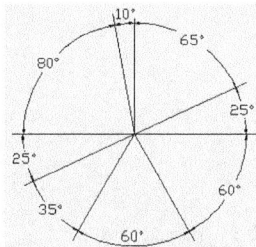

图8-59 角度文本注写规则

【例8-15】 打开文件"8-14.dwg"，用当前样式覆盖方式标注角度，如图 8-60 所示。

(1) 单击 按钮，打开【标注样式管理器】对话框。

(2) 单击 替代(O)... 按钮，打开【替代当前样式】对话框。

(3) 选择【文字】选项卡，在【文字对齐】区域中选择【水平】单选钮，如图 8-61 所示。

图8-60 利用尺寸样式覆盖方式标注角度

图8-61 【替代当前样式】对话框

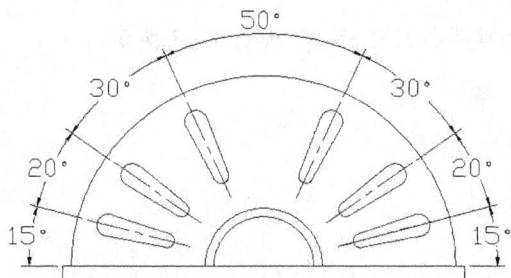

(4) 返回主窗口，用 DIMANGULAR 和 DIMCONTINUE 命令标注角度尺寸，角度数字将水平放置，如图 8-60 所示。

(5) 角度标注完成后，若要恢复原来的尺寸样式，就需进入【标注样式管理器】对话框，在此对话框的列表框中选择尺寸样式，然后单击 置为当前(U) 按钮，此时系统打开一个提示性对话框，继续单击 确定 按钮完成设置。

8.2.9 直径和半径型尺寸

在标注直径和半径尺寸时，AutoCAD 自动在标注文字前面加入"∅"或"R"符号。实际标注中，直径和半径型尺寸的标注形式多种多样，若通过当前样式的覆盖方式进行标注就非常方便。

1. 标注直径尺寸

命令启动方法	• 菜单命令：【标注】/【直径】。 • 工具栏：【标注】工具栏上的 ⊘ 按钮。 • 命令：DIMDIAMETER 或简写 DIMDIA。

【例8-16】 标注直径尺寸。

打开文件"8-15.dwg"，用 DIMDIAMETER 命令创建尺寸标注，如图 8-62 所示。

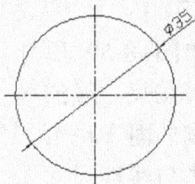

图8-62 标注直径

命令：_dimdiameter

选择圆弧或圆：   //选择要标注的圆，如图 8-62 所示

指定尺寸线位置或 [多行文字(M)/文字(T)/角度(A)]：   //移动光标指定标注文字的位置

DIMDIAMETER 命令各选项功能请参见 8.2.4 节。

2. 标注半径尺寸

半径尺寸标注与直径尺寸标注过程类似。

命令启动方法	• 菜单命令：【标注】/【半径】。 • 工具栏：【标注】工具栏上的 ⊘ 按钮。 • 命令：DIMRADIUS 或简写 DIMRAD。

【例8-17】 标注半径尺寸。

打开文件"8-16.dwg"，用 DIMRADIUS 命令创建半径尺寸标注，如图 8-63 所示。

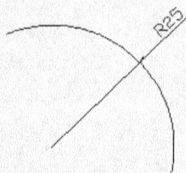

图8-63 标注半径

命令：_dimradius

选择圆弧或圆：   //选择要标注的圆弧，如图 8-63 所示

指定尺寸线位置或 [多行文字(M)/文字(T)/角度(A)]：   //移动光标指定标注文字的位置

DIMRADIUS 命令各选项功能请参见 8.2.4 节。

8.2.10 引线标注

使用 QLEADER 命令可以画出一条引线来标注对象，在引线末端可输入文字与图形元素等。此外，在操作中还能设置引线的形式（直线或曲线）、控制尺寸起止符号外观及注释文字的对齐方式等。

命令 启动 方法	● 菜单命令：【标注】/【引线】。 ● 工具栏：【标注】工具栏上的 按钮。 ● 命令：QLEADER 或简写 LE。

【例8-18】 打开文件 "8-17.dwg"，用 QLEADER 命令创建引线标注。

(1) 单击 按钮，系统提示 "指定第一条引线点或 [设置(S)]<设置>:"，直接按 Enter 键，打开【引线设置】对话框，在【附着】选项卡中选择【最后一行加下划线】选项，如图 8-64 所示。

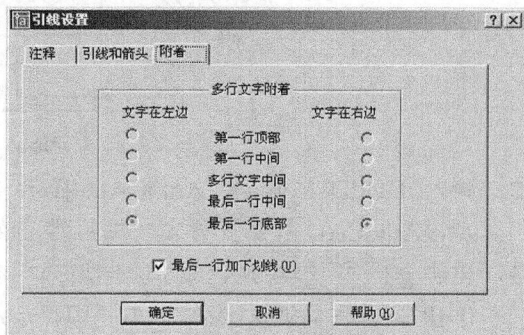

(2) 单击 确定 按钮，AutoCAD 提示：

命令：_qleader

指定第一个引线点或 [设置(S)]<设置>:

//指定引线起始点 A，如图 8-65 所示

指定下一点： //指定引线下一个点 B

指定下一点： //按 Enter 键

指定文字宽度 <7.9467>： //按 Enter 键

输入注释文字的第一行 <多行文字(M)>:

//按 Enter 键，启动多行文字编辑器，然后输入标注文字，如图 8-65 所示

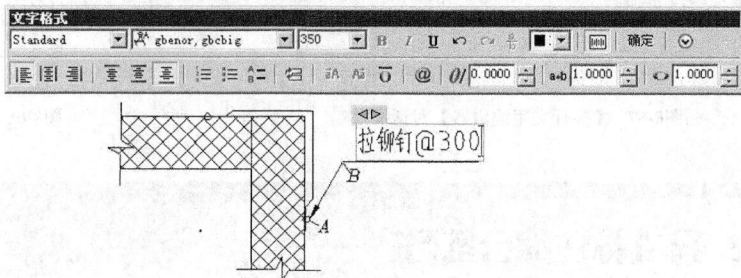

图8-64 【引线设置】对话框

图8-65 引线标注

(3) 单击 确定 按钮完成。

要点提示	创建引线标注时，若文本或指引线的位置不合适，可利用关键点编辑方式进行调整。当激活标注文字的关键点并移动时，指引线将跟随移动，而通过关键点移动指引线时，文本将保持不动。

该命令有一个 "设置(S)" 选项，此选项用于设置引线和注释的特性。当系统提示 "指定第一个引线点或[设置(S)]<设置>:" 时，按 Enter 键，打开【引线设置】对话框，如图 8-66 所示。该对话框包含 3 个选项卡，其中【注释】选项卡主要用于设置引线注释的类型，【引线和箭头】选项卡用于控制引线及箭头的外观特征。当指定引线注释为多行文字时，【附着】选项卡才显示出来，通过此选项卡可设置多行文本附着于引线末端的位置。

8.2.11 修改标注文字和调整标注位置

修改尺寸标注文字的最佳方法是使用 DDEDIT 命令。启动该命令后，用户可以连续地修改想要编辑的尺寸。关键点编辑方式非常适合于移动尺寸线和标注文字，进入这种编辑模式后，一般利用尺寸线两端或标注文字所在处的关键点来调整标注位置。

【例8-19】 修改标注文字内容及调整标注位置。

(1) 打开文件 "8-18.dwg"，如图 8-66 左图所示。

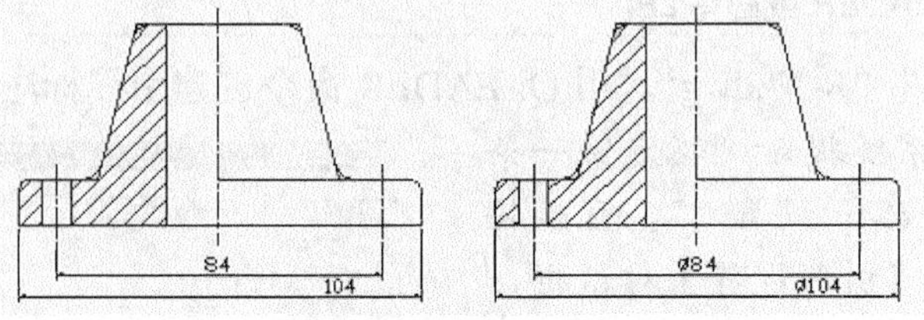

图8-66 修改尺寸文本

(2) 输入 DDEDIT 命令，AutoCAD 提示 "选择注释对象或 [放弃(U)]:"，选择尺寸 "84" 后，AutoCAD 打开多行文字编辑器，在标注数值前插入直径代号，如图 8-67 所示。

(3) 单击 确定 按钮，返回图形窗口，AutoCAD 继续提示 "选择注释对象或 [放弃(U)]:"。此时，用户选择尺寸 "104"，然后在该尺寸文字前加入直径代号。编辑结果如图 8-68 右图所示。

(4) 选择尺寸 "104"，并激活文本所在处的关键点，AutoCAD 自动进入拉伸编辑模式。

(5) 向下移动光标调整文本的位置，结果如图 8-68 所示。

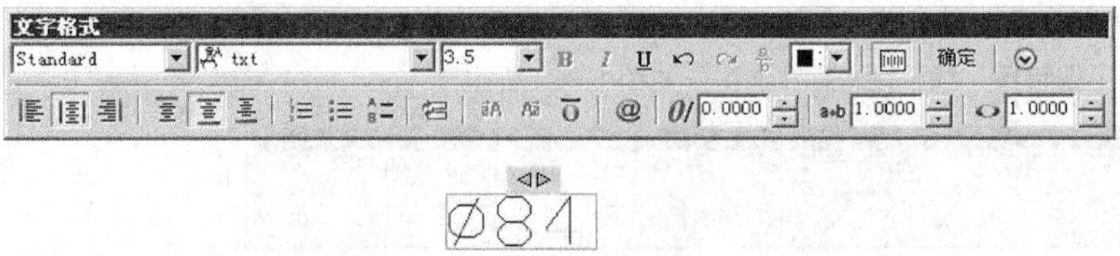

图8-67 【多行文字编辑器】对话框

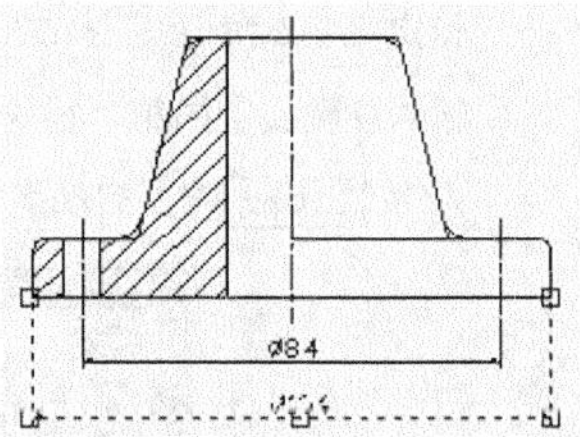

图8-68 调整文本的位置

8.3 尺寸标注综合练习

【例8-20】 请跟随以下操作步骤，标注图 8-69 所示的图形。

(1) 打开文件 "8-19.dwg"。

(2) 创建一个名为 "标注层" 的图层，并将其设置为当前层。

(3) 创建新文字样式，样式名为 "标注文字"。与该样式相关联的字体文件是 "gbeitc.shx" 和 "gbcbig.shx"。

(4) 新建一个标注样式。单击【标注】工具栏上的 按钮，打开【标注样式管理器】对话框，再单击此对话框的 新建(N)... 按钮，打开【创建新标注样式】对话框，在该对话框的【新样式名】文本框中输入新的样式名称 "国标标注"，如图 8-70 所示。

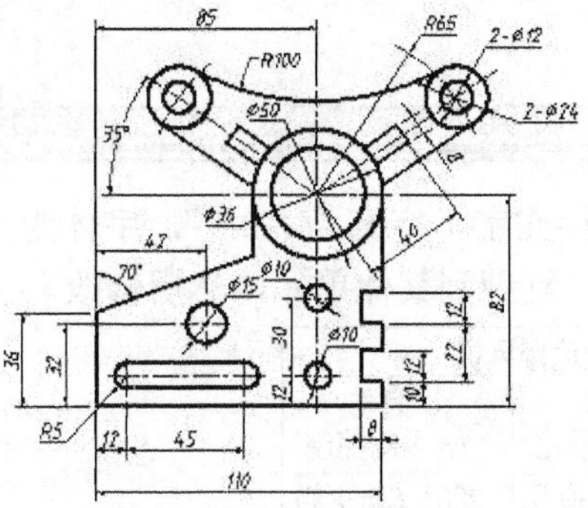

图8-69 标注尺寸

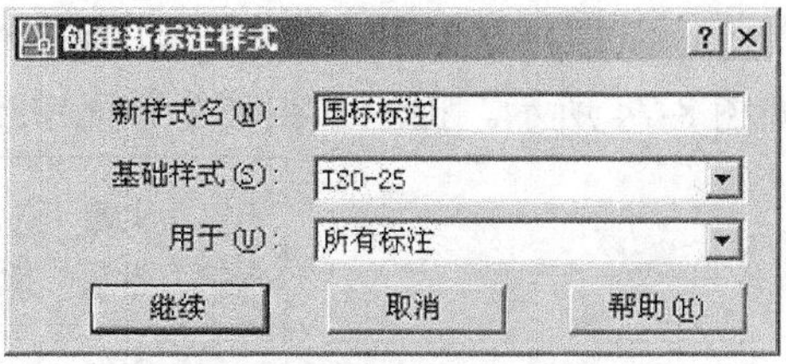

图8-70 【创建新标注样式】对话框

(5) 单击 <u>继续</u> 按钮，打开【新建标注样式】对话框，如图 8-71 所示。在该对话框中进行以下设置。

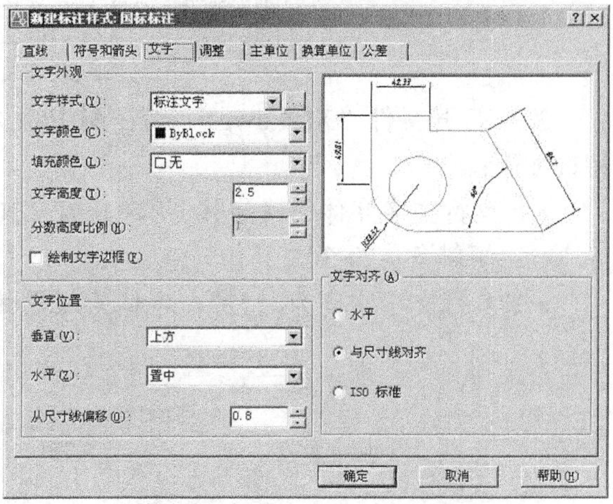

图8-71 【新建标注样式】对话框

- 在【文字】选项卡的【文字样式】下拉列表中选择【标注文字】选项，在【文字高度】、【从尺寸线偏移】文本框中分别输入 2.5 和 0.8。

- 在【直线】选项卡的【基线间距】、【超出尺寸线】和【起点偏移量】文本框中分别输入 7、1.8 和 0.8。

- 在【符号和箭头】选项卡的【第一项】下拉列表中选择【实心闭合】，在【箭头大小】文本框中输入 2。

- 在【调整】选项卡的【使用全局比例】文本框中输入 2（绘图比例的倒数）。

- 在【主单位】选项卡的【单位格式】、【精度】和【小数分隔符】下拉列表中分别选择"小数"、"0.00"和"句点"选项。

(6) 单击 <u>确定</u> 按钮就得到一个新的尺寸样式，再单击 <u>置为当前(U)</u> 按钮使新样式成为当前样式。

(7) 打开自动捕捉，设置捕捉类型为端点、交点。

(8) 标注直线型尺寸、基线尺寸及连续尺寸，如图 8-72 所示。

(9) 创建对齐尺寸，如图 8-73 所示。

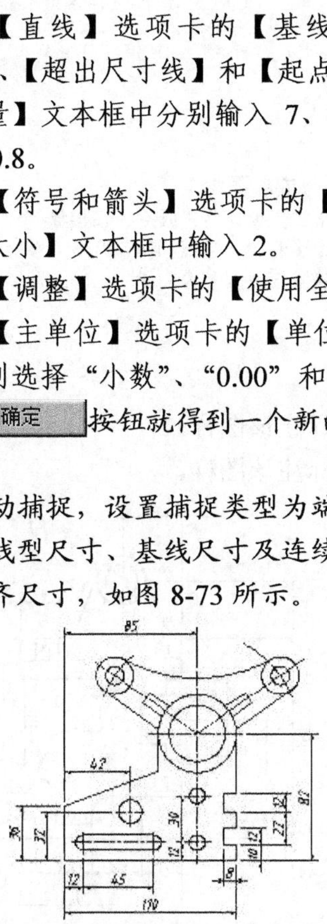

图8-72 创建直线型尺寸、基线尺寸及连续尺寸

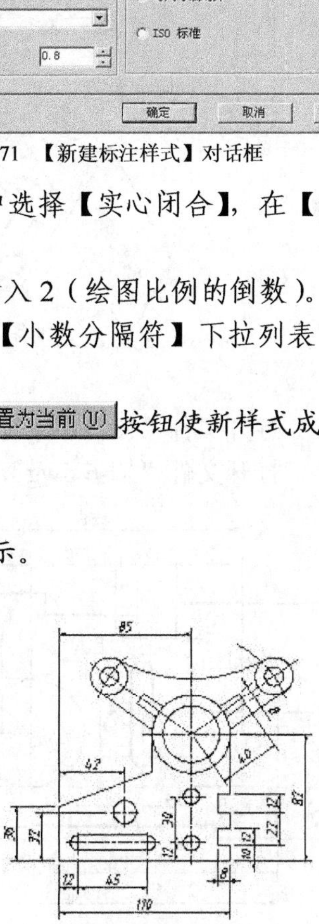

图8-73 创建对齐尺寸

(10) 利用标注样式的覆盖方式创建角度、半径及直径尺寸，结果如图 8-69 所示。

1. 打开文件 "Xt-3.dwg"，在表格中填写单行文字，字高为 "3.5"，字体为 "宋体"，如图 8-74 所示。提示：在一个单元中填写文字后，复制到其他单元，然后修改。

短路保护	电源指示	停机指示	低速排风机			
			运行	远控就地手控	检测	自动手动控制
延时继电器	过载继电器	动作防火阀	灯光指示信号		280°C防火阀	
			过载信号	高速运行	消防信号	280°C熔断阀	电磁阀

图8-74 在表格中写文字

2. 打开文件 "Xt-4.dwg"，请在图中添加单行及多行文字，如图 8-75 所示，图中文字特性如下：

- 单行文字字体为【宋体】，字高为 "10"，其中部分文字沿 60° 方向书写，字体倾斜角度为 30°；
- 多行文字字高为 "12"，字体为【黑体】和【宋体】。

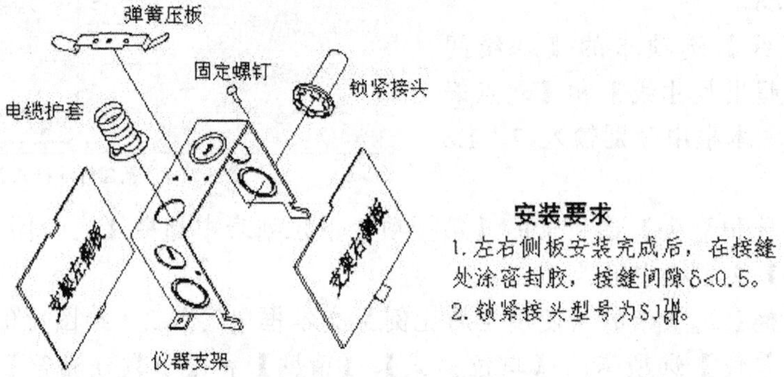

弹簧压板
固定螺钉
锁紧接头
电缆护套
仪器支架

安装要求
1.左右侧板安装完成后，在接缝处涂密封胶，接缝间隙δ<0.5。
2.锁紧接头型号为SJ型。

图8-75 书写单行及多行文字

3. 打开文件 "Xt-5.dwg"，如图 8-76 所示。请标注该图样。

4. 打开文件 "Xt-6.dwg"，如图 8-77 所示。请标注该图样。

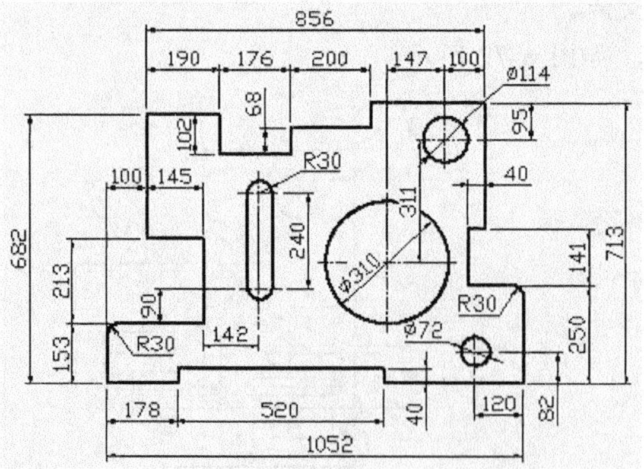

图8-76 尺寸标注练习一

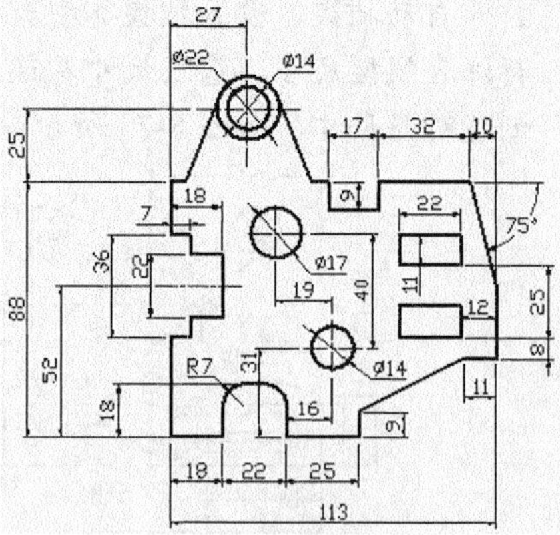

图8-77 尺寸标注练习二

第9章 查询信息及设计工具

在 AutoCAD 中可以测量两点间的距离、某一区域的面积及周长等，这些功能有助于用户了解图形信息，从而达到辅助绘图的目的。

外部引用使用户能以引用方式将外部图形放置到当前图形中。当多人共同完成一项设计任务时，利用外部引用来辅助工作是非常好的方法。设计时，每个设计人员都可引用同一张图形，这使大家能够共享设计数据并能彼此间协调设计结果。

AutoCAD 设计中心是一个直观、高效的信息管理工具，与 Windows 资源管理器类似，利用它可以很方便地对图形文件进行管理，并能轻易地实现各图形间信息资源的共享。

工具选项板主要用于组织、共享图块及填充图案。用户可以将常用的图块及图案放入工具板中，当需要时直接将其从工具板拖入当前图形中即可。

本章将介绍如何查询图形信息，并讲解外部引用、设计中心及工具选项板的用法等。通过本章的学习，读者可以学会如何查询图形几何信息，了解外部引用的概念，掌握设计中心及工具选项板的基本使用方法等。

学习目标	
●	查询距离、面积及周长等信息。
●	引用外部图形。
●	更新当前图形中的外部引用。
●	通过设计中心获得图块、图层、文字样式等命名项目。
●	创建及使用工具选项板。

9.1 获取图形信息

本节介绍获取图形信息的一些命令。

9.2 测量距离

DIST 命令可测量两点之间的距离，同时，还可计算出与两点连线相关的某些角度。

命令启动方法	● 菜单命令：【工具】/【查询】/【距离】。 ● 工具栏：【查询】工具栏上的 █████ 按钮。 ● 命令：DIST 或简写 DI。

【例9-1】 练习 DIST 命令。

启动 DIST 命令，AutoCAD 提示：

命令：'_dist 指定第一点：end 于   //捕捉端点 A，如图 9-1 所示

指定第二点：end 于   //捕捉端点 B

距离 = 942.1305，XY 平面中的倾角 = 45， 与 XY 平面的夹角 = 0

X 增量 = 671.7521， Y 增量 = 660.5748，   Z 增量 = 0.0000

DIST 命令显示的测量值具有如下意义。

- **距离：** 两点间的距离。
- **XY 平面中的倾角：** 两点连线在 *XY* 平面上的投影与 *x* 轴间的夹角。
- **与 XY 平面的夹角：** 两点连线与 *XY* 平面间的夹角。
- **X 增量：** 两点的 *X* 坐标差值。
- **Y 增量：** 两点的 *Y* 坐标差值。
- **Z 增量：** 两点的 *Z* 坐标差值。

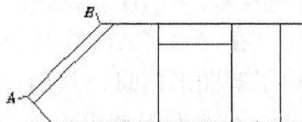

图9-1 测量距离

> **要点提示** 使用 DIST 命令时，两点的选择顺序不影响距离值，但影响该命令的其他测量值。

9.3 计算图形面积和周长

使用 AREA 命令可以计算出圆、面域、多边形或是一个指定区域的面积及周长，还可以进行面积的加、减运算。

命令启动方法	- 菜单命令：【工具】/【查询】/【面积】。 - 工具栏：【查询】工具栏上的 按钮。 - 命令：AREA 或简写 AA。

【例9-2】 练习 AREA 命令。

打开文件 "9-2.dwg"。启动 AREA 命令，AutoCAD 提示：

命令：_area

指定第一个角点或 [对象(O)/加(A)/减(S)]：end 于   //捕捉端点 A，如图 9-2 所示

指定下一个角点或按 ENTER 键全选：end 于   //捕捉端点 B

指定下一个角点或按 ENTER 键全选：end 于   //捕捉端点 C

指定下一个角点或按 ENTER 键全选：end 于   //捕捉端点 D

指定下一个角点或按 ENTER 键全选：end 于   //捕捉端点 E

指定下一个角点或按 ENTER 键全选：end 于   //捕捉端点 F

指定下一个角点或按 ENTER 键全选：end 于   //捕捉端点 G

指定下一个角点或按 ENTER 键全选：   //按 Enter 键结束

面积 = 803838.9310，周长 = 4356.4305

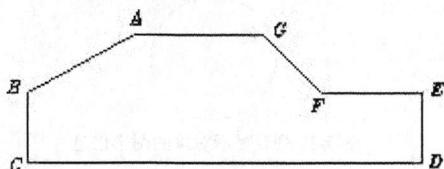

图9-2 计算面积

【命令选项】

- 对象(O)：求出所选对象的面积，有以下几种情况。

  用户选择的对象是圆、椭圆、面域、正多边形和矩形等闭合图形。

  对于非封闭的多段线及样条曲线，系统将假定有一条连线使其闭合，然后计算出闭合区域的面积，而所计算出的周长却是多段线或样条曲线的实际长度。

- 加(A)：进入"加"模式。该选项使用户可以将新测量的面积加入总面积中。

- 减(S)：利用此选项可使系统把新测量的面积从总面积中扣除。

> 要点提示　可以将复杂的图形创建成面域，然后利用"对象(O)"选项查询面积和周长。

9.3.1　列出对象的图形信息

使用 LIST 命令将列表显示对象的图形信息，这些信息随对象类型的不同而不同，一般包括以下内容。

（1）对象类型、图层及颜色。

（2）对象的一些几何特性，如线段的长度、端点坐标、圆心位置、半径大小、圆的面积及周长等。

命令启动方法	● 菜单命令：【工具】/【查询】/【列表显示】。 ● 工具栏：【查询】工具栏上的 按钮。 ● 命令：LIST 或简写 LI。

【例9-3】 练习 LIST 命令。

启动 LIST 命令，AutoCAD 提示：

命令: list

选择对象: 找到 1 个　　　　　　//选择圆，如图 9-3 所示

选择对象:　　　　　　　　　　//按 Enter 键结束，系统打开【文本窗口】

　　　CIRCLE　图层: 0

　　　　　　　空间: 模型空间

　　　　　　　句柄 = f1

　　　　　　　圆心 点, X= 833.4796 Y= 676.4191 Z=　0.0000

　　　　　　　半径　114.4884

　　　　　　　周长　719.3516

　　　　　　　面积 41178.6943

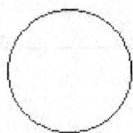

图9-3 列表显示对象的图形信息

小技巧　使用 LIST 命令时，系统将打开【文本窗口】显示图形对象信息。若信息较多，将分成多屏显示，每显示一屏将暂停，用户按 Enter 键继续显示，按 Esc 键退出。

9.3.2　查询图形信息综合练习

【例9-4】　打开文件 "9-4.dwg"，如图 9-4 所示，计算图形的面积和周长。

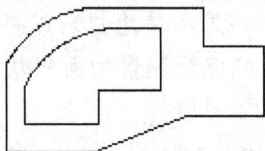

图9-4　计算图形的面积和周长

(1) 用 REGION 命令将图形外轮廓线框及内部线框创建成面域。

(2) 用 LIST 命令查询外轮廓线面域的面积和周长，结果为：面积等于 437365.5701、周长等于 2872.3732。

(3) 用 LIST 命令查询内部线框面域的面积和周长，结果为：面积等于 142814.4801、周长等于 1667.5426。

(4) 用外轮廓线框构成的面域"减去"内部线框构成的面域。

(5) 用 LIST 命令查询新面域的面积和周长，结果为：面积等于 294551.0900、周长等于 4539.9158。

【例9-5】　打开文件 "9-5.dwg"，如图 9-5 所示。试计算：

(1) 图形外轮廓线的周长。

(2) 图形面积。

(3) 圆心 A 到中心线 B 的距离。

(4) 中心线 B 的倾斜角度。

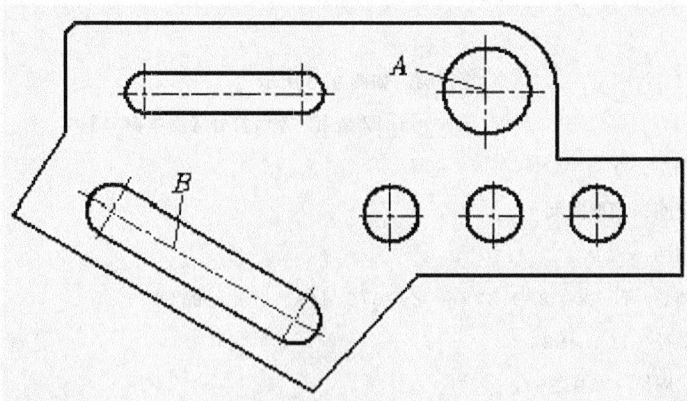

图9-5　获取面积、周长等信息

9.4 使用外部引用

当用户将其他图形以块的形式插入到当前图样中时，被插入的图形就成为当前图样的一部分，但用户可能并不想如此，而仅仅是要把另一个图形作为当前图形的一个样例，或者想观察一下正在设计的模型与其他的相关模型是否匹配，此时就可通过外部引用（Xref）将其他图形文件放置到当前图形中。

Xref 使用户能方便地以引用的方式看到其他图样，被引用的图并不成为当前图样的一部分，当前图形中仅记录了外部引用文件的位置和名称。虽然如此，用户仍然可以控制被引用图形层的可见性，并能进行对象捕捉。

使用 Xref 获得其他图形文件比插入文件块有更多的优点。

（1） 由于外部引用的图形并不是当前图样的一部分，因而利用 Xref 组合的图样比通过文件块构成的图样要小。

（2） 每当系统装载图样时，都将加载最新的 Xref 版本，因此若外部图形文件有所改动，则用户装入的引用图形也将跟随着变动。

（3） 利用外部引用将有利于多人共同完成一个设计项目，因为 Xref 使设计者之间可以方便地察看对方的设计图样，从而协调设计内容。另外，Xref 也使设计人员能同时使用相同的图形文件进行分工设计。例如，一个建筑设计小组的所有成员通过外部引用就能同时参照建筑物的平面图，然后分别开展电路、管道等方面的设计工作。

9.4.1 引用外部图形

命令启动方法	● 菜单命令：【插入】/【外部参照】。 ● 工具栏：【参照】工具栏上的 按钮。 ● 命令：XATTACH 或简写 XA。

启动 XATTACH 命令，打开【选择参照文件】对话框，用户在此对话框中选择所需文件后，单击 打开⑩ 按钮，弹出【外部参照】对话框，如图 9-6 所示。通过此对话框，用户可将外部文件插入到当前图形中。

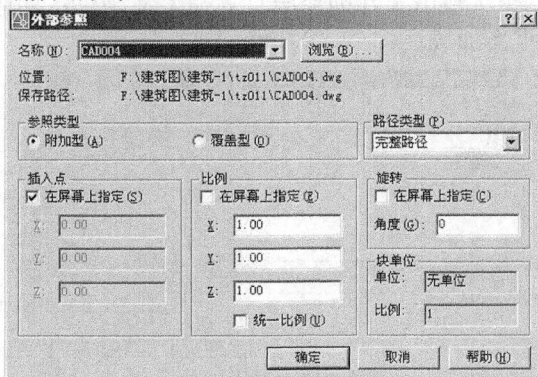

图9-6 【外部参照】对话框

该对话框中常用选项的功能如下。

- **【名称】**：该下拉列表显示了当前图形中包含的外部参照文件名称。用户可在列表中直接选取文件，或是单击 浏览(B)... 按钮查找其他参照文件。
- **【附加型】**：图形文件 A 嵌套了其他的 Xref，而这些文件是以"附加型"方式被引用的，则当新文件引用图形 A 时，用户不仅可以看到图形 A 本身，还能看到图形 A 中嵌套的 Xref。附加方式的 Xref 不能循环嵌套，即如果图形 A 引用了图形 B，而 B 又引用了图形 C，则图形 C 不能再引用图形 A。
- **【覆盖型】**：图形 A 中有多层嵌套的 Xref，但它们均以"覆盖型"方式被引用，则当其他图形引用 A 图时，就只能看到 A 图形本身，而其包含的任何 Xref 都不会显示出来。覆盖方式的 Xref 可以循环引用，这使设计人员可以灵活地察看其他任何图形文件，而无需为图形之间的嵌套关系担忧。
- **【插入点】**：在该区域中指定外部参照文件的插入基点，可直接在【X】、【Y】及【Z】文本框中输入插入点坐标，或是选中【在屏幕上指定】复选框，然后在屏幕上指定。
- **【比例】**：在该区域中指定外部参照文件的缩放比例，可直接在【X】、【Y】及【Z】文本框中输入沿这 3 个方向的比例因子，或是选中【在屏幕上指定】复选框，然后在屏幕上指定。
- **【旋转】**：确定外部参照文件的旋转角度，可直接在【角度】文本框中输入角度值，或是选中【在屏幕上指定】复选框，然后在屏幕上指定。

9.4.2 更新外部引用

当被引用的图形做了修改后，AutoCAD 并不自动更新当前图样中的 Xref 图形，用户必须重新加载以更新它。在【外部参照管理器】对话框中，可以选择一个引用文件或者同时选择几个文件，然后单击 重载(R) 按钮以加载外部图形，如图 9-7 所示。由于可以随时进行更新，因此用户在设计过程中能及时获得最新的 Xref 文件。

命令 启动 方法	- 菜单命令：【插入】/【外部参照管理器】。 - 工具栏：【参照】工具栏上的 按钮。 - 命令：XREF 或简写 XR。

启动 XREF 命令，系统弹出【外部参照管理器】对话框，如图 9-7 所示。利用此对话框，用户可将外部图形重新加载。

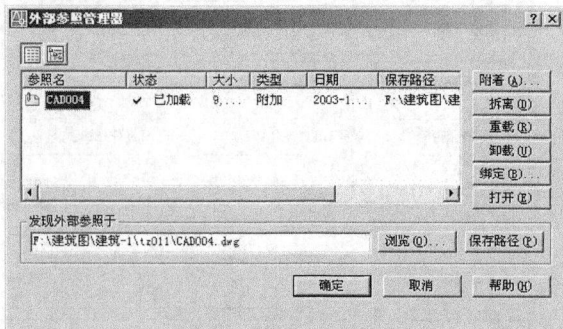

图9-7 【外部参照管理器】对话框

该对话框中常用选项的功能如下。

- 附着(A)...：单击此按钮，系统弹出【选择参照文件】对话框，用户通过此对话框选择要插入的图形文件。
- 拆离(D)：若要将某个外部参照文件去除，可先在列表框中选中该文件，然后单击此按钮。
- 重载(R)：在不退出当前图形文件的情况下更新外部引用文件。
- 卸载(U)：暂时移走当前图形中的某个外部参照文件，但在列表框中仍保留该文件的路径，当希望再次使用此文件时，单击 重载(R) 按钮即可。
- 绑定(B)...：通过此按钮将外部参照文件永久地插入当前图形中，使之成为当前文件的一部分。
- 打开(E)：单击此按钮，再关闭【外部参照管理器】对话框，则系统在新建窗口中打开选定的外部参照文件。

9.4.3　将外部引用文件的内容转化为当前图形内容

由于被引用的图形本身并不是当前图形的内容，因此引用图形的命名项目如图层、文本样式及尺寸标注样式等，以特有的格式表示出来。Xref 的命名项目表示形式为"Xref 名称|命名项目"，通过这种方式，系统将引用文件的命名项目与当前图形的命名项目区别开来。

用户可以把外部引用文件转化为当前图形的内容，转化后 Xref 就变为图样中的一个图块。另外，用户也能把引用图形的命名项目（如图层、文字样式等）转变为当前图形的一部分。通过这种方法，用户可以很容易地使所有图纸的图层、文字样式等命名项目保持一致。

在【外部参照管理器】对话框（如图 9-7 所示）中，选择要转化的图形文件，然后单击 绑定(B)... 按钮，打开【绑定外部参照】对话框，如图 9-8 所示。

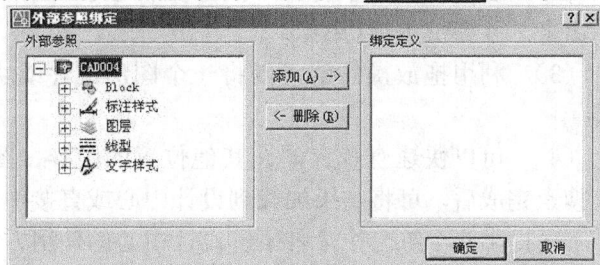

该对话框中有两个选项，它们的功能如下。

- 【绑定】：选择该单选钮时，引用图形的所有命名项目的名称由"Xref 名称|命名项目"变为"Xref 名称N命名项目"，其中字母 N 是可自动增加的整数，以避免与当前图样中的项目名称重复。
- 【插入】：选择这个单选钮类似于先拆离引用文件，然后再以块的形式插入外部文件。当合并外部图形后，命名项目的名称前不加任何前缀。例如，外部引用文件中有图层 WALL，当利用【插入】单选钮转化外部图形时，若当前图形中无 WALL 层，系统就创建 WALL 层，否则继续使用原来的 WALL 层。

在命令行上输入 XBIND 命令或单击【参照】工具栏上的 按钮，打开【外部参照绑定】对话框，如图 9-9 所示，在对话框左边的区域中选择要添加到当前图形中的项目，然后单击 添加(A) -> 按钮，把命名项加入【绑定定义】列表框中，再单击 确定 按钮完成。

图9-8　【绑定外部参照】对话框　　　　　　图9-9　【外部参照绑定】对话框

9.4.4 实战提高

【例9-6】 引用外部文件。

(1) 打开文件 "9-6-1.dwg"、"9-6-2.dwg"。

(2) 切换到文件 "9-6-1.dwg",用 XATTACH 命令插入文件 "9-6-2.dwg",再用 MOVE 命令移动图形,使两个图形 "装配" 在一起,如图 9-10 所示。

(3) 切换到文件 "9-6-2.dwg",如图 9-11 左图所示。用 STRETCH 命令调整上、下两孔的位置,使两孔间距离增加 40,如图 9-11 右图所示。

(4) 保存文件 "9-6-2.dwg"。

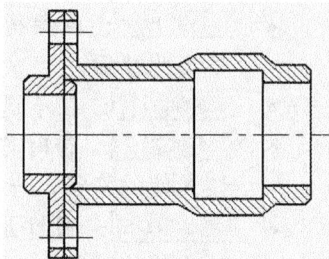

图9-10 引用外部图形

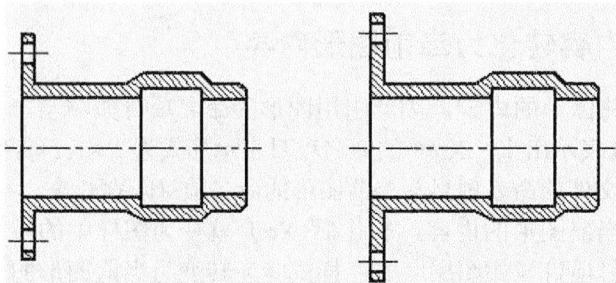

(5) 切换到文件 "9-6-1.dwg",用 XREF 命令重新加载文件 "9-6-2.dwg",结果如图 9-12 所示。

图9-11 调整孔的位置　　　　　　　　　　图9-12 重新加载外部文件

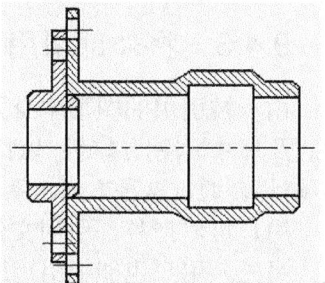

9.5 AutoCAD 设计中心

　　设计中心为用户提供了一种直观、高效的与 Windows 资源管理器相似的操作界面,用户通过它可以很容易地查找和组织本地局域网络或 Internet 上存储的图形文件,同时还能方便地利用其他图形资源及图形文件中的块、文本样式及尺寸样式等内容。此外,如果用户打开多个文件时还能通过设计中心进行有效地管理。

　　AutoCAD 设计中心的主要功能具体概括为以下几点。

　　(1) 可以从本地磁盘、网络、甚至 Internet 上浏览图形文件内容,并可通过设计中心打开文件。

　　(2) 设计中心可以将某一图形文件中包含的块、图层、文字样式及尺寸样式等信息展示出来,并提供预览功能。

　　(3) 利用拖放操作就可以将一个图形文件或块、图层、文字样式等插入另一图形中使用。

　　(4) 可以快速查找存储在其他位置的图样、图块、文字样式、标注样式及图层等信息。搜索完成后,可将结果加载到设计中心或直接拖入当前图形中使用。

　　下面提供几个练习让读者了解设计中心的使用方法。

9.5.1 浏览及打开图形

【例9-7】 利用设计中心查看图形及打开图形。

(1) 单击【标准】工具栏上的 ▦ 按钮，打开【设计中心】对话框，如图 9-13 所示。该对话框包含以下 4 个选项卡。

- 【文件夹】：显示本地计算机及网上邻居的信息资源，与 Windows 资源管理器类似。
- 【打开的图形】：列出当前 AutoCAD 中所有打开的图形文件。单击文件名前的"⊞"图标，设计中心即列出该图形所包含的命名项目，如图层、文字样式及块等。
- 【历史记录】：显示最近访问过的图形文件，包括文件的完整路径。
- 【联机设计中心】：访问联机设计中心网页。该网页包含块、符号库、制造商及联机目录等内容。

(2) 查找 "AutoCAD 2006" 子目录，选中子目录中的 "Sample" 文件夹并将其展开。单击对话框顶部的 ▦ ▼ 按钮，选择【大图标】，结果设计中心在右边的窗口中显示文件夹中图形文件的小型图片，如图 9-13 所示。

(3) 选中 "db_samp.dwg" 图形文件的小型图标，【文件夹】选项卡下部显示出相应的预览图片及文件路径。

(4) 单击鼠标右键，弹出快捷菜单，如图 9-14 所示。选择【在应用程序窗口中打开】选项，打开此文件。

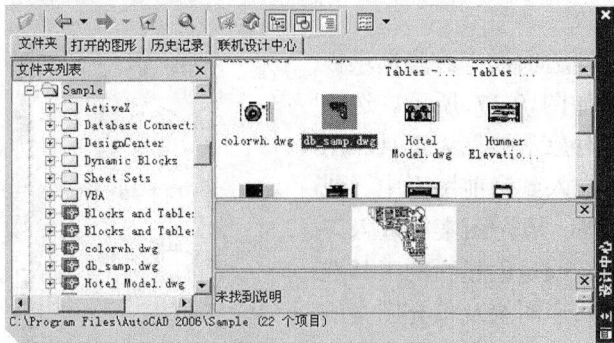

图9-13 预览文件内容　　　图9-14 快捷菜单

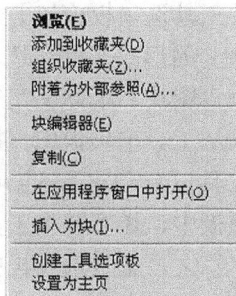

菜单中常用选项的功能如下。

- 【浏览】：列出文件中块、图层及文本样式等命名项目。
- 【附着为外部参照】：以附加或覆盖方式引用外部图形。
- 【插入为块】：将图形文件以块的形式插入到当前图样中。
- 【创建工具选项板】：创建以文件名命名的工具选项板，该选项板包含图形文件中的所有图块。

9.5.2 将图形文件的块、图层等对象插入当前图形中

【例9-8】 利用设计中心插入图块。

(1) 打开【设计中心】对话框，查找 "AutoCAD 2006/Sample" 子目录，选中子目录中的

"DesignCenter"文件夹并展开它。

(2) 选中"House Designer.dwg"文件，则设计中心在右边的窗口中列出图层、图块及文字样式等项目，如图9-15所示。

(3) 选中项目【块】，单击鼠标右键，选择【浏览】选项，则设计中心列出图形中的所有图块，如图9-16所示。

图9-15 显示图层、图块等项目

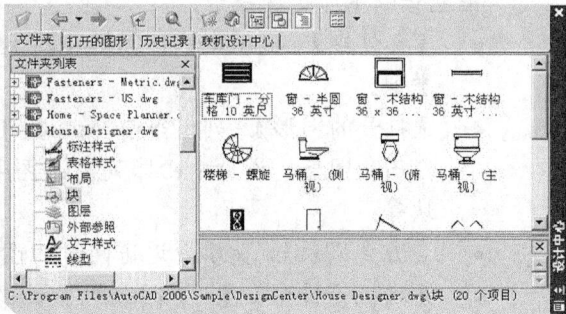

图9-16 列出图块信息

(4) 选中某一图块，单击右键，弹出快捷菜单，选择【插入块】选项，就可将此图块插入到当前图形中。

(5) 用上述类似的方法可将图层、标注样式及文字样式等项目插入到当前图形中。

9.6 【工具选项板窗口】

　　【工具选项板窗口】包含一系列工具选项板，这些选项板以选项卡的形式布置在选项板窗口中，如图9-17所示。选项板中包含图块、填充图案等对象，这些对象常被称为工具。用户可以从工具选项板中直接将某个工具拖入到当前图形中（或单击工具以启动它），也可以将新建图块、填充图案等放入工具选项板中，还可整个工具选项板输出，或是创建新的工具选项板。总之，工具选项板提供了组织、共享图块及填充图案的有效方法。

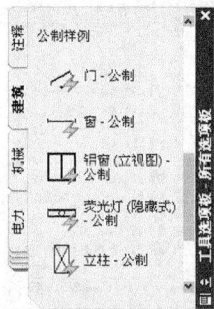

图9-17 【工具选项板窗口】

9.6.1 利用工具选项板插入图块及图案

命令启动方法	● 菜单命令：【工具】/【工具选项板窗口】。 ● 工具栏：【标准】工具栏上的按钮。 ● 命令：TOOLPALETTES 或简写 TP。

　　启动 TOOLPALETTES 命令，打开【工具选项板】窗口。默认情况下，该窗口中包含7个选项板：【注释】、【建筑】、【机械】、【电力】、【土木工程/结构】、【图案填充】及【命令工具】等。当需要向图形中添加块或填充图案时，可通过单击来启动某一工具或是将其从工具选项板中拖入当前图形中。

9.6.2 修改工具选项板

修改工具选项板一般包含以下几方面内容。

- 向工具选项板中添加新工具。从绘图窗口中将直线、圆、尺寸标注、文字及填充图案等对象拖入工具选项板中，创建相应的新工具。用户可使用该工具快速生成与原始对象特性相同的新对象。生成新工具的另一种方法是：先利用设计中心显示某一图形中的图块，然后将其从设计中心拖入工具选项板中。
- 将常用命令添加到工具选项板中。在工具选项板的空白处单击鼠标右键，弹出快捷菜单，选择【自定义】选项，打开【自定义】对话框。此时，按住鼠标左键将工具栏上的命令按钮拖至工具选项板上，在工具选项板上创建相应的命令工具。
- 将一选项板中的工具移动或复制到另一选项板中。右键单击工具选项板中的一个工具，弹出快捷菜单，利用【复制】或【剪切】选项复制该工具，然后切换到另一工具选项板，单击鼠标右键，弹出快捷菜单，选择【粘帖】选项，添加该工具。
- 修改工具选项板某一工具的插入特性和图案特性。例如，用户可以事先设定块插入时的缩放比例或填充图案的角度和比例。在要修改的工具上单击鼠标右键，弹出快捷菜单，选择【特性】选项，打开【工具特性】对话框。此对话框中列出了工具的插入特性及基本特性，用户可选择某一特性进行修改。
- 从工具选项板中删除工具。右键单击工具选项板中的一个工具，弹出快捷菜单，选择【删除】选项即删除此工具。

习题

1. 打开文件"Xt-7.dwg"，如图 9-18 所示，试计算该图形的面积和周长。
2. 创建新图形文件，在新图形中引用文件"Xt-8.dwg"，然后利用设计中心插入"Xt-9.dwg"中的图块，块名为"双人床"、"电视"及"电脑桌"，结果如图 9-19 所示。

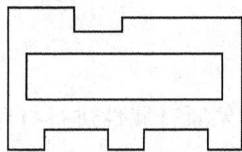

图9-18 计算该图形的面积和周长

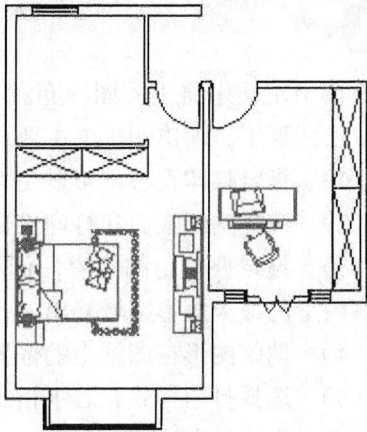

图9-19 引用图形及插入图块

第10章 打印图形

图纸设计的最后一步是出图打印，通常意义上的打印是把图形打印在图纸上。在 AutoCAD 中，用户也可以生成一份电子图纸，以便在互联网上访问。打印图形的关键问题之一是打印比例。如果图样是按 1:1 的比例绘制的，则图形输出时需考虑选用多大幅面的图纸和图形的缩放比例，有时还要调整图形在图纸上的位置和方向。

AutoCAD 有两种绘图环境：图纸空间和模型空间。默认情况下，用户都是在模型空间绘图，并从该空间出图。采用这种方法输出不同绘图比例的多张图纸时比较麻烦，需将其中的一些图纸进行缩放，再将所有图纸布置在一起形成更大幅面的图纸输出。而图纸空间则能轻易地满足用户的这种需求，该绘图环境提供了标准幅面的虚拟图纸，用户可在虚拟图纸上以不同的缩放比例布置多个图形，然后按 1:1 比例出图。

本章将重点介绍如何从模型空间出图，此外还将扼要介绍从图纸空间出图的知识。通过本章的学习，读者可以掌握从模型空间打印图形的方法，并学会将多张图纸布置在一起打印的技巧。

学习目标
- 了解打印图形的过程。
- 指定打印设备，对当前打印设备的设置进行简单修改。
- 打印样式的基本概念。
- 选择图纸幅面、设定打印区域。
- 调整打印方向和位置、输入打印比例。
- 将小幅面图纸组合成大幅面图纸进行打印。

10.1 打印图形的过程

在模型空间中将工程图样布置在标准幅面的图框内，再标注尺寸及书写文字，然后就可以输出图形了。输出图形的主要过程如下。

（1）指定打印设备，可以是 Windows 系统打印机或是在 AutoCAD 中安装的打印机。

（2）选择图纸幅面和打印份数。

（3）设定要输出的内容。例如，用户可指定将某一矩形区域的内容输出，或是将包围所有图形的最大矩形区域输出。

（4）调整图形在图纸上的位置和方向。

（5）选择打印样式。若不指定打印样式，则将按对象原有属性进行打印。

（6）设定打印比例。

（7） 预览打印效果。

【例10-1】 从模型空间打印图形。

(1) 打开文件"10-1.dwg"。

(2) 利用 AutoCAD 中的"添加绘图仪向导"配置一台绘图仪"DesignJet 450C C4716A .pc3"。

(3) 选择菜单命令【文件】/【打印】，打开【打印】对话框，如图 10-1 所示。在该对话框中完成以下设置。

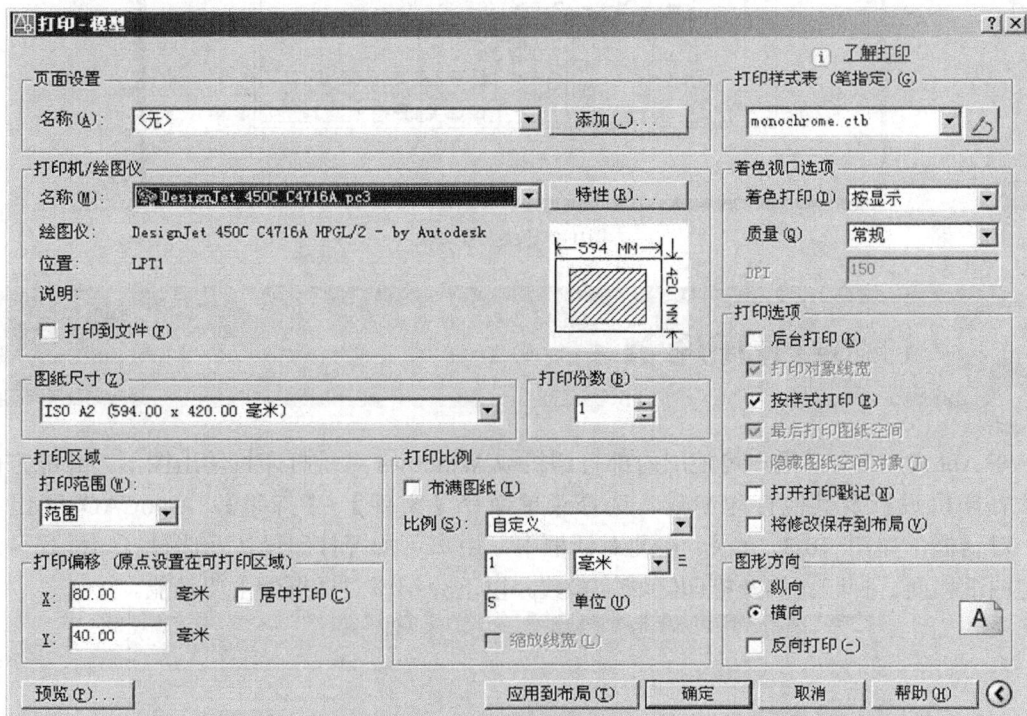

图10-1 【打印】对话框

- 在【打印机/绘图仪】区域的【名称(M)】下拉列表中选择打印设备"DesignJet 450C C4716A .pc3"。

- 在【图纸尺寸】下拉列表中选择 A2 幅面图纸。

- 在【打印份数】区域的文本框中输入打印份数。

- 在【打印范围】下拉列表中选择"范围"选项。

- 在【打印比例】区域中设置打印比例 1:5。

- 在【打印偏移】区域中指定打印原点为（80,40）。

- 在【图形方向】区域中设定图形打印方向为"横向"。

- 在【打印样式表】区域的下拉列表中选择打印样式"monochrome.ctb"（将所有颜色打印为黑色）。

(4) 单击 预览(P)... 按钮，预览打印效果，如图 10-2 所示。若满意，按 Esc 键返回【打印】对话框，再单击 确定 按钮开始打印。

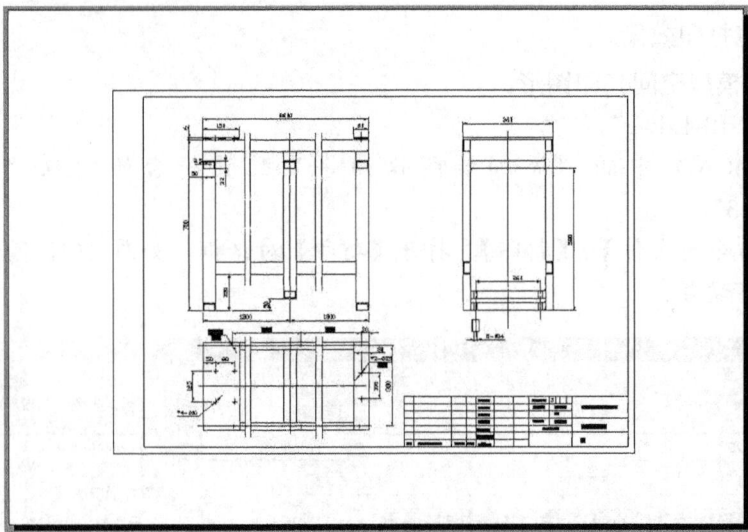

图10-2 预览打印效果

10.2 设置打印参数

在 AutoCAD 中，用户可使用内部打印机或 Windows 系统打印机输出图形，并能方便地修改打印机设置及其他打印参数。选择菜单命令【文件】/【打印】，AutoCAD 弹出【打印】对话框，如图 10-3 所示。在此对话框中，用户可配置打印设备及选择打印样式，还能设定图纸幅面、打印比例及打印区域等参数。以下介绍该对话框的主要功能。

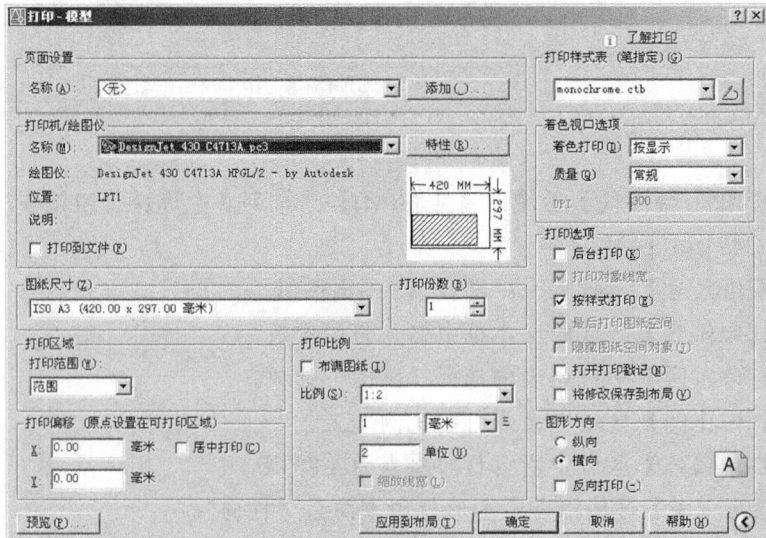

图10-3 【打印】对话框

10.2.1 选择打印设备

在【打印机/绘图仪】区域的【名称(M)】下拉列表中，用户可选择 Windows 系统打印机或 AutoCAD 内部打印机（".pc3" 文件）作为输出设备。注意：这两种打印机名称前的图标是不一样的。当用户选定某种打印机后，【名称(M)】下拉列表下面将显示被选中设备的名称、连接端口以及其他有关打印机的注释信息。

若要将图形输出到文件，则应在【打印机/绘图仪】区域中选择【打印到文件】选项。此后，当单击【打印】对话框的 确定 按钮时，系统将弹出【浏览打印文件】对话框，用户通过此对话框指定输出文件的名称和地址。

如果用户想修改当前打印机设置，可单击 特性(R)... 按钮，打开【绘图仪配置编辑器】对话框，如图 10-4 所示。在该对话框中可以重新设定打印机端口及其他输出设置，如打印介质、图形特性、自定义特性、校准及自定义图纸尺寸等。

【绘图仪配置编辑器】对话框中包含【基本】、【端口】及【设备和文档设置】等 3 个选项卡，各选项卡功能如下。

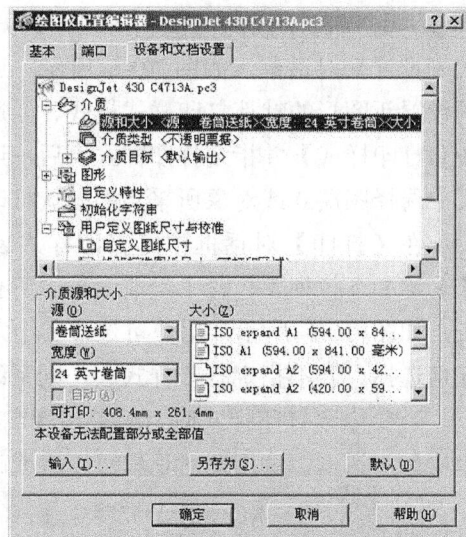

图10-4 【绘图仪配置编辑器】对话框

- 【基本】：该选项卡包含了打印机配置文件（".pc3" 文件）的基本信息，如配置文件名称、驱动程序信息及打印机端口等，用户可在该选项卡的【说明】区域中加入其他注释信息。

- 【端口】：通过该选项卡，用户可修改打印机与计算机的连接设置，如选定打印端口、指定打印到文件及后台打印等。

- 【设备和文档设置】：在该选项卡中可以指定图纸来源、尺寸和类型，并能修改颜色深度、打印分辨率等。

10.2.2 使用打印样式

打印样式是图形对象的一种特性，如同颜色、线型一样。如果为某个对象选择了一种打印样式，则在输出图形后，对象的外观由样式决定。AutoCAD 提供了几百种打印样式，并将其组合成一系列打印样式表。打印样式表有以下两类。

（1）颜色相关打印样式表：颜色相关打印样式表以 ".ctb" 为文件扩展名保存，该表以对象颜色为基础，共包含 255 种打印样式，每种 ACI 颜色对应一个打印样式，样式名分别为 "颜色 1"、"颜色 2" 等。用户不能添加或删除颜色相关打印样式，也不能改变它们的名称。若当前图形文件与颜色相关打印样式表相连，则系统自动根据对象的颜色分配打印样式。用户不能选择其他打印样式，但可以对已分配的样式进行修改。

（2）命名相关打印样式表：命名相关打印样式表以 ".stb" 为文件扩展名保存，该表包括一系列已命名的打印样式，可修改打印样式的设置及其名称，还可添加新的样式。若当前图形文件与命名相关打印样式表相连，则用户可以给对象指定样式表中的任意一种打印样式，而不管对象的颜色是什么。

AutoCAD 新建的图形不是处于"颜色相关"模式就是处于"命名相关"模式下,这和创建图形时选择的样板文件有关。若是采用无样板方式新建图形,则可事先设定新图形的打印样式模式。发出 OPTIONS 命令,系统弹出【选项】对话框,进入【打印和发布】选项卡,再单击打印样式表设置(S)...按钮,打开【打印样式表设置】对话框,如图 10-5 所示。通过此对话框设置新图形的默认打印样式模式。当选择【使用命名打印样式】并指定打印样式表后,还可从样式表中选择图层 0 或对象所采用的默认打印样式。

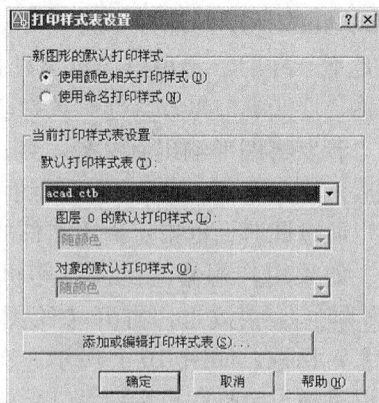

图10-5 【打印样式表设置】对话框

在【打印】对话框中【打印样式表】区域的【名称】下拉列表包含了当前图形中所有打印样式表,如图 10-6 所示,用户可选择其中之一或不作任何选择。若不指定打印样式表,则系统按对象的原有属性进行打印。

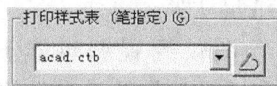

图10-6 使用打印样式

当要修改打印样式时,就单击【名称】下拉列表右边的按钮,打开【打印样式表编辑器】对话框,利用此对话框可查看或改变当前打印样式表中的参数。

> **要点提示** 选取菜单命令【文件】/【打印样式管理器】,打开"plot styles"文件夹,该文件夹中包含打印样式表文件及添加打印样式表向导快捷方式,双击此快捷方式就能创建新打印样式表。

10.2.3 选择图纸幅面

在【打印】对话框的【图纸尺寸】下拉列表中指定图纸大小,如图 10-7 所示。【图纸尺寸】下拉列表中包含了已选打印设备可用的标准图纸尺寸。当选择某种幅面图纸时,该列表右上角出现所选图纸及实际打印范围的预览图像(打印范围用阴影表示出来,可在【打印区域】中设定)。将光标移到预览图像上面,在光标位置处就显示出精确的图纸尺寸和图纸上可打印区域的尺寸。

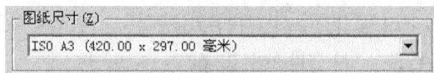

图10-7 【图纸尺寸】下拉列表

除了从【图纸尺寸】下拉列表中选择标准图纸外,用户也可以创建自定义的图纸。此时,需修改所选打印设备的配置。

【例10-2】 创建自定义图纸。

(1) 在【打印】对话框的【打印机/绘图仪】区域中单击 特性(R)... 按钮,打开【绘图仪配置编辑器】对话框,在【设备和文档设置】选项卡中选择【自定义图纸尺寸】选项,如图 10-8 所示。

(2) 单击 添加(A)... 按钮,弹出【自定义图纸尺寸】对话框,如图 10-9 所示。

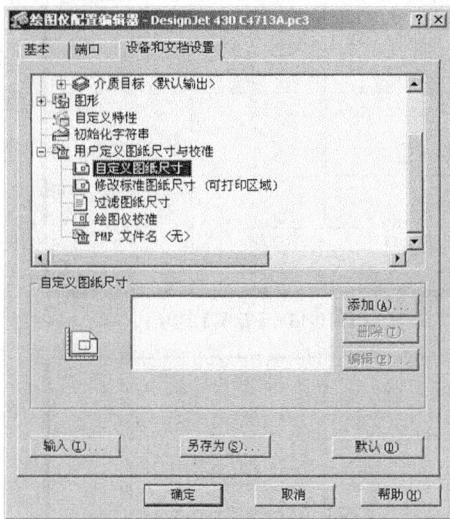

图10-8 【设备和文档设置】选项卡

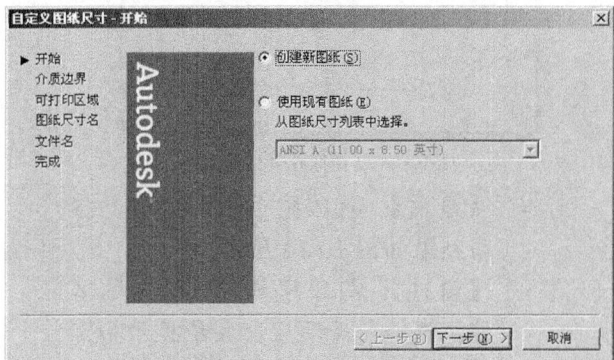

图10-9 【自定义图纸尺寸】对话框

(3) 连续单击 下一步(N) > 按钮，并根据提示设置图纸参数，最后单击 完成(F) 按钮，关闭对话框。

(4) 返回【打印】对话框，系统将在【图纸尺寸】下拉列表中显示自定义图纸尺寸。

10.2.4 设定打印区域

在【打印】对话框的【打印区域】下拉列表中设置要输出的图形范围，如图 10-10 所示。

该区域的【打印范围】下拉列表中包含 4 个选项，下面利用如图 10-11 所示图样说明这些选项的功能。

图10-10 【打印区域】中的选项

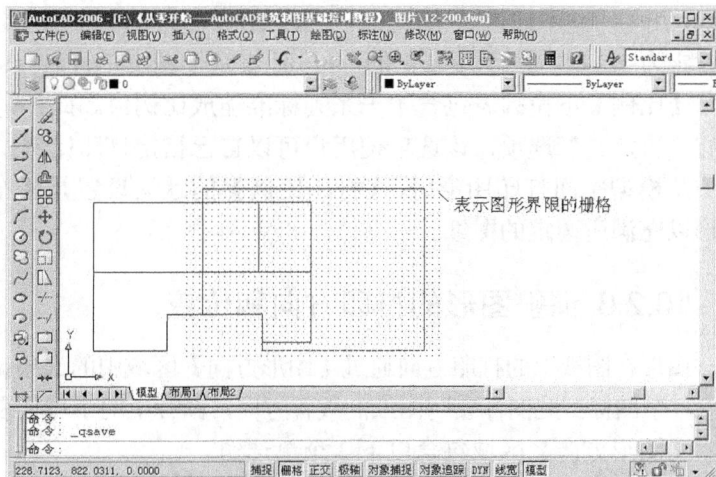

图10-11 设置打印区域

- 【图形界限】：从模型空间打印时，【打印范围】下拉列表将列出"图形界限"选项。选择该选项，系统就把设定的图形界限范围（用 LIMITS 命令设置图形界限）打印在图纸上，结果如图 10-12 所示。

  从图纸空间打印时，【打印范围】下拉列表将列出"布局"选项。选择该选项，系统将打印虚拟图纸可打印区域内的所有内容。

- 【范围】：打印图样中所有图形对象，结果如图 10-13 所示。

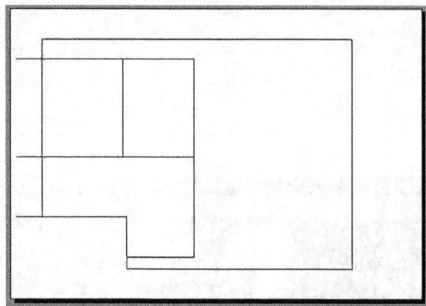

图10-12 【图形界限】选项

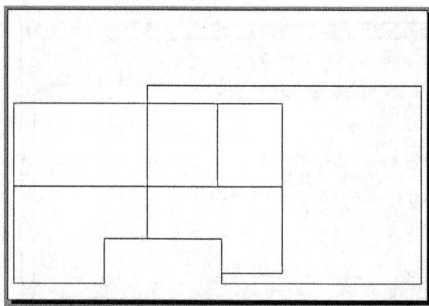

图10-13 【范围】选项

- 【显示】：打印整个图形窗口，打印结果如图 10-14 所示。
- 【窗口】：打印用户自己设定的区域。选择此选项后，系统提示指定打印区域的两个角点，同时在【打印】对话框中显示 窗口(O) < 按钮，单击此按钮，可重新设定打印区域。

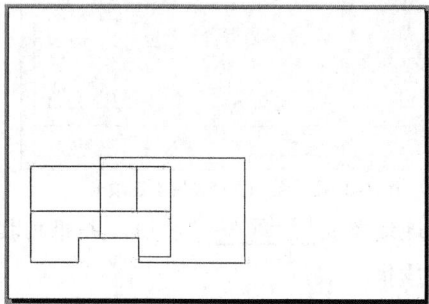

图10-14 【显示】选项

10.2.5 设定打印比例

在【打印】对话框的【打印比例】区域中设置出图比例，如图 10-15 所示。在绘图过程中，用户根据实物按 1:1 的比例绘制，在打印图形时需依据图纸尺寸确定打印比例，该比例是图纸尺寸单位与图形单位的比值。当测量单位是毫米，打印比例设定为 1:2 时，表示图纸上的 1mm 代表两个图形单位。

【比例】下拉列表包含了一系列标准缩放比例值。此外，还有"自定义"选项，该选项使用户可以自己指定打印比例。

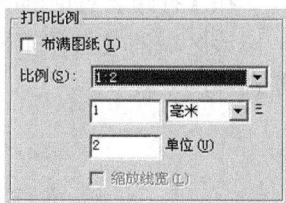

图10-15 【打印比例】中的选项

从模型空间打印图形时，【打印比例】的默认设置是【布满图纸】。此时，系统将缩放图形以充满所选定的图纸。

10.2.6 调整图形的打印方向和位置

图形在图纸上的打印方向通过【图形方向】区域中的选项调整，如图 10-16 所示。该区域包含一个图标，此图标表明图纸的放置方向，图标中的字母代表图形在图纸上的打印方向。

【图形方向】区域包含以下 3 个单选钮。

- 【纵向】：图形在图纸上的放置方向是水平的。
- 【横向】：图形在图纸上的放置方向是竖直的。
- 【反向打印】：使图形颠倒打印，此复选框可与【纵向】、【横向】单选钮结合使用。

图形在图纸上的打印位置由【打印偏移】区域确定，如图 10-17 所示。默认情况下，AutoCAD 从图纸左下角打印图形。打印原点处在图纸左下角位置，坐标是（0,0），用户可在【打印偏移】区域中设定新的打印原点，这样图形在图纸上将沿 X 和 Y 轴移动。

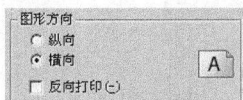

图10-16 【图形方向】区域   图10-17 【打印偏移】区域

该区域包含以下 3 个选项。

- 【居中打印】: 在图纸正中间打印图形（自动计算 X 和 Y 方向的偏移值）。
- 【X】: 指定打印原点在 X 方向的偏移值。
- 【Y】: 指定打印原点在 Y 方向的偏移值。

10.2.7 预览打印效果

打印参数设置完成后，用户可通过打印预览观察图形的打印效果。如果不合适可重新调整，以免浪费图纸。

单击【打印】对话框下面的 预览(P)... 按钮，系统显示实际的打印效果。由于系统要重新生成图形，因此对于复杂图形需耗费时间较多。

完全预览时，光标变成 " ⊕+ "，可以进行实时缩放操作。查看完毕后，按 Esc 或 Enter 键返回【打印】对话框。

10.2.8 保存打印设置

用户在选择打印设备并完成打印参数设置后（图纸幅面、比例及方向等），可以将设置结果保存在页面设置中，以便以后使用。

在【打印】对话框【页面设置】区域的【名称】下拉列表中列出了所有已命名的页面设置。若要保存当前页面设置就单击该列表右边的 添加(A)... 按钮，打开【添加页面设置】对话框，如图 10-18 所示。在该对话框的【新页面设置名】文本框中输入页面名称，然后单击 确定 按钮，存储页面设置。

用户也可以从其他图形中输入已定义的页面设置。在【页面设置】区域的【名称】下拉列表中选择"输入"选项，打开【从文件选择页面设置】对话框，选择并打开所需的图形文件，弹出【输入页面设置】对话框，如图 10-19 所示。该对话框显示图形文件中包含的页面设置，选择其中之一，单击 确定 按钮完成。

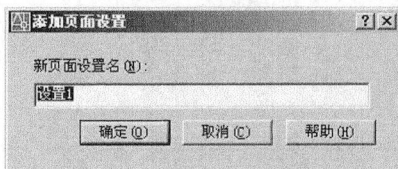

图10-18 【添加页面设置】对话框   图10-19 【输入页面设置】对话框

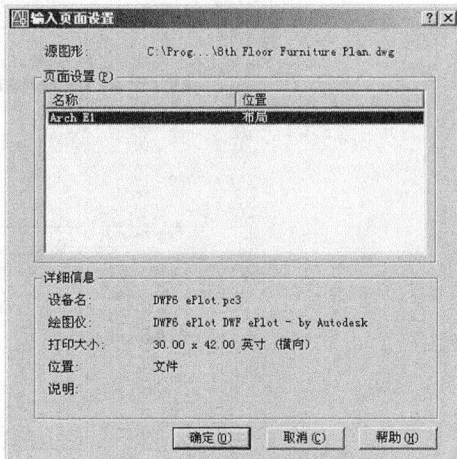

10.2.9 将多张图纸布置在一起打印

为了节省图纸，常常需要将几个图样布置在一起打印，具体方法如下。

【例10-3】 素材文件"10-3-A.dwg"和"10-3-B.dwg"都采用 A2 幅面图纸，绘图比例分别为（1:3）、（1:4），现将它们布置在一起输出到 A1 幅面的图纸上。

(1) 创建一个新文件。

(2) 选择菜单命令【插入】/【外部参照】，打开【选择参照文件】对话框，找到图形文件"10-3-A.dwg"。单击 打开(O) 按钮，弹出【外部参照】对话框，利用此对话框插入图形文件。插入时的缩放比例为 1:1。

(3) 用 SCALE 命令缩放图形，缩放比例为 1:3（图样的绘图比例）。

(4) 同理插入文件"10-3-B.dwg"，插入时的缩放比例为 1:1。插入图样后，用 SCALE 命令缩放图形，缩放比例为 1:4。

(5) 用 MOVE 命令调整图样位置，让其组成 A1 幅面图纸，如图 10-20 所示。

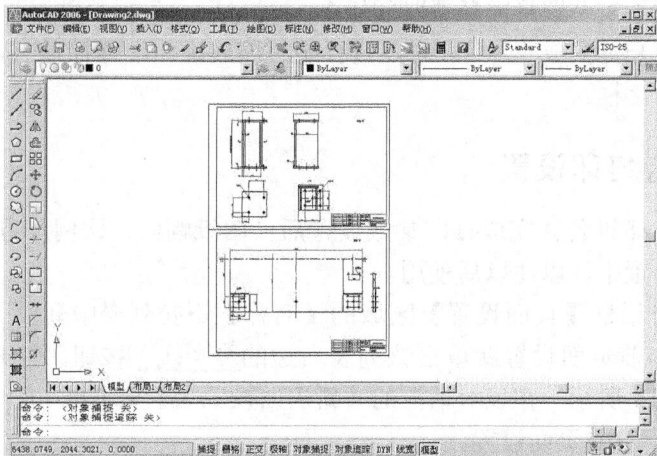

图10-20 让图形组成 A1 幅面图纸

(6) 选择菜单命令【文件】/【打印】，打开【打印】对话框，如图 10-21 所示。在此对话框中作以下设置。

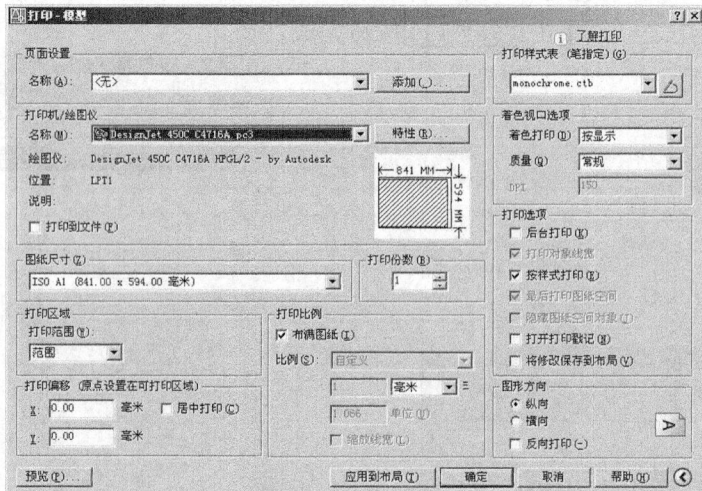

图10-21 【打印】对话框

- 在【打印机/绘图仪】区域的【名称(M)】下拉列表中选择打印设备"DesignJet 450C C4716A . pc3"。
- 在【图纸尺寸】下拉列表中选择 A1 幅面图纸。
- 在【打印样式表】区域的下拉列表中选择打印样式"monochrome.ctb"（将所有颜色打印为黑色）。
- 在【打印范围】下拉列表中选择"范围"选项。
- 在【打印比例】区域中选择【布满图纸】复选项。
- 在【图形方向】区域中选择【纵向】单选项。

(7) 单击 预览(P)... 按钮，预览打印效果，如图 10-22 所示。若满意，单击 按钮开始打印。

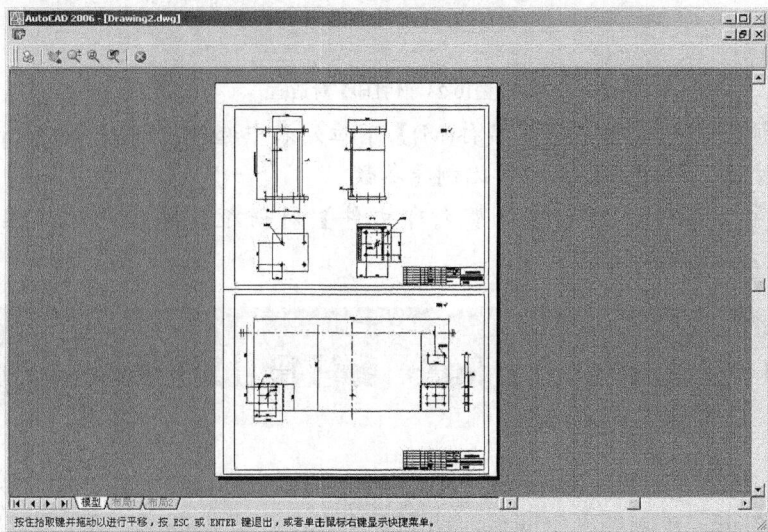

图10-22 预览打印效果

10.3 创建电子图纸

用户可通过 AutoCAD 的电子打印功能将图形存为 Web 上可用的".dwf"格式文件，此种格式文件具有以下特点。

- 它是矢量格式图形。
- 可使用 Internet 浏览器或 AutoDesk 的 DWF Viewer 软件查看和打印，并能对其进行平移和缩放操作，还可控制图层、命名视图等。
- ".dwf"文件是压缩格式文件，便于在 Web 上传输。

系统提供了用于创建".dwf"文件的"DWF6 ePlot.pc3"文件。利用它可生成针对打印和查看而优化的电子图形，这些图形具有白色背景和图纸边界。用户可以修改预定义的"DWF6 ePlot.pc3"文件或是通过【绘图仪管理器】的【添加绘图仪】向导创建新的".dwf"打印机配置。

【例10-4】 创建".dwf"文件。

(1) 选择菜单命令【文件】/【打印】，打开【打印】对话框，如图 10-23 所示。

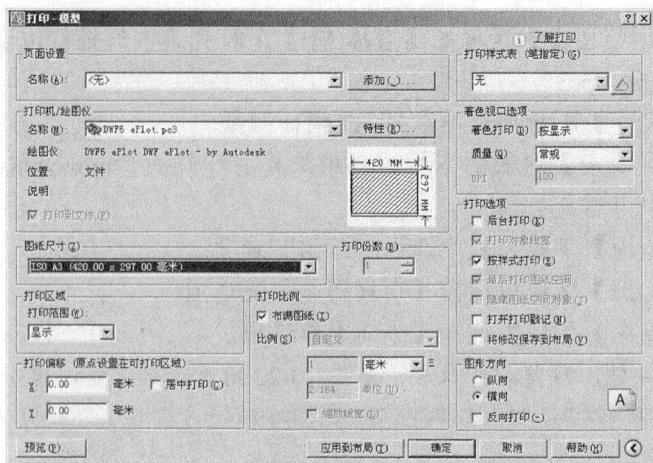

图10-23 【打印】对话框

(2) 在【打印机/绘图仪】区域的【名称(M)】下拉列表中选择"DWF6 ePlot.pc3"打印机。

(3) 设定图纸幅面、打印区域及打印比例等参数。

(4) 单击 确定 按钮,弹出【浏览打印文件】对话框,通过此对话框指定要生成的".dwf"文件名称和位置。

10.4 在虚拟图纸上布图、标注尺寸及打印虚拟图纸

AutoCAD 提供了两种绘图环境:模型空间和图纸空间。模型空间用于绘制图形,图纸空间用于布置图形。进入图纸空间后,图形区出现一张虚拟图纸,用户可设定该图纸的幅面,并能将模型空间中的图形布置在虚拟图纸上。布图的方法是通过浮动视口显现图形,系统一般会自动在图纸上建立一个视口。此外,用户也可通过【视口】工具栏上的 按钮创建视口,可以认为视口是虚拟图纸上观察模型空间的一个窗口,该窗口的位置、大小可以调整,其中图形的缩放比例可以设定。视口激活后,其所在范围就是一个小的模型空间,在其中可对图形进行各类操作。

在虚拟图纸上布置所需的图形并设定缩放比例后就可标注尺寸及书写文字(注意,一般不要进入模型空间标注尺寸或书写文字),标注设定为 1,文字高度等于打印在图纸上的实际高度。

以下将介绍在图纸空间布图及出图的方法。

【例10-5】 在图纸空间布图及从图纸空间出图。

(1) 打开文件"10-5.dwg"和"10-A3.dwg"。

(2) 单击 布局1 按钮,切换至图纸空间,系统显示一张虚拟图纸。利用 Windows 的复制/粘贴功能将文件"10-A3.dwg"中的 A3 幅面图框拷贝到虚拟图纸上,再调整其位置,如图 10-24 所示。

(3) 将光标放在 布局1 按钮上,单击鼠标右键,弹出快捷菜单,选择【页面设置管理器】选项,打开【页面设置管理器】对话框,再单击 修改(M)... 按钮,弹出【页面设置】对话框,如图 10-25 所示。在该对话框中完成以下设置。

- 在【打印机/绘图仪】区域的【名称（M）】下拉列表中选择打印设备 "DesignJet 450C C4716A .pc3"。
- 在【图纸尺寸】下拉列表中选择 A3 幅面图纸。
- 在【打印范围】下拉列表中选择"范围"选项。
- 在【打印比例】区域中选择【布满图纸】复选项。
- 在【打印偏移】区域中指定打印原点为（0,0）。
- 在【图形方向】区域中设定图形打印方向为【横向】。
- 在【打印样式表】区域的下拉列表中选择打印样式 "monochrome.ctb"（将所有颜色打印为黑色）。

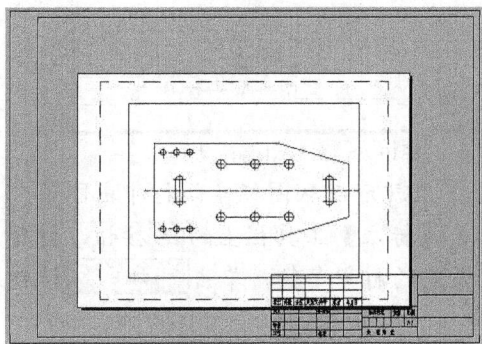

图10-24 插入图框

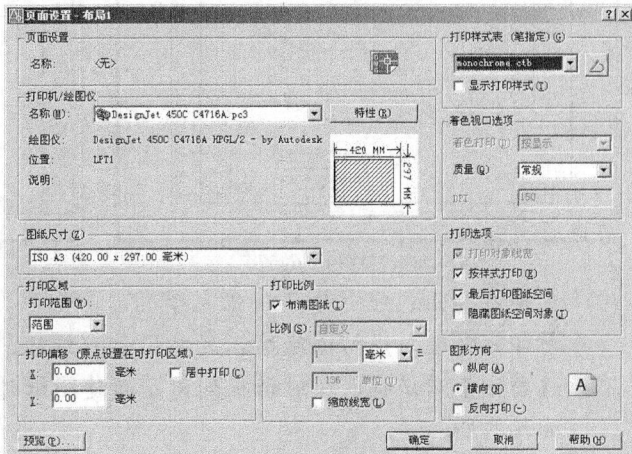

图10-25 【页面设置】对话框

(4) 单击 确定 按钮，再关闭【页面设置管理器】对话框，在屏幕上出现一张 A3 幅面的图纸，图纸上的虚线代表可打印区域，A3 图框被布置在此区域中，如图 10-26 所示。图框内部的小矩形是系统自动创建的浮动视口，通过这个视口显示模型空间中的图形。用户可复制或移动视口，还可利用编辑命令调整其大小。

(5) 创建"视口"层，将矩形视口修改到该层上，然后利用关键点编辑方式调整视口大小。选中视口，在【视口】工具栏上的【视口缩放比例】下拉列表中设定视口缩放比例为 1:1.5，如图 10-27 所示。视口缩放比例值就是图形布置在图纸上的缩放比例，即绘图比例。

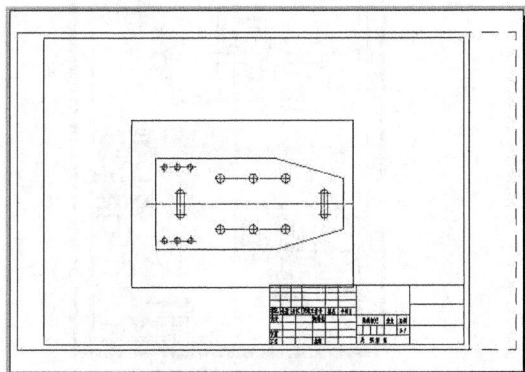

图10-26 指定 A3 幅面图纸

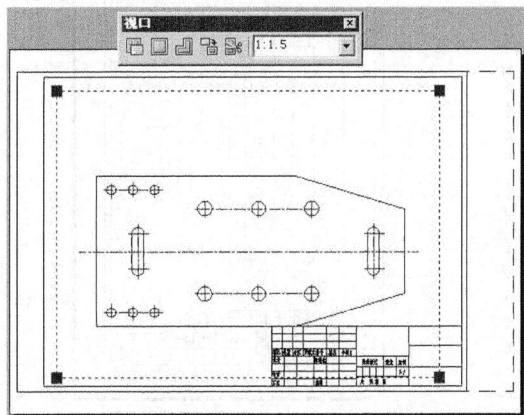

图10-27 调整视口大小及设定视口缩放比例

(6) 锁定视口的缩放比例。选中视口，单击右键，弹出快捷菜单，通过此菜单将【显示锁定】设置为【是】。

(7) 单击 图纸 按钮激活浮动视口，用 MOVE 命令调整图形的位置，结果如图 10-28 所示。

(8) 单击 模型 按钮，返回图纸空间，冻结视口层。使"国标标注"成为当前样式，再设定标注全局比例因子为 1，然后标注尺寸，结果如图 10-29 所示。

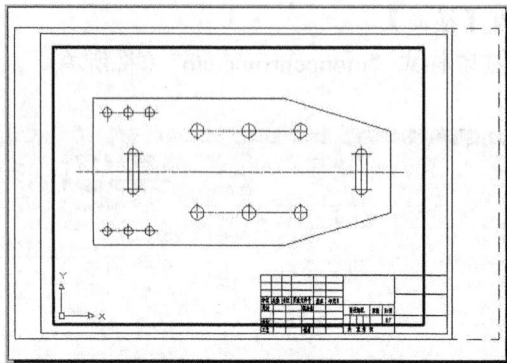

图10-28　调整图形的位置

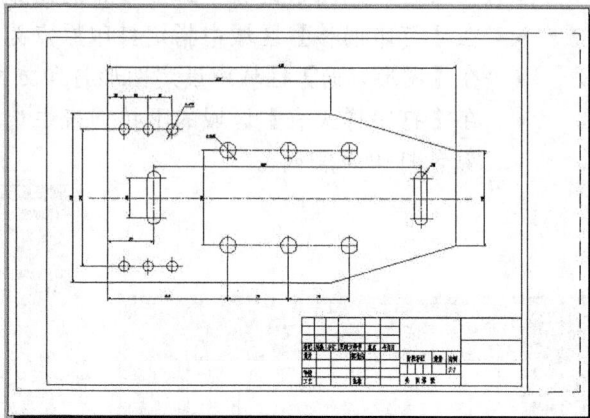

图10-29　在图纸上标注尺寸

(9) 到现在为止已经创建了一张完整的虚拟图纸，接下来就可以从图纸空间打印出图了。打印的效果与虚拟图纸显示的效果是一样的。单击【标准】工具栏上的 按钮，打开【打印】对话框，该对话框列出了新建图纸时已设定的打印参数，单击 确定 按钮开始打印。

习题

1. 打开文件"Xt-10.dwg"，添加一台绘图仪"DesignJet 450C C4716A"，将图形输出到 A4 幅面的图纸上，单色打印，并使图样尽量充满图纸，如图 10-30 所示。

2. 文件"Xt-11-A.dwg"和"Xt-11-B.dwg"的绘图比例都为 1：2.0，请将它们布置在一起输出到 A2 幅面的图纸上，打印效果预览如图 10-31 所示。

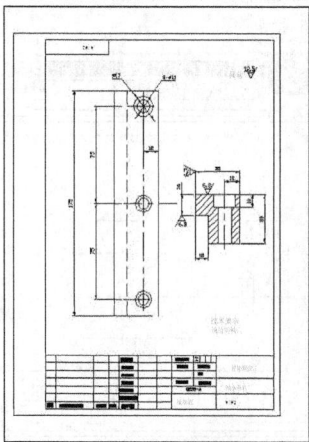

图10-30　打印单张图纸

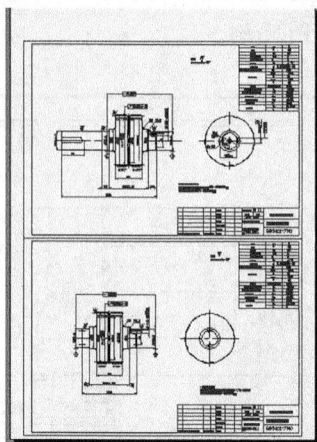

图10-31　打印效果预览

第11章 创建三维实体模型

在 AutoCAD 中，用户可以创建以下 3 种类型的三维模型。

- 线框模型。
- 表面模型。
- 实体模型。

线框模型没有面、体特征，它仅是三维对象的轮廓，由点、直线、曲线等对象组成，不能进行消隐、渲染等操作。创建对象的三维线框模型，实际上是在空间的不同平面上绘制二维对象。

表面模型既定义了三维对象的边界，又定义了其表面。此种模型可以进行消隐、渲染等操作，但不具有体积、质心等特征。

三维实体具有线、面、体等特征，可进行消隐、渲染等操作，包含体积、质心等特性。用户能直接创建长方体、球体、锥体等基本立体，还可旋转、拉伸二维对象形成三维实体。三维实体间可进行布尔运算，通过将简单立体合并、求交或差集就能生成复杂的立体模型。

本章主要介绍创建实体模型的常用命令及构建实体模型的一般方法。通过本章的学习，读者可以掌握创建及编辑实体模型的主要命令，了解利用布尔运算建立复杂模型的方法。

<table>
<tr><td rowspan="7">学习目标</td><td>● 观察三维模型。</td></tr>
<tr><td>● 创建长方体、球体及圆柱体等基本立体。</td></tr>
<tr><td>● 拉伸或旋转二维对象形成三维实体。</td></tr>
<tr><td>● 阵列、旋转及镜像三维实体。</td></tr>
<tr><td>● 拉伸、移动、旋转实体表面。</td></tr>
<tr><td>● 对实体进行抽壳及压印操作。</td></tr>
<tr><td>● 使用用户坐标系。</td></tr>
</table>

● 利用布尔运算构建复杂模型。

11.1 观察三维模型

在绘制三维图形的过程中，用户常需要从不同的方向观察图形。当用户设定某个查看方向后，AutoCAD 就显示出对应的 3D 视图，具有立体感的 3D 视图将有助于正确理解模型的空间结构。AutoCAD 的默认视图是 *XY* 平面视图，这时观察点位于 *Z* 轴上，观察方向与 *Z* 轴重合，因此用户看不见物体的高度，所见的是模型在 *XY* 平面内的视图。

11.1.1 用标准视点观察 3D 模型

任何三维模型都可以从任意一个方向观察，AutoCAD 的【视图】工具栏提供了 10 种标准视点，如图 11-1 所示。通过这些视点就能获得 3D 对象的 10 种视图，如前视图、后视图、左视图及东南轴测图等。

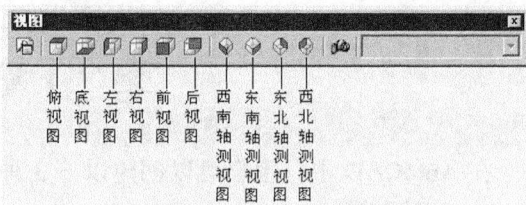

图11-1　标准视点

【例11-1】　下面通过如图 11-2 所示的三维模型来演示标准视点生成的视图。

(1) 打开文件 "11-1.dwg"。

(2) 单击【视图】工具栏上的 ▣ 按钮，再发出消隐命令 HIDE，结果如图 11-3 所示，此图是三维模型的前视图。

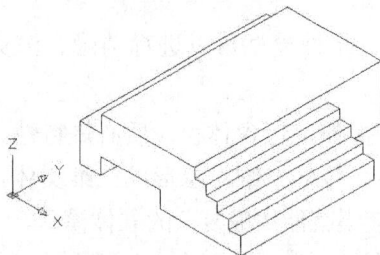

图11-2　用标准视点观察模型

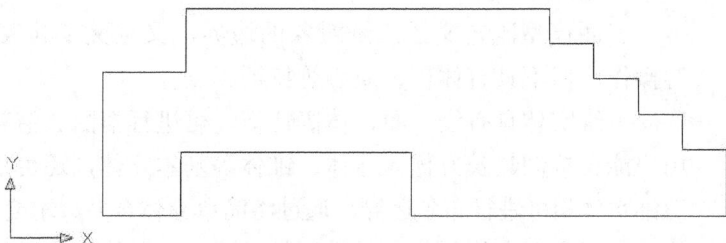

图11-3　前视图

(3) 单击【视图】工具栏上的 ▣ 按钮，再发出消隐命令 HIDE，结果如图 11-4 所示，此图是三维模型的左视图。

(4) 单击【视图】工具栏上的 ◆ 按钮，然后发出消隐命令 HIDE，结果如图 11-5 所示，此图是三维模型的西南轴测视图。

图11-4　左视图

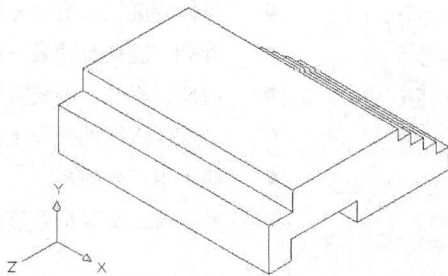

图11-5　西南轴测图

11.1.2 创建消隐图和着色图

AutoCAD 用线框表示三维模型。在绘制及编辑三维对象时，用户面对的都是模型的线框图。若模型较复杂，则众多线条交织在一起，使用户很难清晰地观察对象的结构形状。为了获得较好的显示效果，用户可生成 3D 对象的消隐图或着色图，这两种图像都具有良好的立体感。模型经消隐处理后，AutoCAD 将使隐藏线不可见，仅显示可见的轮廓线。而对模型进行着色后，则不仅可消除隐藏线，还能使可见表面附带颜色。因此，着色后的模型具有更强的真实感，如图 11-6 所示。

通过【着色】工具栏中的命令按钮来创建消隐图和着色图，如图 11-7 所示。

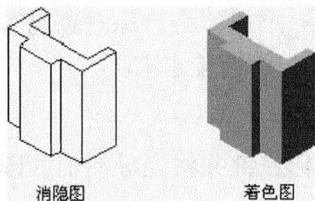

图11-6 消隐图和着色图

图11-7 【着色】工具栏

【着色】工具栏中各按钮功能如下。

- 二维线框：用表示边界的直线段和曲线段显示对象。在二维线框视图中坐标系图标的 Z 轴没有箭头。

- 三维线框：用表示边界的直线段和曲线段显示对象，同时显示一个着色的三维坐标系图标。

- 消隐：用三维线框显示对象，被遮挡的线条将被隐藏。

- 平面着色：用许多着色的小平面来显示对象，着色的对象表面不是很光滑，如图 11-8 左图所示。

- 体着色：与平面着色相比，"体着色"在着色的小平面间形成光顺的过渡边界，因而着色后对象表面很光滑，如图 11-8 右图所示。

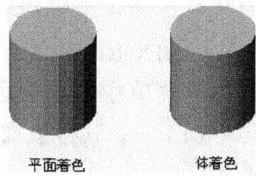

图11-8 平面着色和体着色

- 显示边框的平面着色：显示平面着色效果的同时还显示对象的线框。

- 显示边框的体着色：显示体着色效果的同时还显示对象的线框。

11.1.3 三维动态旋转

3DORBIT 命令将激活交互式的动态视图，用户通过单击并拖动鼠标的方法来改变观察方向，从而能够非常方便地获得不同方向的 3D 视图。使用此命令时，可以选择观察全部的对象或是模型中的一部分对象，AutoCAD 围绕待观察的对象形成一个辅助圆，该圆被 4 个小圆分成 4 等份，如图 11-9 所示。辅助圆的圆心是观察目标点，当用户按住鼠标左键并拖动时，待观察的对象（或目标点）静止不动，而视点绕着 3D 对象旋转，显示结果是视图在不断地转动。

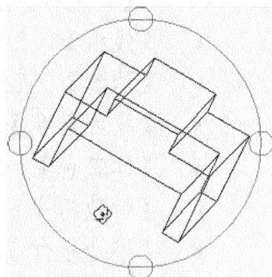

图11-9 3D 动态视图

当想观察整个模型的部分对象时，应先选择这些对象，然后启动 3DORBIT 命令。若所选对象没有处在动态观察器的大圆内，就单击鼠标右键，选择【其他】/【范围缩放】选项使所选对象处于大圆内。

命令启动方法	• 菜单命令：【视图】/【三维动态观察器】。 • 工具栏：【三维动态观察器】工具栏上的 按钮。 • 命令：3DORBIT 或简写 ORBIT。

启动 3DORBIT 命令，AutoCAD 窗口中就出现一个大圆和 4 个均布的小圆，如图 11-9 所示。当光标移至圆的不同位置时，其形状将发生变化，光标的形状表明了当前视图的旋转方向。

1. 球形光标 ⊕

当光标位于辅助圆内时就变为该形状，此时可假想一个球体将目标对象包裹起来。单击并拖动光标，使球体沿光标拖动的方向旋转，模型视图也就旋转起来。

2. 圆形光标 ⊙

移动光标到辅助圆外，光标就变为该形状，按住鼠标左键并将光标沿辅助圆拖动，就使 3D 视图旋转，旋转轴垂直于屏幕并通过辅助圆心。

3. 水平椭圆形光标 ⊕

当把光标移动到左、右两个小圆的位置时，其形状就变为水平椭圆。单击并拖动鼠标就使视图绕着一个铅垂轴线转动，此旋转轴线经过辅助圆心。

4. 竖直椭圆形光标 ⊕

将光标移动到上、下两个小圆的位置时，光标就变为该形状。单击并拖动鼠标将使视图绕着一个水平轴线转动，此旋转轴线经过辅助圆心。

当 3DORBIT 命令被激活时，单击鼠标右键，弹出快捷菜单，如图 11-10 所示。

此菜单中常用选项的功能如下。

（1）【平移】、【缩放】：对三维视图执行平移、缩放操作。

（2）【动态观察】：以三维动态旋转方式观察模型。

（3）【投影】：该选项包含【平行】和【透视】子选项，选择【平行】选项时，打开平行投影模式，选择【透视】选项时，激活透视投影模式。在透视模式下不能绘制及编辑对象。

（4）【着色模式】：提供了以下渲染方法。

- 【线框】：三维线框显示。
- 【消隐】：三维消隐线框显示。
- 【平面着色】：平面渲染。
- 【体着色】：光滑渲染。
- 【带边框平面着色】：平面渲染并显示棱边。
- 【带边框体着色】：光滑渲染并显示棱边。

图11-10 快捷菜单

11.2 创建三维基本立体

AutoCAD 能生成长方体、球体、圆柱体、圆锥体、楔形体及圆环体等基本立体。【实体】工具栏中包含了创建这些立体的命令按钮，表 11-1 列出了这些按钮的功能及操作时要输入的主要参数。

表 11-1   创建基本立体的命令按钮

按钮	功能	输入参数
	创建长方体	指定长方体的一个角点，再输入另一对角点的相对坐标及高度
	创建球体	指定球心，输入球半径
	创建圆柱体	指定圆柱体底面的中心点，输入圆柱体半径及高度
	创建圆锥体	指定圆锥体底面的中心点，输入锥体底面半径及锥体高度
	创建楔形体	指定楔形体的一个角点，再输入另一对角点的相对坐标
	创建圆环体	指定圆环中心点，输入圆环体半径及圆管半径

【例11-2】 创建长方体和圆柱体。

(1) 选取菜单命令【视图】/【三维视图】/【东南等轴测】，切换到东南轴测视图。再单击【实体】工具栏上的 按钮，AutoCAD 提示：

命令：_box
指定长方体的角点或 [中心点(CE)] <0,0,0>：   //指定长方体角点 A，如图 11-11 所示
指定角点或 [立方体(C)/长度(L)]:@100,200,300   //输入另一角点 B 的相对坐标

(2) 单击【实体】工具栏上的 按钮，AutoCAD 提示：

命令：_cylinder
指定圆柱体底面的中心点或 [椭圆(E)] <0,0,0>：   //单击一点，指定圆柱体底圆中心
指定圆柱体底面的半径或 [直径(D)]: 80   //输入底圆半径
指定圆柱体高度或 [另一个圆心(C)]: 300   //输入圆柱体高度
命令：isolines
输入 ISOLINES 的新值 <4>: 30   //设置实体表面网格线的数量，详见第 11.13 节
命令：facetres
输入 FACETRES 的新值 <1.0000>:5   //设置实体消隐后的网格密度，详见第 11.13 节

(3) 选取菜单命令【视图】/【重生成】，重新生成模型。再启动 HIDE 命令，结果如图 11-11 所示。

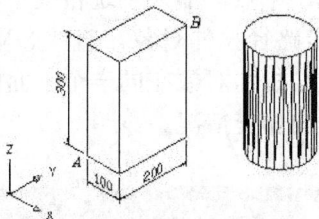

图11-11 创建长方体和圆柱体

11.3 将二维对象拉伸成 3D 实体

EXTRUDE 命令可以拉伸二维对象生成 3D 实体。能拉伸的二维对象包括圆、多边形、

面域和闭合样条曲线等。操作时，用户可指定拉伸高度值和拉伸对象的锥角，还可沿某一直线或曲线路径进行拉伸。

命令 启动 方法	● 菜单命令：【绘图】/【实体】/【拉伸】。 ● 工具栏：【实体】工具栏上的 ⬚ 按钮。 ● 命令：EXTRUDE 或简写 EXT。

【例11-3】 练习 EXTRUDE 命令。

(1) 打开文件"11-3.dwg"，用 EXTRUDE 命令创建实体。

```
命令: _extrude
选择对象: 找到 1 个                    //选择拉伸对象，该对象是面域，如图 11-12 左图所示
选择对象:                             //按 Enter 键
指定拉伸高度或 [路径(P)]: 100          //输入拉伸高度
指定拉伸的倾斜角度 <0>:                //拉伸锥角为 0
```

(2) 启动 HIDE 命令，结果如图 11-12 右图所示。

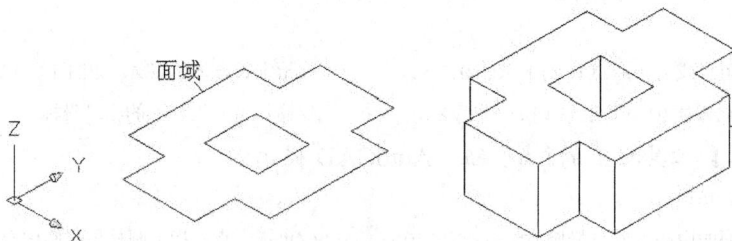

图11-12 拉伸面域

> **要点提示**
> 如果拉伸截面是由线段、圆弧构成的，可用 PEDIT 命令的"合并(J)"选项将其转换为单一多段线，这样就可用 EXTRUDE 命令拉伸了。

如果输入正的拉伸高度，则对象沿 Z 轴正向拉伸。若输入负值，则沿 Z 轴负向拉伸。当系统提示"指定拉伸的倾斜角度<0>:"时，输入正角度值表示从基准对象逐渐变细地拉伸，而负角度值则表示从基准对象逐渐变粗地拉伸。要注意拉伸斜角不能太大，若拉伸实体截面在到达拉伸高度前已经变成一个点，那么系统将提示不能进行拉伸。

"路径(P)"选项使用户可沿路径拉伸对象。直线、圆弧、椭圆、多段线及样条曲线等都可作为拉伸路径，但路径不能与拉伸对象在同一个平面内，也不能具有曲率较大的区域。否则，有可能在拉伸过程中产生自相交情况。

11.4 将二维对象旋转成 3D 实体

REVOLVE 命令可以旋转二维对象生成 3D 实体。用于旋转的二维对象可以是圆、椭圆、封闭多段线、封闭样条曲线和面域等。用户通过选择直线、指定两点或 X、Y 轴来确定旋转轴。

<table>
<tr><td rowspan="3">命令
启动
方法</td><td>● 菜单命令：【绘图】/【实体】/【旋转】。</td></tr>
<tr><td>● 工具栏：【实体】工具栏上的 ⊘ 按钮。</td></tr>
<tr><td>● 命令：REVOLVE 或简写 REV。</td></tr>
</table>

【例11-4】 练习 REVOLVE 命令。

(1) 打开文件 "11-4.dwg"，用 REVOLVE 命令创建实体。

```
命令: _revolve
选择对象: 找到 1 个                          //选择要旋转的对象，该对象是面域，如图 11-13 左图所示
选择对象:                                   //按 Enter 键
指定旋转轴的起点或定义轴依照 [对象(O)/X 轴 (X)/Y 轴(Y)]: end 于   //捕捉端点 A
指定轴端点:end 于                            //捕捉端点 B
指定旋转角度 <360>:150                        //输入旋转角度
```

(2) 启动 HIDE 命令，结果如图 11-13 右图所示。

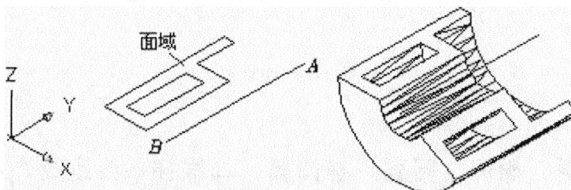

图11-13 将二维对象旋转成 3D 实体

> **要点提示**
>
> 若拾取两点指定旋转轴，则轴的正向是从第一点指向第二点，旋转角的正方向按右手螺旋法则确定。

【命令选项】

● 对象(O): 选择直线定义旋转轴，轴的正方向是从拾取点指向最远端点。
● X 轴(X): 使用当前坐标系的 X 轴作为旋转轴。
● Y 轴(Y): 使用当前坐标系的 Y 轴作为旋转轴。

11.5 切割实体

SLICE 命令可以切开实心体模型，被剖切的实体可保留一半或两半都保留。保留部分将保持原实体的图层和颜色特性。剖切方法是先定义切割平面，然后选定需要的部分。用户可通过 3 点来定义切割平面，也可指定当前坐标系 XY、YZ、ZX 平面作为切割平面。

<table>
<tr><td rowspan="3">命令
启动
方法</td><td>● 菜单命令：【绘图】/【实体】/【剖切】。</td></tr>
<tr><td>● 工具栏：【实体】工具栏上的 ⊘ 按钮。</td></tr>
<tr><td>● 命令：SLICE 或简写 SL。</td></tr>
</table>

【例11-5】 练习 SLICE 命令。

(1) 打开文件 "11-5.dwg"，用 SLICE 命令切割实体。

```
命令: _slice
```

选择对象：找到 1 个 　　　　　　　　　　　　　　　　//选择实体对象，如图 11-14 所示

选择对象： 　　　　　　　　　　　　　　　　　　　　//按 Enter 键

指定切面上的第一个点，依照 [对象(O)/Z 轴(Z)/视图(V)/XY 平面(XY)/YZ 平面(YZ)/ZX

平面(ZX)/三点(3)] <三点>: mid 于 　　　　　　　　//捕捉中点 A

指定平面上的第二个点:mid 于 　　　　　　　　　　　//捕捉中点 B

指定平面上的第三个点:cen 于 　　　　　　　　　　　//捕捉圆心 C

在要保留的一侧指定点或 [保留两侧(B)]: 　　　　　　//在要保留的那边单击一点

(2) 启动 HIDE 命令，结果如图 11-14 右图所示。

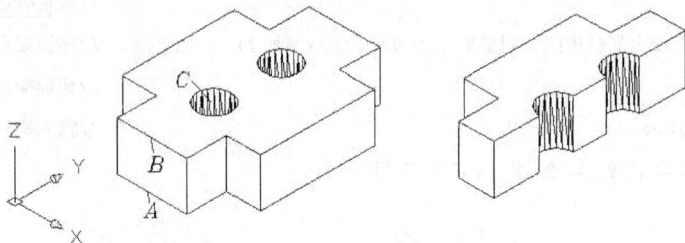

图11-14　切割实体

【命令选项】

- 对象(O)：用圆、椭圆、圆弧或椭圆弧、二维样条曲线或二维多段线等对象所在平面作为剖切平面。
- Z 轴(Z)：通过指定剖切平面的法线方向来确定剖切平面。
- 视图(V)：剖切平面与当前视图平面平行。
- XY 平面(XY)、YZ 平面(YZ)、ZX 平面(ZX)：用坐标平面 *XOY*、*YOZ*、*ZOX* 剖切实体。

11.6　3D 阵列

3DARRAY 命令是二维 ARRAY 命令的 3D 版本。通过这个命令，用户可以在三维空间中创建对象的矩形或环形阵列。

命令启动方法	● 菜单命令：【修改】/【三维操作】/【三维阵列】。 ● 命令：3DARRAY。

【例11-6】　练习 3DARRAY 命令。

(1) 打开文件 "11-6.dwg"，用 3DARRAY 命令创建矩形及环形阵列。

命令: _3darray

选择对象：找到 1 个 　　　　　　　　　　　　　　　//选择要阵列的对象，如图 11-15 所示

选择对象： 　　　　　　　　　　　　　　　　　　　　//按 Enter 键

输入阵列类型 [矩形(R)/环形(P)] <矩形>: 　　　　　//按 Enter 键指定矩形阵列

输入行数 (---) <1>: 2 　　　　　　　　　　　　　　//输入行数，行的方向平行于 x 轴

输入列数（|||）<1>: 3	//输入列数，列的方向平行于 y 轴
输入层数（...）<1>: 2	//指定层数，层数表示沿 z 轴方向的分布数目
指定行间距（---）: 300	//输入行间距，如果输入负值，阵列方向将沿 x 轴反方向
指定列间距（|||）: 400	//输入列间距，如果输入负值，阵列方向将沿 y 轴反方向
指定层间距（...）: 800	//输入层间距，如果输入负值，阵列方向将沿 z 轴反方向
命令: _3DARRAY	//重复命令
选择对象: 找到 1 个	//选择要阵列的对象
选择对象:	//按 Enter 键
输入阵列类型 [矩形(R)/环形(P)] <矩形>: p	//指定环形阵列
输入阵列中的项目数目: 6	//输入环形阵列的数目
指定要填充的角度（+=逆时针，-=顺时针）<360>:	
//输入环形阵列的角度值，可以输入正值或负值，角度正方向由右手螺旋法则确定	
旋转阵列对象？[是(Y)/否(N)]<是>:	//按 Enter 键，则阵列的同时还旋转对象
指定阵列的中心点: end 于	//指定阵列轴的第一点 A
指定旋转轴上的第二点: end 于	//指定阵列轴的第二点 B

(2) 启动 HIDE 命令，结果如图 11-15 所示。

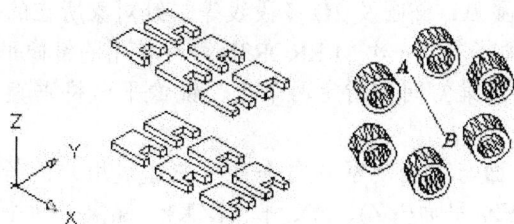

图11-15　三维阵列

阵列轴的正方向是从第一个指定点指向第二个指定点的，沿该方向伸出大拇指，则其他 4 个手指的弯曲方向就是阵列角度的正方向。

11.7　3D 镜像

如果镜像线是当前 UCS 平面内的直线，则使用常见的 MIRROR 命令就可进行 3D 对象的镜像复制。但若想以某个平面作为镜像平面来创建 3D 对象的镜像复制，就必须使用 MIRROR3D 命令。如图 11-16 左图所示，把点 A、B、C 定义的平面作为镜像平面对实体进行镜像。

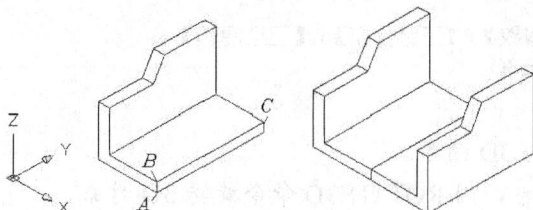

图11-16　镜像

命令 启动 方法	• 菜单命令：【修改】/【三维操作】/【三维镜像】。 • 命令：MIRROR3D。

【例11-7】 练习 MIRROR3D 命令。

(1) 打开文件 "11-7.dwg"，用 MIRROR3D 命令创建对象的三维镜像。

命令：_mirror3d

选择对象：找到 1 个 　　　　　　　　　　　　　　//选择要镜像的对象

选择对象： 　　　　　　　　　　　　　　　　　//按 Enter 键

指定镜像平面 (三点) 的第一个点或[对象(O)/最近的(L)/Z 轴(Z)/视图(V)/XY 平面(XY)/YZ 平面

(YZ)/ZX 平面(ZX)/三点(3)]<三点>：

//利用 3 点指定镜像平面，捕捉第一点 A，如图 11-16 左图所示

在镜像平面上指定第二点： 　　　　　　　　　　//捕捉第二点 B

在镜像平面上指定第三点： 　　　　　　　　　　//捕捉第三点 C

是否删除源对象？[是(Y)/否(N)] <否>： 　　　　//按 Enter 键不删除原对象

(2) 启动 HIDE 命令，结果如图 11-16 右图所示。

【命令选项】

- 对象(O)：以圆、圆弧、椭圆及 2D 多段线等二维对象所在的平面作为镜像平面。
- 最近的(L)：该选项指定上一次 MIRROR3D 命令使用的镜像平面作为当前镜像面。
- Z 轴(Z)：用户在三维空间中指定两个点，镜像平面将垂直于两点的连线，并通过第一个选取点。
- 视图(V)：镜像平面与当前观察方向垂直，并通过用户的拾取点。
- XY 平面(XY)、YZ 平面(YZ)、ZX 平面(ZX)：镜像平面平行于 *XY*、*YZ* 或 *ZX* 平面，并通过用户的拾取点。

11.8　3D 旋转

使用 ROTATE 命令仅能使对象在 *XY* 平面内旋转，即旋转轴只能是 *Z* 轴。ROTATE3D 命令是 ROTATE 的 3D 版本，该命令能使对象绕着 3D 空间中的任意轴旋转。如图 11-17 所示的是将 3D 对象绕 AB 轴旋转后的结果。

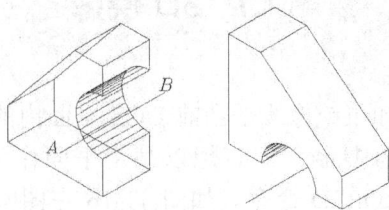

图11-17　3D 旋转

命令 启动 方法	• 菜单命令：【修改】/【三维操作】/【三维旋转】。 • 命令：ROTATE3D。

【例11-8】 练习 ROTATE3D 命令。

(1) 打开文件 "11-8.dwg"，用 ROTATE3D 命令旋转 3D 对象。

命令：_rotate3d

选择对象: 找到 1 个   //选择要旋转的对象

选择对象: //按 Enter 键

指定轴上的第一个点或定义轴依据 [对象(O)/最近的(L)/视图(V)/X 轴(X)/Y 轴(Y)/Z 轴(Z)/两点

(2)]:   //指定旋转轴上的第一点 A,如图 11-17 左图所示

指定轴上的第二点: //指定旋转轴上的第二点 B

指定旋转角度或 [参照(R)]: 90   //输入旋转的角度值

(2) 启动 HIDE 命令,结果如图 11-17 右图所示。

【命令选项】

- 对象(O): 系统根据所选择的对象来设置旋转轴。如果用户选择直线,则该直线就是旋转轴,而且旋转轴的正方向是从选择点开始指向远离选择点的那一端。若选择了圆或圆弧,则旋转轴通过圆心并与圆或圆弧所在的平面垂直。
- 最近的(L): 该选项将上一次使用 ROTATE3D 命令时定义的轴作为当前旋转轴。
- 视图(V): 旋转轴与当前观察方向平行,并通过用户的选取点。
- X 轴(X): 旋转轴平行于 X 轴,并通过用户的选取点。
- Y 轴(Y): 旋转轴平行于 Y 轴,并通过用户的选取点。
- Z 轴(Z): 旋转轴平行于 Z 轴,并通过用户的选取点。
- 两点(2): 通过指定两点来设置旋转轴。
- 指定旋转角度: 输入正的或负的旋转角,角度正方向由右手螺旋法则确定。
- 参照(R): 选择该选项,系统将提示"指定参照角 <0>:",输入参考角度值或拾取两点指定参考角度,当系统继续提示"指定新角度:"时,再输入新的角度值或拾取另外两点指定新参考角,新角度减去初始参考角就是实际旋转角度。常用"参照(R)"选项将 3D 对象从最初位置旋转到与某一方向对齐的另一位置。

使用 ROTATE3D 命令时,应注意确定旋转轴的正方向。当旋转轴平行于坐标轴时,坐标轴的方向就是旋转轴的正方向,若通过两点来指定旋转轴,那么轴的正方向是从第一个选取点指向第二个选取点。

11.9 3D 对齐

ALIGN 命令在 3D 建模中非常有用,通过这个命令,用户可以指定源对象与目标对象的对齐点,从而使源对象的位置与目标对象的位置对齐。例如,用户利用 ALIGN 命令让对象 M(源对象)某一平面上的 3 点与对象 N(目标对象)某一平面上的 3 点对齐,操作完成后,M、N 两对象将重合在一起,如图 11-18 所示。

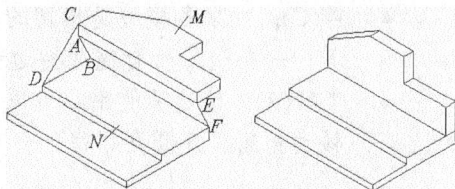

图11-18 3D 对齐

命令启动方法	● 菜单命令:【修改】/【三维操作】/【对齐】。 ● 命令: ALIGN 或简写 AL。

【例11-9】 在 3D 空间应用 ALIGN 命令。

(1) 打开文件 "11-9.dwg"，用 ALIGN 命令对齐 3D 对象。

命令：_align

选择对象：找到 1 个   //选择要对齐的对象

选择对象：   //按 Enter 键

指定第一个源点：   //选择源对象上的一点 A，如图 11-18 左图所示，该点一般称为源点

指定第一个目标点：   //选择目标对象上的点 B，该点一般称为目标点

指定第二个源点：   //选择第二个源点 C

指定第二个目标点：   //选择第二个目标点 D

指定第三个源点或 <继续>： //选择第三个源点 E

指定第三个目标点：   //选择第三个目标点 F

(2) 启动 HIDE 命令，结果如图 11-18 右图所示。

11.10 3D **倒圆角**

FILLET 命令可以给实体的棱边倒圆角，该命令对表面模型不适用。在 3D 空间中使用此命令时与在 2D 中有一些不同，用户不必事先设定倒角的半径值，系统会提示用户进行设定。

【例11-10】 在 3D 空间使用 FILLET 命令。

(1) 打开文件 "11-10.dwg"，用 FILLET 命令给 3D 对象倒圆角。

命令：_fillet   //单击【修改】工具栏上的 按钮

选择第一个对象或 [放弃(U)/多段线(P)/半径(R)/修剪(T)/多个(M)]：

//选择棱边 A，如图 11-19 左图所示

输入圆角半径<10.0000>:15   //输入圆角半径

选择边或 [链(C)/半径(R)]：   //选择棱边 B

选择边或 [链(C)/半径(R)]：   //选择棱边 C

选择边或 [链(C)/半径(R)]：   //按 Enter 键结束

(2) 启动 HIDE 命令，结果如图 11-19 右图所示。

【命令选项】

- 选择边：可以连续选择实体的圆角边。
- 链(C)：如果各棱边是相切的关系，则选择其中一条边，所有这些棱边都将被选中。
- 半径(R)：该选项使用户可以为随后选择的棱边重新设定圆角半径。

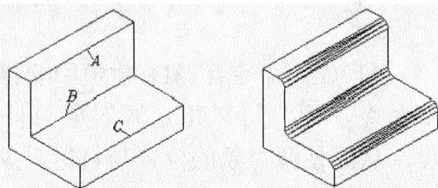

图11-19 倒圆角

11.11 3D **倒斜角**

倒斜角命令 CHAMFER 只能用于实体，而对表面模型不适用。在对 3D 对象应用此命

令时，系统的提示顺序与二维对象倒斜角时不同。

【例11-11】 在 3D 空间应用 CHAMFER 命令。

(1) 打开文件"11-11.dwg"，用 CHAMFER 命令给 3D 对象倒斜角。

```
命令: _chamfer                                    //单击【修改】工具栏上的 ◢ 按钮
选择第一条直线或 [放弃(U)/多段线(P)/距离(D)/角度(A)/修剪(T)/方式(E)/多个(M)]:
//选择棱边 E，如图 11-20 左图所示
基面选择...                                        //平面 A 高亮显示
输入曲面选择选项 [下一个(N)/当前(OK)] <当前>: n
//利用"下一个(N)"选项指定平面 B 为倒角基面
输入曲面选择选项 [下一个(N)/当前(OK)] <当前>:    //按 Enter 键
指定基面的倒角距离 <15.0000>: 10                    //输入基面内的倒角距离
指定其他曲面的倒角距离 <15.0000>: 10                //输入另一平面内的倒角距离
选择边或[环(L)]:                                    //选择棱边 E
选择边或[环(L)]:                                    //选择棱边 F
选择边或[环(L)]:                                    //选择棱边 G
选择边或[环(L)]:                                    //选择棱边 H
选择边或[环(L)]:                                    //按 Enter 键结束
```

(2) 启动 HIDE 命令，结果如图 11-20 右图所示。

实体的棱边是两个面的交线，当第一次选择棱边时，系统将高亮显示其中一个面，这个面代表倒角基面，用户可以通过"下一个(N)"选项使另一个表面成为倒角基面。

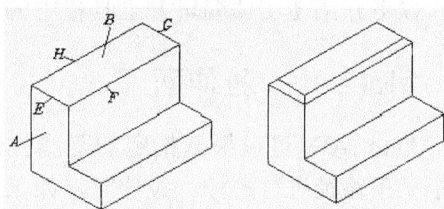

图11-20 3D 倒斜角

【命令选项】

- 选择边: 选择基面内要倒角的棱边。
- 环(L): 该选项使用户可以一次选中基面内的所有棱边。

11.12 编辑实心体的面、边、体

除了可对实心体进行倒角、阵列、镜像及旋转等操作外，还能编辑实体模型的表面、棱边和体等，AutoCAD 的实体编辑功能概括如下。

- 对于面的编辑，系统提供了拉伸、移动、旋转、锥化、复制及改变颜色等选项。
- 边编辑选项使用户可以改变实体棱边的颜色，或复制棱边以形成新的线框对象。
- 体编辑选项允许用户把一个几何对象"压印"在三维实体上。另外，还可以拆分实体或对实体进行抽壳操作。

【实体编辑】工具栏包含了编辑实心体的面、边、体的命令按钮，表 11-2 中列出了各按钮的功能。

表 11-2　　　　　　　　　　　　　　　　【实体编辑】工具栏中按钮的功能

按钮	按钮功能	按钮	按钮功能
⊙⊙	"并"运算	🗔	将实体的表面复制成新的图形对象
⊙⊙	"差"运算	🗔	将实体的某个面修改为特殊的颜色，以增强着色效果或是便于根据颜色附着材质
⊙⊙	"交"运算	🗔	把实体的棱边复制成直线、圆、圆弧及样条线等
🗔	根据指定的距离拉伸实体表面或将面沿某条路径进行拉伸	🗔	改变实体棱边的颜色。将棱边改变为特殊的颜色后就能增加着色效果
🗔	移动实体表面。例如，可以将孔从一个位置移到另一个位置	🗔	把圆、直线、多段线及样条曲线等对象压印在三维实体上，使其成为实体的一部分。被压印的对象将分割实体表面
🗔	偏移实体表面。例如，可以将孔表面向内偏移以减小孔的尺寸	🗔	将实体中多余的棱边、顶点等对象去除。例如，可通过此按钮清除实体上压印的几何对象
🗔	删除实体表面。例如，可以删除实体上的孔或圆角	🗔	将体积不连续的单一实体分成几个相互独立的三维实体
🗔	将实体表面绕指定轴旋转	🗔	将一个实心体模型创建成一个空心的薄壳体
🗔	沿指定的矢量方向使实体表面产生锥度	🗔	检查对象是否是有效的三维实体对象

以下介绍【实体编辑】工具栏中的常用命令按钮的功能。

11.12.1　拉伸面

AutoCAD 可以根据指定的距离拉伸面或将面沿某条路径进行拉伸。拉伸时，如果是输入拉伸距离值，那么还可输入锥角，这样将使拉伸所形成的实体锥化。如图 11-21 所示的是将实体面按指定的距离、锥角及沿路径进行拉伸的结果。

当用户输入距离值来拉伸面时，面将沿着其法线方向移动。若指定路径进行拉伸，则系统形成拉伸实体的方式会依据不同性质的路径（如直线、多段线、圆弧或样条线等）而各有特点。

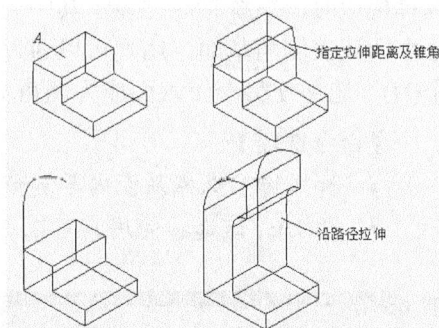

图11-21　拉伸实体表面

【例11-12】 拉伸实体表面 A，如图 11-21 所示。

打开文件 "11-12.dwg"，利用 SOLIDEDIT 命令拉伸实体表面。单击【实体编辑】工具栏上的 🗔 按钮，AutoCAD 主要提示内容如下：

命令: _solidedit

选择面或 [放弃(U)/删除(R)]: 找到一个面。　　　　//选择实体表面 A，如图 11-21 所示

选择面或 [放弃(U)/删除(R)/全部(ALL)]:　　　　//按 Enter 键

指定拉伸高度或 [路径(P)]: 50　　　　//输入拉伸的距离

指定拉伸的倾斜角度 <0>: 5　　　　//指定拉伸的锥角

结果如图 11-21 所示。

选择要拉伸的实体表面后，系统提示"指定拉伸高度或 [路径(P)]:"，各选项功能如下。

- 指定拉伸高度：输入拉伸距离及锥角来拉伸面。对于每个面规定其外法线方向是正方向，当输入的拉伸距离是正值时，面将沿其外法线方向移动，否则，将向相反方向移动。在指定拉伸距离后，系统会提示输入锥角，若输入正的锥角值，则将使面向实体内部锥化，否则将使面向实体外部锥化，如图 11-22 所示。

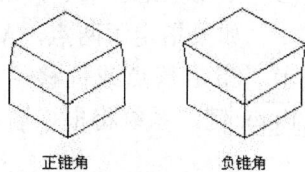

正锥角　　　　负锥角

图11-22　拉伸并锥化面

> **要点提示**　如果用户指定的拉伸距离及锥角都较大时，可能使面在到达指定的高度前已缩小成为一个点，这时系统将提示拉伸操作失败。

- 路径(P)：沿着一条指定的路径拉伸实体表面。拉伸路径可以是直线、圆弧、多段线及 2D 样条线等，作为路径的对象不能与要拉伸的表面共面，也应避免路径曲线的某些局部区域有较大的曲率，否则可能使新形成的实体在路径曲率较高处出现自相交的情况，从而导致拉伸失败。

拉伸路径的一个端点一般应在要拉伸的面内，如果不是这样，系统将把路径移动到面轮廓的中心。拉伸面时，面从初始位置开始沿路径运动，直至路径终点结束，在终点位置被拉伸的面与路径是垂直的。

如果拉伸的路径是 2D 样条曲线，拉伸完成后，在路径起始点和终止点处被拉伸的面都将与路径垂直。若路径中相邻两条直线段是非平滑过渡的，则系统沿着每一直线段拉伸面后，将把相邻两段实体缝合在其交角的平分处。

> **要点提示**　可用 PEDIT 命令的"合并(J)"选项将一平面内的连续几段线条连接成多段线，这样就可以将其定义为拉伸路径了。

11.12.2　移动面

用户可以通过移动面来修改实体的尺寸或改变某些特征（如孔、槽等）的位置。如图 11-23 所示，将实体的顶面 A 向上移动，并把孔 B 移动到新的地方。可以通过对象捕捉或输入位移值来精确地调整面的位置，系统在移动面的过程中将保持面的法线方向不变。

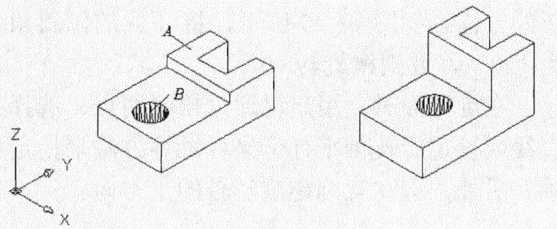

图11-23　移动面

【例11-13】　沿 Y 轴方向移动孔的表面 B，如图 11-23 所示。

(1) 打开文件"11-13.dwg"，利用 SOLIDEDIT 命令移动实体表面。单击【实体编辑】工具栏上的 按钮，AutoCAD 主要提示如下：

```
命令: _solidedit
选择面或 [放弃(U)/删除(R)]: 找到一个面          //选择孔的表面 B，如图 11-23 左图所示
选择面或 [放弃(U)/删除(R)/全部(ALL)]:          //按 Enter 键
指定基点或位移: 0,70,0                          //输入沿坐标轴移动的距离
指定位移的第二点:                               //按 Enter 键
```

(2) 启动 HIDE 命令，结果如图 11-23 右图所示。

如果指定了两点，AutoCAD 就根据两点定义的矢量来确定移动的距离和方向。若在提示"指定基点或位移："时，输入一个点的坐标，当提示"指定位移的第二点："时，按 Enter 键，系统将根据输入的坐标值把选定的面沿着面法线方向移动。

11.12.3　偏移面

对于三维实体，用户可通过偏移面来改变实体及孔、槽等特征的大小。进行偏移操作时，用户可以直接输入数值或拾取两点来指定偏移的距离，随后系统根据偏移距离沿表面的法线方向移动面的位置。如图 11-24 所示，把顶面 A 向下偏移，再将孔的表面向外偏移。输入正的偏移距离，将使表面向其外法线方向移动，否则被编辑的面将向相反的方向移动。

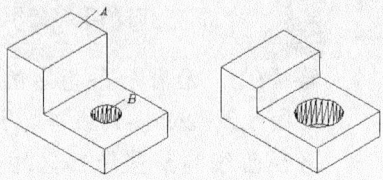

图11-24　偏移面

【例11-14】　偏移孔的表面 B，如图 11-24 所示。

(1) 打开文件"11-14.dwg"，利用 SOLIDEDIT 命令偏移实体表面。单击【实体编辑】工具栏上的 ▢ 按钮，AutoCAD 主要提示如下：

```
命令: _solidedit
选择面或 [放弃(U)/删除(R)]: 找到一个面。        //选择圆孔表面 B，如图 11-24 左图所示
选择面或 [放弃(U)/删除(R)/全部(ALL)]:          //按 Enter 键
指定偏移距离: -20                              //输入偏移距离
```

(2) 启动 HIDE 命令，结果如图 11-24 右图所示。

11.12.4　旋转面

通过旋转实体的表面就可改变面的倾斜角度或将一些结构特征（如孔、槽等）旋转到新的方位。如图 11-25 所示，将 A 面的倾斜角修改为 120°，并把槽旋转 90°。

在旋转面时，用户可通过拾取两点、选择某条直线或设定旋转轴平行于坐标轴等方法来指定旋转轴。另外，应注意确定旋转轴的正方向。

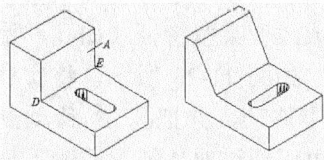

图11-25　旋转面

【例11-15】　将实体表面 A 绕 DE 轴旋转，如图 11-25 所示。

(1) 打开文件"11-15.dwg"，利用 SOLIDEDIT 命令旋转实体表面。单击【实体编辑】工具栏上的 ▢ 按钮，AutoCAD 主要提示如下：

```
命令: _solidedit
选择面或 [放弃(U)/删除(R)]: 找到一个面。        //选择表面 A
选择面或 [放弃(U)/删除(R)/全部(ALL)]:          //按 Enter 键
指定轴点或 [经过对象的轴(A)/视图(V)/X 轴(X)/Y 轴(Y)/Z 轴(Z)] <两点>:
                                              //指定旋转轴上的第一点 D，如图 11-25 左图所示
在旋转轴上指定第二个点:                        //指定旋转轴上的第二点 E
指定旋转角度或 [参照(R)]: -30                  //输入旋转角度
```

(2) 启动 HIDE 命令，结果如图 11-25 右图所示。

选择要旋转的实体表面后，系统提示"指定轴点或 [经过对象的轴(A)/视图(V)/X 轴 (X)/Y 轴(Y)/Z 轴(Z)]<两点>:"，各选项功能如下。

- 两点：指定两点来确定旋转轴，轴的正方向是由第一个选择点指向第二个选择点。
- 经过对象的轴(A)：通过图形对象来定义旋转轴。若选择直线，则所选直线即是旋转轴。若选择圆或圆弧，则旋转轴通过圆心且垂直于圆或圆弧所在的平面。
- 视图(V)：旋转轴垂直于当前视图，并通过拾取点。
- X 轴(X)、Y 轴(Y)、Z 轴(Z)：旋转轴平行于 X、Y 或 Z 轴，并通过拾取点。旋转轴的正方向与坐标轴的正方向一致。
- 指定旋转角度：输入正的或负的旋转角，旋转角的正方向由右手螺旋法则确定。
- 参照(R)：该选项允许用户指定旋转的起始参考角和终止参考角，这两个角度的差值就是实际的旋转角，此选项常常用来使表面从当前的位置旋转到另一指定的方位。

11.12.5 抽壳

用户可以利用抽壳的方法将一个实心体模型创建成一个空心的薄壳体。在使用抽壳功能时，用户需要设定壳体的厚度，并选择要删除的面，然后系统把实体表面偏移指定的厚度值以形成新的表面。这样，原来的实体就变为一个薄壳体，而在删除表面的位置就形成了壳体的开口。如图 11-26 所示是把实体进行抽壳并去除其顶面的结果。如果指定正的壳体厚度值，系统就在实体内部创建新面。否则，在实体的外部创建新面。

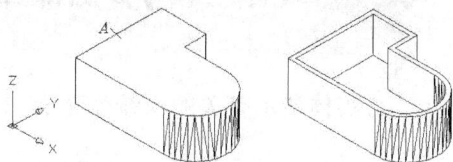

图11-26 抽壳

【例11-16】抽壳。

(1) 打开文件 "11-16.dwg"，利用 SOLIDEDIT 命令创建一个薄壳体。单击【实体编辑】工具栏上的 ▣ 按钮，AutoCAD 主要提示如下：

```
选择三维实体：                              //选择要抽壳的对象
删除面或 [放弃(U)/添加(A)/全部(ALL)]：找到一个面，已删除 1 个
                                          //选择要删除的表面 A，如图 11-26 左图所示
删除面或 [放弃(U)/添加(A)/全部(ALL)]：     //按 Enter 键
输入抽壳偏移距离：100                       //输入壳体厚度
```

(2) 启动 HIDE 命令，结果如图 11-26 右图所示。

11.12.6 压印

压印（Imprint）可以把圆、直线、多段线、样条曲线、面域及实心体等对象压印到三维实体上，使其成为实体的一部分。用户必须使被压印的几何对象在实体表面内或与实体表面相交，压印操作才能成功。压印时，系统将创建新的表面，该表面以被压印的几何图形和实体的棱边作为边界，用户可以对生成的新面进行拉伸、偏移、复制及移动等操作。图 11-27 所示，

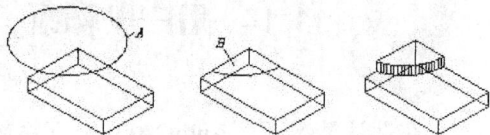

图11-27 压印

将圆压印在实体上，并将新生成的面向上拉伸。

【例11-17】 压印。

(1) 打开文件"11-17.dwg"。

(2) 单击【实体编辑】工具栏上的 [图标] 按钮，AutoCAD 主要提示如下：

选择三维实体：	//选择实体模型
选择要压印的对象：	//选择圆 A，如图 11-27 所示
是否删除源对象 [是(Y)/否(N)] <N>: y	//删除圆 A
选择要压印的对象：	//按 Enter 键结束

结果如图 11-27 所示。

(3) 单击【实体编辑】工具栏上的 [图标] 按钮，AutoCAD 主要提示如下：

选择面或 [放弃(U)/删除(R)]：找到一个面。	//选择表面 B
选择面或 [放弃(U)/删除(R)/全部(ALL)]：	//按 Enter 键
指定拉伸高度或 [路径(P)]: 20	//输入拉伸高度
指定拉伸的倾斜角度 <0>:	//按 Enter 键结束

结果如图 11-27 所示。

11.13 与实体显示有关的系统变量

与实体显示有关的系统变量有 3 个：ISOLINES、FACETRES 和 DISPSILH，分别介绍如下。

- 系统变量 ISOLINES：此变量用于设定实体表面网格线的数量，如图 11-28 所示。
- 系统变量 FACETRES：用于设置实体消隐或渲染后的表面网格密度，此变量值的范围为 0.01 到 10.0，值越大表明网格越密，消隐或渲染后表面越光滑，如图 11-29 所示。
- 系统变量 DISPSILH：用于控制消隐时是否显示出实体表面网格线，若此变量值为 0，则显示网格线；为 1 时，不显示网格线，如图 11-30 所示。

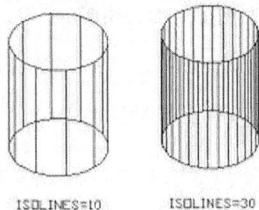

图11-28 ISOLINES 变量 　　图11-29 FACETRES 变量 　　图11-30 DISPSILH 变量

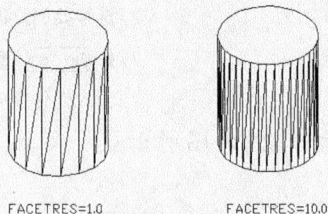

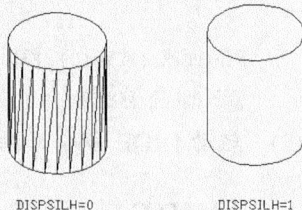

11.14 用户坐标系

在默认情况下，AutoCAD 坐标系统是世界坐标系，该坐标系是一个固定坐标系。用户也可在三维空间中建立自己的坐标系（UCS），该坐标系是一个可变动的坐标系，坐标轴正向按右手螺旋法则确定。在绘制三维图形时，UCS 坐标系特别有用，因为用户可以在任意位置、沿任何方向建立 UCS，从而使得三维绘图变得更加容易。

AutoCAD 中达到多数 2D 命令只能在当前坐标系的 *XY* 平面或与 *XY* 平面平行的平面内执行，若用户想在空间的某一平面内使用 2D 命令，则应沿此平面位置创建新的 UCS。

命令启动方法	• 菜单命令：【工具】/【新建 UCS】。 • 工具栏：【UCS】工具栏上的 ⌐ 按钮。 • 命令：UCS。

【例11-18】 在三维空间中创建坐标系。

(1) 打开文件 "11-18.dwg"。

(2) 改变坐标原点。输入 UCS 命令，AutoCAD 提示：

```
命令：ucs
输入选项 [新建(N)/移动(M)/正交(G)/上一个(P)/恢复(R)/保存(S)/删除(D)/应用(A)/?/世界(W)]
<世界>：n                                      //选用"新建(N)"选项
指定新 UCS 的原点或 [Z 轴(ZA)/三点(3)/对象(OB)/面(F)/视图(V)/X/Y/Z] <0,0,0>：
                                               //捕捉 A 点
```

结果如图 11-31 所示。

(3) 将 UCS 坐标系绕 *x* 轴旋转 90°。

```
命令：ucs
输入选项 [新建(N)/移动(M)/正交(G)/上一个(P)/恢复(R)/保存(S)/删除(D)/应用(A)/?/世界(W)]
<世界>：n                                      //选用"新建(N)" 选项
指定新 UCS 原点或[Z 轴(ZA)/三点(3)/对象(OB)/面(F)/视图(V)/X/Y/Z] <0,0,0>：x
                                               //选用"X"选项
指定绕 X 轴的旋转角度 <90>：90                  //输入旋转角度
```

结果如图 11-32 所示。

(4) 利用三点定义新坐标系。

```
命令：ucs
输入选项 [新建(N)/移动(M)/正交(G)/上一个(P)/恢复(R)/保存(S)/删除(D)/应用(A)/?/世界(W)]
<世界>：n                                      //选用"新建(N)"选项
指定新 UCS 原点或[Z 轴(ZA)/三点(3)/对象(OB)/面(F)/视图(V)/X/Y/Z] <0,0,0>：3
                                               //选用"三点(3)"选项
指定新原点 <0,0,0>：                            //捕捉 B 点
在正 X 轴范围上指定点：                          //捕捉 C 点
在 UCS XY 平面的正 Y 轴范围上指定点：            //捕捉 D 点
```

结果如图 11-33 所示。

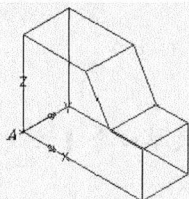

图11-31 改变坐标原点　　　　　图11-32 旋转坐标系　　　　　图11-33 用三点定义新坐标系

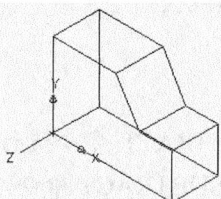

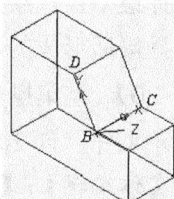

11.15 使坐标系的 *XY* 平面与屏幕对齐

利用 PLAN 命令可以生成坐标系的 *XY* 平面视图，即视点位于坐标系的 *Z* 轴上，此时 *XY* 坐标面与屏幕对齐。该命令在三维建模过程中是非常有用的。例如，当用户想在 3D 空间的某个平面上绘图时，可先以该平面为 *XY* 坐标面创建 UCS 坐标系，然后使用 PLAN 命令使坐标系的 *XY* 平面视图显示在屏幕上，这样在三维空间的某一平面上绘图就如同画一般的二维图一样。

启动 PLAN 命令，系统提示"输入选项 [当前 UCS(C)/UCS(U)/世界(W)] <当前UCS>:"，按 Enter 键，当前坐标系 *XY* 平面就与屏幕对齐。

11.16 利用布尔运算构建复杂实体模型

前面已经学习了如何生成基本三维实体及由二维对象转换得到三维实体。将这些简单实体放在一起，然后进行布尔运算就能构建复杂的三维模型。

布尔运算包括并集、差集和交集。

（1）并集操作：UNION 命令将两个或多个实体合并在一起形成新的单一实体，操作对象既可以是相交的，又可是分离开的。

【例11-19】 并集操作。

打开文件"11-19.dwg"，用 UNION 命令进行并运算。选取菜单命令【修改】/【实体编辑】/【并集】或输入 UNION 命令，AutoCAD 提示：

```
命令：_union
选择对象：找到 2 个            //选择圆柱体及长方体，如图 11-34 左图所示
选择对象：                     //按 Enter 键结束
```

结果如图 11-34 右图所示。

（2）差集操作：SUBTRACT 命令将实体构成的一个选择集从另一选择集中减去。操作时，首先选择被减对象，构成第一选择集，然后选择要减去的对象，构成第二选择集，操作结果是第一选择集减去第二选择集后形成的新对象。

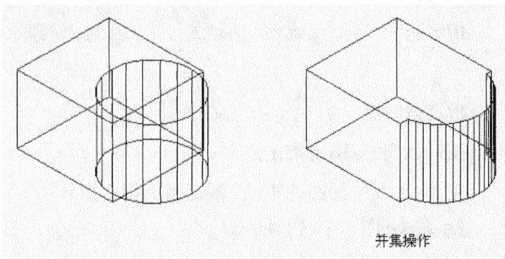

并集操作

图11-34 并集操作

【例11-20】 差集操作。

打开文件"11-20.dwg"，用 SUBTRACT 命令进行差运算。选取菜单命令【修改】/【实体编辑】/【差集】或输入 SUBTRACT 命令，AutoCAD 提示：

命令: _subtract

选择对象: 找到 1 个   //选择长方体, 如

图 11-35 左图所示

选择对象: //按 Enter 键

选择对象: 找到 1 个   //选择圆柱体

选择对象: //按 Enter 键结束

结果如图 11-35 右图所示。

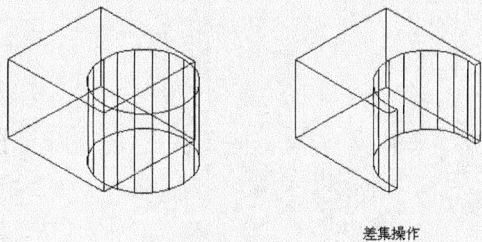
图11-35 差集操作

（3）　交集操作：INTERSECT 命令可创建由两个或多个实体重叠部分构成的新实体。

【例11-21】　交集操作。

打开文件 "11-21.dwg"，用 INTERSECT 命令进行交运算。选取菜单命令【修改】/【实体编辑】/【交集】或输入 INTERSECT 命令，AutoCAD 提示：

命令: _intersect

选择对象: //选择圆柱体和长方体,

如图 11-36 左图所示

选择对象: //按 Enter 键

结果如图 11-36 右图所示。

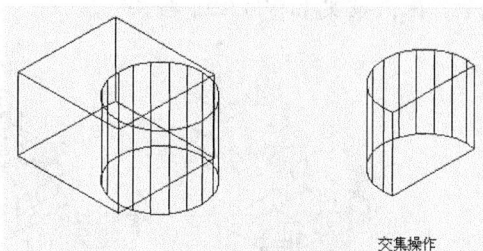
图11-36 交集操作

【例11-22】 下面绘制支撑架的实体模型，如图 11-37 所示。这个例子演示了三维建模的一般过程。

(1)　创建一个新图形。

(2)　选取菜单命令【视图】/【三维视图】/【东南等轴测】，切换到东南轴测视图。在 XY 平面绘制底板的轮廓形状，并将其创建成面域，如图 11-38 所示

(3)　拉伸面域形成底板的实体模型，如图 11-39 所示。

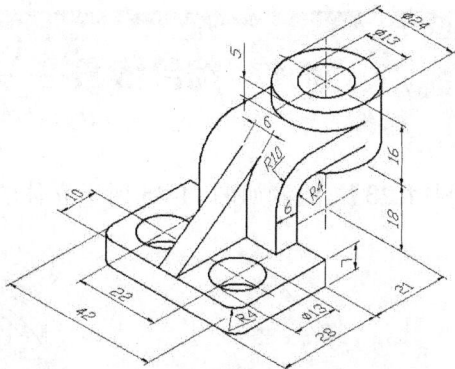
图11-37 支撑架实体模型

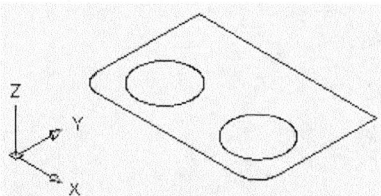
图11-38 绘制底板的轮廓形状并创建面域

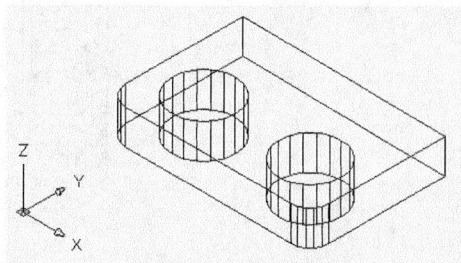
图11-39 拉伸面域

(4)　建立新的用户坐标系，在 XY 平面内绘制弯板及三角形筋板的二维轮廓，并将其创建成面域，如图 11-40 所示。

(5)　拉伸面域 A、B，形成弯板及筋板的实体模型，如图 11-41 所示。

(6)　用 MOVE 命令将弯板及筋板移动到正确的位置，如图 11-42 所示。

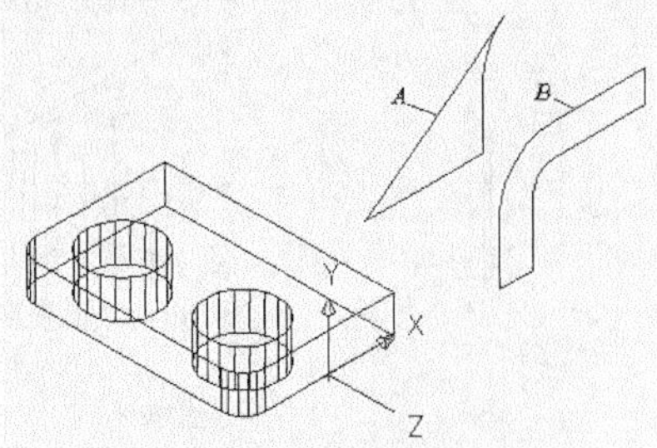

图11-40 画弯板及筋板的二维轮廓

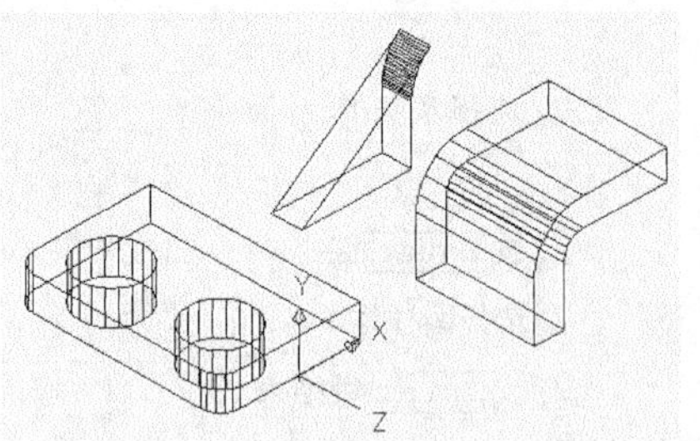

图11-41 形成弯板及筋板的实体模型

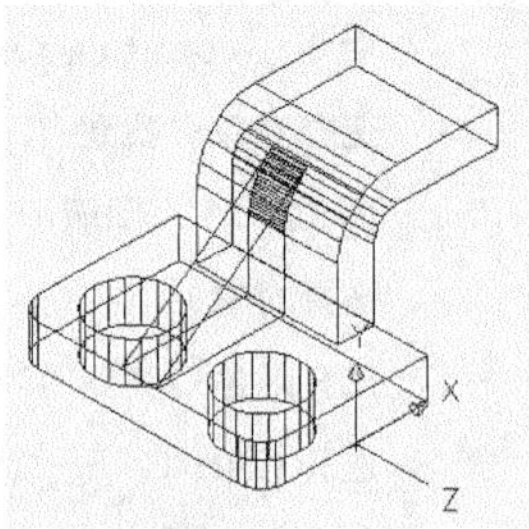

图11-42 移动弯板及筋板

(7) 建立新的用户坐标系，如图11-43左图所示，再绘制两个圆柱体，如图11-43右图所示。

(8) 合并底板、弯板、筋板及大圆柱体，使其成为单一实体，然后从该实体中去除小圆柱体，结果如图11-44所示。

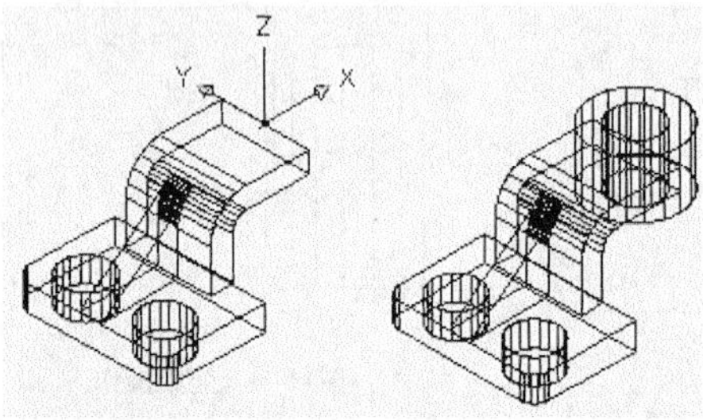

图11-43 创建新坐标系及画圆柱体

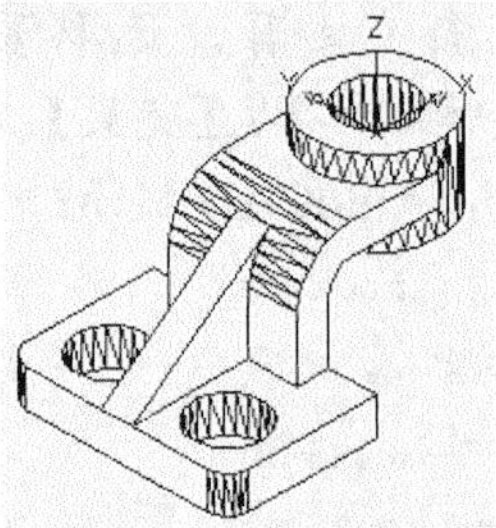

图11-44 执行并运算及差运算

11.17 综合练习——实体建模

【例11-23】 绘制如图11-45所示立体的实体模型。

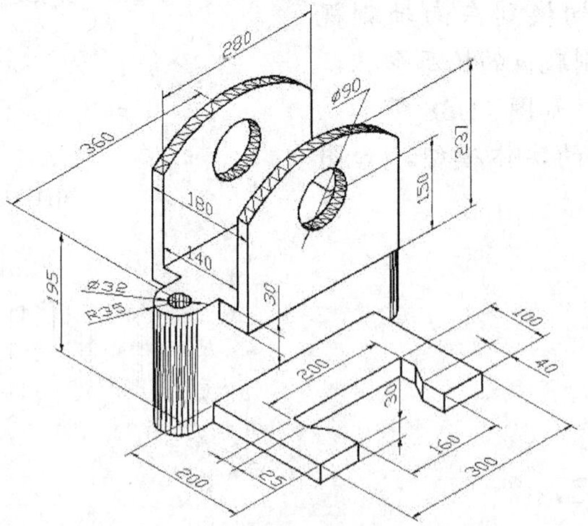

图11-45 创建实体模型

(1) 创建一个新图形。

(2) 选取菜单命令【视图】/【三维视图】/【东南等轴测】，切换到东南轴测视图。在 xy 平面内绘制平面图形，并将其创建成面域，如图11-46左图所示。拉伸面域形成立体，如图12-42右图所示。

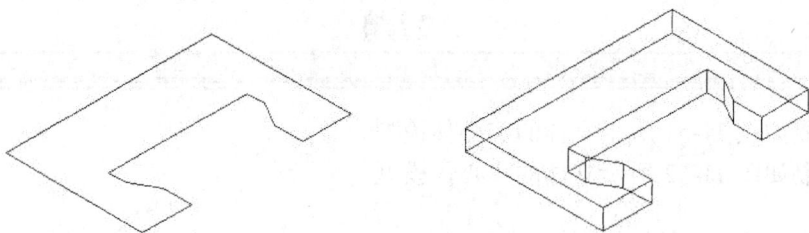

图11-46 创建面域并拉伸面域

(3) 利用拉伸面域的方法创建立体 *A*，如图 11-47 左图所示。用 MOVE 命令将立体 *A* 移动到正确的位置，执行"并"运算，结果如图 11-47 右图所示。

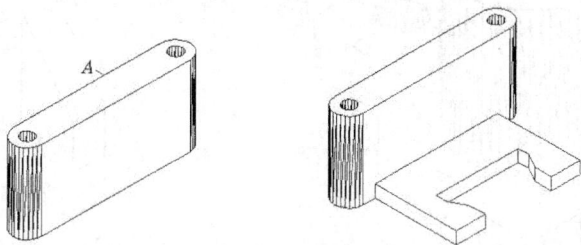

图11-47 创建立体 *A*

(4) 创建新的坐标系，在 *xy* 平面内绘制平面图形 B，并将其创建成面域，如图 11-48 左图所示。拉伸面域形成立体 C，如图 11-48 右图所示。

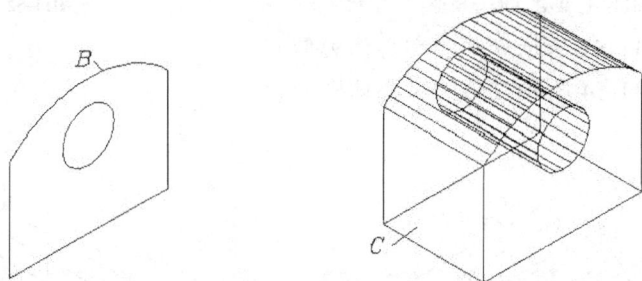

图11-48 创建立体 *C*

(5) 用 MOVE 命令将立体 C 移动到正确的位置，执行"并"运算，结果如图 11-49 所示。

(6) 创建长立体并将其移动到正确的位置，如图 11-50 左图所示。执行"差"运算，将长方体从模型中去除，结果如图 11-50 右图所示。

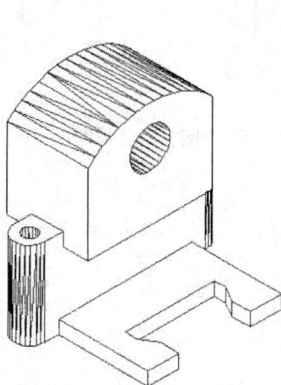

图11-49 移动立体并执行"并"运算

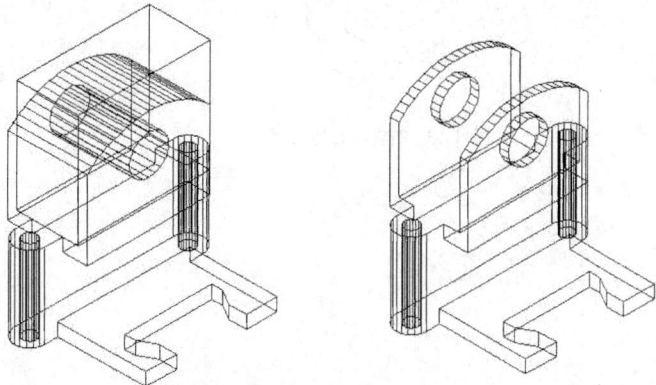

图11-50 创建长立体并执行"差"运算

1. 绘制如图 11-51 所示立体的实心体模型。
2. 绘制如图 11-52 所示立体的实心体模型。

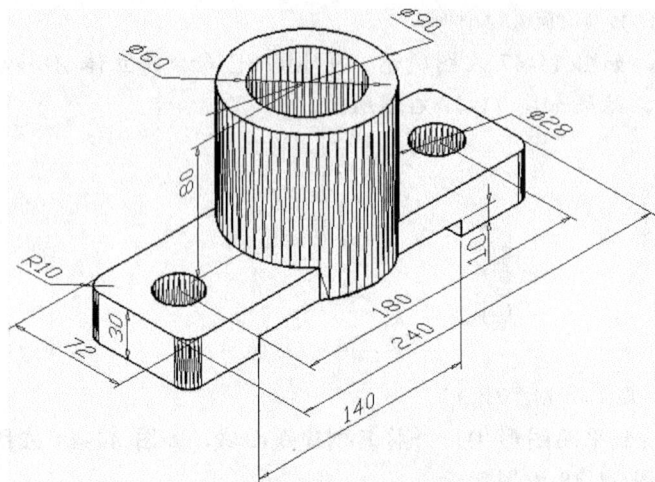

图11-51 创建实心体模型

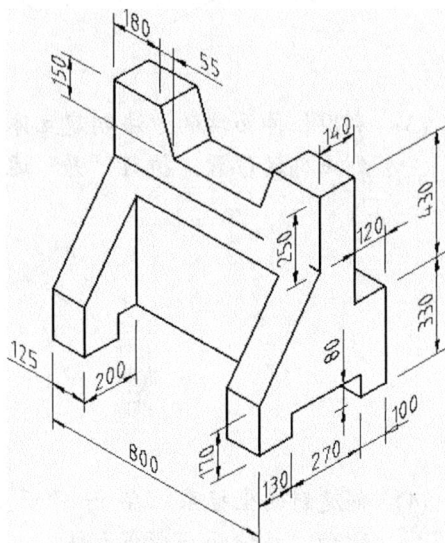

图11-52 创建实心体模型

3. 绘制如图 11-53 所示立体的实心体模型。
4. 绘制如图 11-54 所示立体的实心体模型。

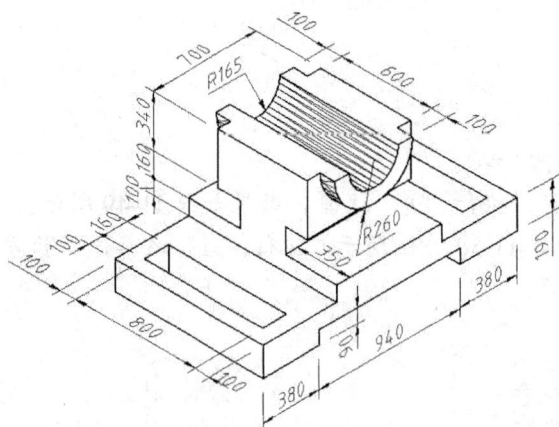

图11-53 创建实心体模型

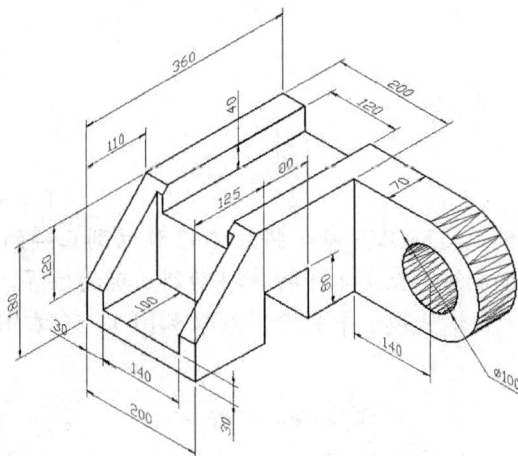

图11-54 创建实心体模型